Space Object Relative Navigation and Filtering Technology

空间目标相对导航与滤波技术

翟光 著

北京理工大学出版社
BEIJING INSTITUTE OF TECHNOLOGY PRESS

内 容 简 介

空间目标相对导航与滤波技术涉及相对轨道动力学、测量敏感器、导航滤波等关键技术。根据空间目标和测量任务的不同，相对测量与导航任务所采用的敏感器、导航滤波算法等也不尽相同。航天器的相对动力学模型可以通过轨道动力学作差、一系列的坐标转换，最终得到追踪航天器轨道坐标系下的相对轨道动力学模型。航天器的相对运动会受到各种不确定性因素的影响，通常将不确定性因素视为噪声，并引入动力学模型和测量模型中。此时有必要引入滤波器，从而提高状态估计的精度。此外，本书对远程目标天基光学探测、轨道非合作机动目标追踪观测及补偿滤波、空间目标协同观测及相对导航和空间目标相对状态的约束滤波估计进行了详细的分析和探讨。

图书在版编目（CIP）数据

空间目标相对导航与滤波技术／翟光著. —北京：北京理工大学出版社，2020.2

ISBN 978-7-5682-8134-8

Ⅰ.①空…　Ⅱ.①翟…　Ⅲ.①航天导航②航天器－滤波技术　Ⅳ.①V556②V448.2

中国版本图书馆CIP数据核字（2020）第020365号

出版发行／北京理工大学出版社有限责任公司
社　　址／北京市海淀区中关村南大街5号
邮　　编／100081
电　　话／(010)68914775(总编室)
　　　　　(010)82562903(教材售后服务热线)
　　　　　(010)68948351(其他图书服务热线)
网　　址／http://www.bitpress.com.cn
经　　销／全国各地新华书店
印　　刷／北京地大彩印有限公司
开　　本／710毫米×1000毫米　1/16
印　　张／15.75
彩　　插／4
字　　数／274千字
版　　次／2020年2月第1版　2020年2月第1次印刷
定　　价／68.00元

责任编辑／张海丽
文案编辑／张海丽
责任校对／杜　枝
责任印制／王美丽

图书出现印装质量问题，请拨打售后服务热线，本社负责调换

前　言

航天器的导航是指确定航天器相对某参考坐标系运动状态的过程，导航是航天器飞行控制的关键环节，导航信息的精度直接影响航天器执行任务的效能。对于通信、遥感、气象等传统航天器，导航的任务是确定航天器自身的轨道和姿态信息，以保证航天器以正确的姿态运行在正确的轨道上，习惯上将此类导航称为绝对导航。与航天器的绝对导航相对应，空间目标相对导航是指航天器确定自身相对某个目标航天器的相对运动状态的过程，其中包括相对位置和速度、相对姿态和姿态角速度，空间目标相对导航技术最初应用在空间交会对接任务中。近年来，随着空间操作、空间对抗、态势感知等新型空间任务的不断出现，空间目标相对导航技术的应用范围得到快速拓展，其技术发展态势也呈现出诸多新的特点。空间目标相对导航技术得到各航天大国的高度重视，已经成为航天领域的研究热点之一。

空间目标相对导航技术涉及相对轨道动力学、相对测量敏感器、相对导航滤波等多项关键技术，其中相对导航滤波是指利用相对测量信息对目标航天器的相对运动状态进行估计的过程，相对导航滤波能够解决测量敏感器无法直接获取目标相对运动状态的问题，同时能够有效抑制系统噪声，提高相对运动状态的输出精度。以卡尔曼滤波为代表的滤波估计技术，已经在空间目标相对导航任务当中得到广泛的应用。然而，随着空间非合作机动目标追踪、空间分布式航天器控制等新型任务的出现，传统滤波器的构架已经无法满足任务需求，空间相对导航技术面临着新的挑战。

本内容共分为 8 章：第 1 章介绍了空间目标相对导航的基本概念和技术特

点；第 2 章和第 3 章分别介绍了相对轨道动力学、导航滤波的基本原理和方法；第 4 章介绍了远程空间目标的光学探测识别技术；第 5 章和第 6 章研究了轨道机动非合作目标的相对导航滤波方法，第 7 章针对空间目标分布式观测需求，初步探讨了空间目标协同观测及导航方法；第 8 章结合当前航天器发动机常值推力的特点，研究了机动非合作目标的约束性滤波估计方法。

本书是作者近年来在空间目标相对导航领域内相关研究成果的总结，具有较好的实用性和针对性，可作为相关领域研究生及工程技术人员的参考。

由于空间目标相对导航技术发展迅速，因此本书难以对当前技术前沿进行全面深入的探讨，加之作者水平有限，书中疏漏和不妥之处在所难免，恳请广大读者批评指正。

作　者

2019 年 8 月

目　录

第 1 章
绪　论

交会对接、编队飞行、在轨服务、态势感知等新型空间任务的出现，不仅要求航天器具备自主定轨定姿的基本功能，还要求其具备目标相对测量与导航功能，能够准确地获得目标相对运动信息，满足任务中的相对位姿控制需求。空间目标相对测量与导航技术涉及相对轨道动力学、测量敏感器、导航滤波等关键技术。根据空间目标和测量任务的不同，相对测量与导航任务所采用的敏感器、导航滤波算法等也不尽相同。近年来，空间目标相对测量与导航技术在空间站建设、空间目标抓捕、编队飞行等任务中进行了多次飞行试验，展现出了广阔的应用前景，因此得到了各航天大国的高度重视。

1.1 空间相对导航基本概念

导航是指确定运动体相对于某个参考坐标系的位置、速度、姿态和姿态角速度，从而为运动体的控制提供必要的状态反馈信息，导航信息的精度在很大程度上决定着运动体控制的品质。对于传统的通信、遥感、气象卫星，其导航的主要功能是获得航天器相对于惯性参考坐标系的轨道和姿态信息，以保证航天器以正确的姿态运行在正确的轨道上，习惯上将这一类航天器的导航称为绝对导航。

与绝对导航不同，空间相对导航是指确定两个轨道物体之间的相对位置、速度、姿态和姿态角速度，其参考坐标系往往位于其中的一个轨道物体上。例如，为了实现两个航天器的交会对接，就必须通过相对导航系统获得追踪航天器相对目标航天器的位置信息，以保证交会对接过程的控制精度。空间相对导航技术在交会对接、编队飞行、在轨服务、态势感知新型空间任务中发挥着重要作用，甚至在很大程度上决定着任务的成败。

1.2 空间相对导航系统的组成

1.2.1 系统构架

空间相对导航系统的构架需要根据具体的空间任务类型进行设计，任务类型不同会导致相对导航系统在软硬件配置上具有很大的区别。例如，若要完成空间交会对接任务，相对测量敏感器不仅需要具备目标相对位姿的测量功能，还应该具备对目标对接结构几何特征的识别功能。因此，这一类任务除了需要配置相对位姿测量敏感器外，还需要增加视觉相机，以保证准确识别对接机构的几何特征。对于空间态势感知任务，探测航天器多数情况下需要获得目标的图像，用于判断目标航天器的类别、功能和工作状态，此时则只需要配置光学相机即可。对于某些远程交会对接任务，在远程阶段还需要地面测控或高轨中继卫星的支持。此外，对于不同的任务，相对测量数据的处理软件系统也有明显差别。虽然不同的空间相对导航系统具有一定差别，但总体而言都由以下 4 部分组成：

（1）星上相对测量敏感器。相对测量敏感器的主要功能是获得航天器间的相对位姿信息。相对测量敏感器的种类较多，能够获取的数据类型包括相对距离信息、方位信息、速度信息、姿态信息和姿态角速度信息等。对于某些合作类型的空间交会对接任务，相对测量敏感器往往分别布置在追踪航天器和目标航天器上，且两个航天器间具备星间链路。

（2）星上相对导航计算机。相对导航计算机的主要功能是对相对测量敏感器获得的原始数据进行解算和处理，初步获得所需要的信息，在此基础上进一步进行导航滤波并获取最终的相对运动状态。此外，相对导航计算机还需要接收和处理外来的指令信息。

（3）星上数据处理软件。星上数据处理软件系统构成相对测量数据处理的软件环境，主要包括图像处理、特征识别、相对状态解算和导航滤波等功能。此外，数据处理软件还具备任务管理及调度等功能。

（4）地面支持系统。地面支持系统的主要功能是在任务某些阶段对追踪航天器和目标状态进行监测和干预，或者直接为两航天器提供相对导航信息。

1.2.2 相对测量敏感器及其特点

1. 微波雷达

在相对测量敏感器中，微波雷达是一类常见的设备。从20世纪60年代起至今，美国和苏联/俄罗斯多次成功使用微波交会雷达完成交会对接任务。微波交会雷达较适合中、远距离交会测量，针对合作、非合作目标均适用。在目标上安装应答机或反射器，将达到更远的工作范围。

微波雷达主要有两种工作模式：第一种是利用微波测距和比相测角法分别测量卫星间的距离和方位角，其中距离测量精度能达到毫米级；第二种则是通过在卫星上安装微波信号收发设备，测量航天器之间的伪距和载波相位值，解算其相对距离。微波测距又分为脉冲方式和相位方式两种。脉冲法测距又称为直接法测距，它是直接测定仪器间断发射的脉冲信号在被测距离上往返传播时间，从而求得距离的方法。脉冲式测距仪的优点是它的原理和仪器设计都很简单，测程远，功耗小，但精度低。相位方式又称为间接法测距，测定由仪器发出的正弦波信号在所要测量的距离上往返传输所产生的相位变化（相位差），不需要直接测定电磁波往返传输的时间。根据相位差间接求得传播时间，从而求得所要测量的距离，该种方法测量精度达到毫米级，但测量距离较短。

2. 差分全球定位系统

全球定位系统（Global Positioning System，GPS）不仅可以用于航天器的精确定轨，而且可以用来确定两个航天器的相对位置，其主要工作原理是追踪航天器和目标航天器分别安装GPS接收机。两个航天器首先通过解算GPS信号分别获得各自在惯性坐标系内的位置，然后通过两个位置数据的差分计算，从而获得相对位置信息，这种相对定位模式称为差分GPS定位。差分GPS相对定位模式可以相互抵消系统的固有误差，从而获得更高的相对信息精度。按照工作方式的不同，差分GPS可分为伪距差分和载波相位两种方法，精度最高可达到厘米级。由于GPS卫星位于中高轨道上，而地球静止轨道（Geostationary Earth Orbits，GEO）高于GPS卫星的轨道，因此差分GPS不适合静止轨道的相对测量任务。

差分GPS是一种合作目标条件下的相对导航方式。美国、欧洲及日本等国家和地区多次开展差分GPS在空间相对定位领域的应用研究。在欧洲的自动货运飞船（Automated Transfer Vehicle，ATV）项目中，ATV距离国际空间站

(International Spacestation, ISS) 约 12 km 时进入 ISS 的通信范围内。启动差分 GPS 工作，ATV 通过本地通信链路实时接收从 ISS 的 GPS 接收机发来的 GPS 数据，通过差分计算最终得到两者的相对位置和速度信息。

3. 激光测距仪

激光测距仪的工作原理是：首先通过自身携带的激光发生器发射激光束，然后激光束被测目标进行反射，激光测距仪通过接收反射的激光回波，最后结合发射信息来确定目标相对于激光测距仪的距离。激光测距仪能够在几十米到几十千米的范围内测量两航天器的相对距离，它具有体积和质量小，测量精度较高，受外界环境影响小等优点，十分适合在空间交会任务中应用。激光测距仪能够同时测量目标的相对距离和视线角，但是由于激光光束夹角较小且存在姿态偏差，因此，在目标初始捕获过程中，激光光束可能无法照射目标。此外，由于大多数航天器外表面装有热控包覆层，所以当激光光束照射到目标表面后有可能发生镜面发射，致使激光测距仪无法接收到激光回波，因此采用单一激光测距仪是无法满足对目标的连续测量要求的。

4. 光学相机

光学成像测量是一种高智能化的测量技术，其测量系统主要包括光学相机和图像处理计算机。光学成像相机获得目标的信息较为丰富，通过相应的图像处理与解算，不仅可以获得目标的相对位姿信息，还可以识别目标的几何特征。此外，光学相机具有体积和质量小、功耗小、精度高等优点，十分符合空间相对测量任务需求。光学相机在轨工作时易受轨道光照条件的影响：当太阳光进入相机视场时，会造成相机曝光过度而无法识别目标；当目标进入地影区时，可见光则无法发现目标。因此，在工作过程中，尽量选择在光照区进行，同时要尽量避免逆光的情况发生。考虑到地影区的测量需求，可以在平台上加装辅助照明设备。

光学相机的工作模式主要有两种，其中一种是相对位姿测量模式，该种模式主要用于对目标的近距离测量任务，较为典型的是伪空间交会对接和空间机械臂伺服。在与目标交会对接的过程中，光学相机通过对目标拍照并提取合作光标的几何特征，采用多点透视成像 (Perspective N Points, PNP) 或光标匹配处理算法即可同时获得对接或抓捕接口的相对位姿信息。对于非合作目标，光学相机在获得目标对接或抓捕接口的图像之后，首先提取对接或抓捕接口的几何特征，然后利用三维重构等方法处理，最后得到目标接口的相对位姿信息。光学相机还可以采用单目、双目和多目工作方式。美国在 2007 年的“轨道快车”（Orbital Express）项目中开展了电荷耦合器件（Charge Coupled Device，CCD）相机相对测量技术在轨试验。此外，美国凤凰计划（PHOENIX）项目采用三目立体视觉系统对逼近阶段的非合作航天器进行位置姿态测量，主要对航天器上通用的星箭对接环接口进行抓捕，这种结构在航天器上的分布位置基本相同，其几何构型一般为圆形，但是尺寸信息和航天器运动参数是未知的。日本国家信息和通信技术研究中心于2005年提出了在轨维护系统（Orbital Maintenance System，OMS），OMS采用双目立体相机+手眼相机的视觉系统对目标进行位姿测量。其中，双目立体视觉模块负责非合作目标的整体监控和位姿测量，手眼相机模块负责对接部分的捕获机构状态检测。OMS提出计划使用SmartSat-1进行验证。目前，采用单目视觉测量系统，对合作目标的近距离相对位置测量精度优于1 cm，测速精度优于0.05 m/s，对非合作目标远距离测角精度优于0.05°。

光学相机的另一种工作模式是方位角测量模式，这种模式主要针对远距离目标的视线角测量需求。远距离目标的测量步骤如下：按照要求搜索目标，首先根据搜索结果锁定目标拍照生成图像；然后求出图像帧中目标的形状中心相对于相机视轴的视线角，给出目标的测量数据。光学相机的测量距离范围、角度范围以及精度存在一定的关系。为了兼顾视场捕获范围和测角精度要求，光学相机的视场角及焦距往往进行折中设计。较为典型的分为宽视场和窄视场两种。宽视场测量相机具有较宽的视场角，但精度较低；窄视场测量相机具有较高的测角精度，但是测角范围较小。

1.3 测量数据的处理

在空间目标相对测量与导航过程中，追踪航天器采用的相对测量敏感器包含多种类型，各型敏感器的测量数据输出的格式、类型、精度和频率也有所不同。为了提高目标相对导航精度，需要首先对原始的测量数据进行预处理。

1.3.1 图像的预处理及解算

光学图像预处理是光学相机测量过程的重要环节。图像预处理主要包括图像的降噪、特征提取与识别、相对位姿解算等内容。由于光学相机的物理特性，原始图像往往受到图像噪声的影响。一般情况下，为了实现目标图像特征的增强，往往采用高斯滤波、中值滤波等方法，抑制噪声的干扰作用。在特征提取阶段，为了准确识别目标的几何特征，多采用亚像素级角点检测方法，快速准确地提取角点信息，或者采用相关变换检测方法准确识别目标的直线和曲线特征。在完成目标几何特征提取之后，对于带有合作标志器的目标，可以采用 PNP 方法完成目标相对位姿的解算。对于非合作目标，多采用双目匹配重建的方式，在获得目标的深度信息基础上，解算得到目标的相对位姿信息。空间目标的光学测量过程中受到星空背景的干扰，特别是对于远程目标的跟踪测量，目标往往蜕化为特征点或者光斑，此时剔除星空背景的干扰并准确识别目标十分重要。为了准确识别目标的点或者光斑特征，首先建立星空背景的模板库，然后通过图像差分方法剔除星空背景的影响并准确识别目标。

1.3.2 数据的压缩

根据滤波估计理论，空间相对导航精度与敏感器测量数据的输出频率有关，频率越高，说明敏感器在单位时间内获得的目标运动信息就越多，因此最终的导航精度也就越高。然而，由于受星上计算能力的限制，过高的数据输出频率可能超出星载计算机的数据处理能力。因此，就必须充分考虑滤波精度与数据处理能力之间的矛盾关系，对原始的测量数据进行压缩，以降低星上的计算载荷。数据压缩技术主要包括等权平均法和变权平均法。等权平均法的主要思路是在一个滤波周期内，用多次量测形成的等权平均残差代替一次量测残差。由于等权平均残差包含了更为丰富的目标运动信息，因此可以在有效降低滤波计算量的条件下保证较高的导航精度。与等权平均法类似，变权平均法用变权平均残差代替一次量测残差，即各次量测数据在滤波估计中的利用权重不同，通过提高最新量测数据测权重，增强滤波过程对最新量测数据的利用权重。

1.3.3 数据的平滑

由于相对测量敏感器自身的物理特性以及外部环境的影响，在目标的相对测量过程中，敏感器可能在输出数据中产生某些错误的量测结果，这种结果与正常的量测值存在着量级的差别，或者其误差超出了合理的范围，这种测量结果在工程中成为“野值”。“野值”数据如果得不到有效的处理，往往会对相对导航结果产生明显的影响，因此必须对“野值”进行剔除。在相对导航滤波过程中，由于残差信息包含了最新的量测信息，而量测协方差矩阵反映了正常情况下量测误差的统计特性分布情况。若当前残差在一定程度上超出量测协方差矩阵的均方根值，即可认为当前量测值为“野值”。在滤波过程中，可以通过将与“野值”对应部分的滤波增益矩阵置零来消除“野值”的影响。

1.4 相对导航滤波与估计

相对运动状态的滤波估计是空间目标相对导航的重要环节。空间相对导航的主要目的是获得目标的相对运动状态，其中相对运动状态包括相对位置、相对速度、相对姿态和姿态角速度。滤波估计的主要功能包括两个方面：

首先，在某些情况下，相对测量敏感器无法直接获得所关心的状态变量信息，或者只能获得部分状态变量信息，此时可以结合目标的相对轨道动力学建立相对导航滤波器，通过滤波估计即可获得目标的完备的相对运动状态信息。例如，采用交会相机可以测量得到目标的相对位置信息，但无法直接得到相对速度信息，此时可以以可见光相机的测量作为输入，通过滤波估计同时获得高质量的相对位置和相对速度信息。

其次，原始的测量数据往往存在着较大的误差，若根据原始测量数据直接对目标的相对运动状态进行解算，则会导致较大的导航误差，而采用滤波器对状态进行估计，则可以有效地抑制原始测量数据的误差，从而得到更高精度的结果。

1.4.1 线性滤波估计方法

线性滤波估计是指空间目标的相对动力学模型和量测方程均为线性，并且动力学噪声和量测噪声均满足高斯分布。卡尔曼滤波器是较为常用的线性化滤波器。卡尔曼滤波算法在 1960 年首次被提出并迅速得到重视，其采用状态空间模型描述状态变量的动态变化过程。以相对测量数据为输入，通过状态预测和状态修正，最终获得状态变量的最优估计。卡尔曼滤波算法在应用过程中需要明确系统的状态方程、量测方程和相关噪声的统计特性，为了满足误差的线性映射计算，噪声的统计特性应该满足高斯分布特性。与仅考虑观测方程的最小二乘法相比，卡尔曼滤波算法的优势是能够实现对动态变化的状态变量的估计。此外，离散化的卡尔曼滤波算法能够以递推的形式运行，因此可以很方便地用于不同的自主导航与控制过程。

卡尔曼滤波算法最初只适用于线性系统，并且要求量测方程也必须是线性的。然而，在工程中的多数物理系统，其动力学模型和量测模型往往是非线性的，这就限制了卡尔曼滤波算法的应用范围。在卡尔曼滤波理论提出之后的 10 多年间，许多学者致力于将卡尔曼滤波拓展应用于非线性系统，并且提出了扩展卡尔曼滤波算法。扩展卡尔曼滤波算法本质上是通过泰勒展开，首先将系统的动力学模型和量测模型在当前状态附近作一阶近似；然后再将卡尔曼滤波算法应用于近似线性化的系统。近似线性化会给系统的状态估计引入一定的误差，但是当系统的非线性程度较弱时，扩展卡尔曼滤波也可以获得较好的性能。

1.4.2 非线性滤波估计方法

尽管基于模型近似线性化的扩展卡尔曼滤波算法在航空航天等领域得到了广泛的应用，但是由于模型的高阶截断引入了模型误差，因此在滤波初始误差较大或者系统受到较大的内外扰动时，扩展卡尔曼滤波的精度会显著降低，甚至有可能导致滤波的发散。为了改善扩展卡尔曼滤波的性能，一些学者试图通过引入模型泰勒展开中的高阶项来降低非线性截断误差，并达到提高滤波精度和稳定性的目的。但是，该种方法在滤波迭代过程中需要计算非线性模型的高阶导数，因此会导致滤波迭代过程的计算量进一步增加，从而降低滤波的实时性。

与误差线性映射计算的滤波方法不同，蒙特卡罗数值方法是建立在大量数值模拟及统计分析的基础上的非线性滤波方法。但是，为了确保系统状态误差统计特性的准确性，蒙特卡罗方法需要对大量的样本点进行计算，因此需要耗费大量的计算资源，难以实现实时在线工作。此外，由于蒙特卡罗方法收敛速度较慢，导致大多数在实际应用中的计算成本过高。与其他方法相比，从通用性和稳健性的角度来说，蒙特卡罗方法具有一定的优势。为了解决蒙特卡罗方法的在线应用的困难，粒子滤波（Particle Filtering）算法是在蒙特卡罗方法的基础上发展的一种惯序滤波算法。其本质上是为了解决非线性贝叶斯滤波中的后验概率密度分布问题，采用一组加权随机样本来近似表征后验概率密度函数，并且该密度函数可以随观测量的更新递推而更新。粒子算法的突出优势是对复杂非线性系统误差的概率分布求解，特别是针对高维非线性、非高斯具有显著的优势。但是，粒子滤波算法同样存在大规模计算的问题，难以适用于实时系统的导航控制需求。

无迹卡尔曼滤波（Unscented Kalman Filter，UKF）是一种适用于强非线性系统的滤波方法，其采用一组确定的采样点来模拟状态参量的分布特征，因此又称为 Sigma 点卡尔曼滤波。与传统卡尔曼滤波算法相比，UKF 不需要对非线性模型进行线性化处理，避免计算雅可比矩阵，并且对任何非线性系统都可以精确到泰勒级数展开的二阶以上。此外，UKF 根据被估计状态和观测量的协方差矩阵来确定最佳增益矩阵，协方差矩阵又根据复现的一倍样本点来计算。因此，在计算最佳增益矩阵的过程中，UKF 并未对系统方程和量测方程附加线性化条件，所以系统的非线性越强，UKF 的优势越明显。

1.4.3 稳健性滤波估计方法

当系统的模型具有较高精度时，传统的滤波算法可以获得较好的滤波精度和稳定性，然而，当系统的模型存在一定的误差时，传统滤波算法的性能就会受到影响，极端情况下会导致滤波的发散。系统的建模误差在一些情况下是无法避免的。例如，当对机动的非合作目标进行跟踪时，由于目标机动的时间和加速度大小未知，因此很难在状态预测过程中准确地计算其影响。一般情况下，可以将系统的建模误差考虑为作用于系统的扰动因素，为保证在存在未知扰动的情况下滤波算法能够具有较好的性能，要求滤波器具有一定的稳健性。虽然用衰减记忆法和限定记忆法可以有效地抑制未知扰动导致的滤波发散，但是同时会带来较大的误差，导致跟踪精度较差。因此，国内外很多学者对滤波算法进行了改进，设计了稳健性滤波算法来解决未知扰动条件下的状态估计问题。

稳健性滤波算法包括检测自适应滤波、实时辨识自适应滤波和“全面”自适应滤波等。检测自适应滤波的核心思想是，未知扰动的发生会导致建立的动力学模型与实际运动状态不匹配。根据滤波的基本原理，当动力学模型未能准确建立时，测量残差会发生相应的变化，因此可以根据测量残差设计相应的扰动检测准则。当系统检测到扰动发生或结束时，可以通过改变方差的大小或切换滤波模型来提高估计精度。此类算法的关键在于“检测”机制是否准确，即设计合理的检测准则，选取恰当的阈值及匹配的滤波算法。

实时辨识自适应滤波是指通过滤波算法的改进，可以辨识得到未知扰动的估计值或其统计特性，如扰动的均值或者噪声方差等。较为典型的实时辨识自适应滤波方法包括：协方差匹配法、自适应状态估计器、二级卡尔曼滤波算法以及“当前”统计模型。协方差匹配法的思路是把未知扰动引起的变化作为随机干扰噪声来对待，除此之外，极大似然估计、贝叶斯估计等估计方法也可用于协方差匹配。该方法的缺点是计算负载大，对计算机运算能力要求较高。对于星载计算机来说不适合实时估计，常用于仿真和验后数据分析。

上述两种滤波方法对目标有较好的跟踪效果，但是实时辨识自适应滤波在目标受扰时跟踪效果较好。而检测自适应滤波却在未发生扰动时跟踪效果较好，为了综合这两种算法的优点，产生了一种新的综合性方法——全面自适应滤波法，该方法包括检测全面自适应滤波法、加权和全面自适应滤波以及交互式多模型算法。

全面自适应滤波法采取检测自适应滤波算法中的模型切换方式，将切换模型中加入实时辨识自适应滤波算法，以提高目标机动时的跟踪精度，使得滤波器具有更强的自适应跟踪能力。该算法的缺点与检测自适应滤波算法相似，即需要扰动检测，阈值参数的选取需要通过大量的仿真获得，存在着无法避免的时间滞后和虚警率。加权自适应滤波法与全面自适应滤波法所采用的滤波模型一致，区别在于略去了机动检测环节，让两种滤波器同时工作。根据“当前”统计模型的均值计算加权系数，让目标状态估计等于两滤波器估计的加权和，但该算法容易造成模型之间的频繁倒换。

交互式多模型算法是使用多个滤波器并行工作，目标状态估计是多个滤波器交互作用的结果，该算法无须进行扰动检测，并且有良好的跟踪效果，其缺点是计算负载较大。近年来，不同算法的综合使用成为稳健性滤波领域的主要发展方向，例如，具有输入估计的集成变维滤波器、具有交互式多模型的变维滤波器、具有交互式多模型的直通滤波器等。上述算法可以综合各种稳健性滤波器的优点，从而提高系统状态在受扰条件下的估计精度。

1.5 空间目标的分类

1.5.1 合作目标

针对空间相对测量与导航任务中目标的特点，可以将目标分为合作目标和非合作目标。其中合作目标是指能够为相对测量提供必要的合作信息的目标，这一类目标可以主动或者被动地配合相对测量。一类典型的合作目标是安装有差分 GPS 的航天器，这一类航天器能够通过星间链路共享 GPS 定轨信息，进而通过差分获得两个航天器之间的相对位置和相对速度。还有一类合作目标往往装有光学标志器、微波应答器等合作设备，在视觉相对测量过程中，光学标志器能够为目标相对位姿的解算提供输入条件，而微波应答器则能够为雷达测量提供应答信号（图 1 – 1）。合作目标的相对测量易于保证测量数据的精度和连续性。

目前，低轨的空间交会任务，如空间站舱段之间的交会对接、日本的 ETS – Ⅶ和美国的轨道快车等空间机器人项目，均对合作目标相对测量技术进行了充分的验证，目前已经较为成熟。

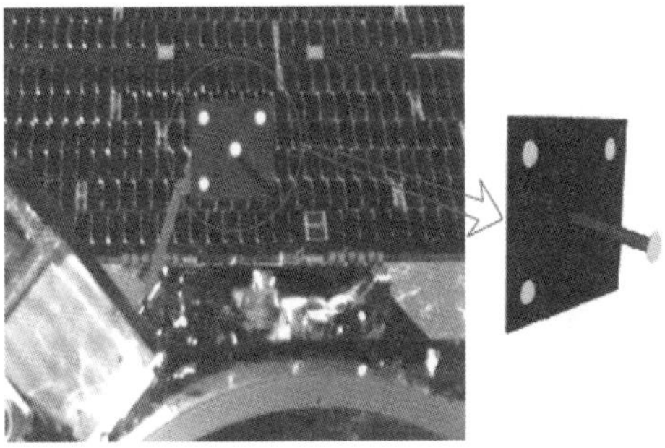

图1-1 轨道快车系统安装的合作目标

1.5.2 合作目标测量模式

空间合作目标的测量，在早期的空间交会对接项目中曾广泛使用合作微波雷达，即在追踪航天器和目标航天器上都安装雷达，采用应答模式进行相对测量。微波雷达体积大、功耗大，但是它不受环境影响，探测范围大，适用于大型航天器间的相对测量任务。另一种是合作式激光雷达，即在目标上安装激光反射装置，该装置能够对追踪航天发射的激光束进行反射，以保证追踪航天器能够接收到反射信号。

在日本ETS-Ⅶ和美国的轨道快车空间机器人项目中，在近距离段采用合作交会相机进行测量，具有质量小、精度高的特点，适合空间交会近距离段的相对测量，并且世界各国空间相机的研制较为成熟。通过合适的设计及可靠的基于视觉的相对测量算法，能够实现对近距离目标相对位姿的测量。因此，合作交会相机是近距离空间目标相对测量的重要手段。

另一种进行合作交会测量的设备是差分GPS，其应用于ETS-Ⅶ和DART项目中，测量精度与接收机的精度有关，一般是比较高的，而且最大测量距离取决于星间通信能力。GPS接收机在很多航天任务中成功应用，采用差分GPS进行相对导航具有较好的技术基础。此外，随着我国北斗导航卫星系统的逐渐完善，将来可以采用北斗二代导航卫星系统的接收机代替GPS接收机完成相对信息的测量。

合作目标往往出现在空间交会对接、空间目标抓捕、在轨组装等任务中。考虑到对不同距离范围的覆盖性，合作目标的相对测量模式较多地采用CCD相机和差分GPS联合测量模式。

（1）近距离合作交会测量相机。交会测量相机采用合作的相对测量机制，采用安装于追踪航天器上的CCD相机对目标上安装的构型已知的合作标志器成像，通过特征识别、坐标提取与计算等图像识别算法测量出合作标志器的位姿数据，从而得到目标星的相对位置和姿态。为了减轻追踪器上的能量消耗，将标志器设计成主动发光的形式。为了保证在近距离工作的全过程中 CCD 相机能够对合作标志器完整成像，在条件允许的情况下设计较大的相机视场角，这样使交会期间的交会走廊更大，提高了安全性。

（2）载波相位差分 GPS。载波相位差分 GPS 的主要作用是捕获、跟踪 GPS 导航星发射的信号，并得到 GPS 卫星到两飞行器的伪距、伪距变化率和载波相位等原始数据，从而精确计算出两个航天器之间的相对位置和相对速度。差分 GPS 的测量条件受两 GPS 接收机接收的共视星信息的数量约束，当共视星数量小于 3 颗时，则无法准确进行相对定位，这决定了在轨运行期间两个航天器的相对姿态不能过大。差分 GPS 的解算内容在处理器内部完成，对外输出三轴相对位置和相对速度。

对于大多数近距离交会任务，在近距离设置一个位置保持点，在该保持点附近要求两个合作测量设备均能够正常工作，可以进行主备份信息和相应的导航滤波器切换。同样，在远距离位置保持点，通过地面引导或者数据终极，能够使两个航天器安全到达该保持点附近区域。

1.5.3 非合作目标

与合作目标不同，非合作目标是指那些无法向追踪航天器提供相对状态信息，或者无法主动或被动配合追踪航天器获取相对信息的一类目标。美国空间研究委员会、航空与空间工程局在哈勃望远镜在轨修复任务中，曾经这样描述非合作目标的特点，即“非合作目标是指那些没有安装通信应答机，或者其他主动敏感器的空间目标，这一类目标无法通过发射信号等方式实现识别与相对定位”。空间碎片、非己方航天器等均属于非合作目标，它们没有预先安装具备合作特征的光学标志器和微波信号应答机，也没有星间链路来传输其运动状态信息。

1.5.4 非合作目标测量模式

非合作目标测量设备的应用是在最近几年才开始的，具有代表性的项目为 XSS－11（图 1－2）和“轨道快车”项目。非合作目标测量主要是通过测角相机和激光测距仪进行方位角和相对距离的测量。与微波雷达相比，它们具有质量与体积小、功耗低的特点，是未来高自主、小型化在轨服务航天器进行非合作目标测量比较理想的

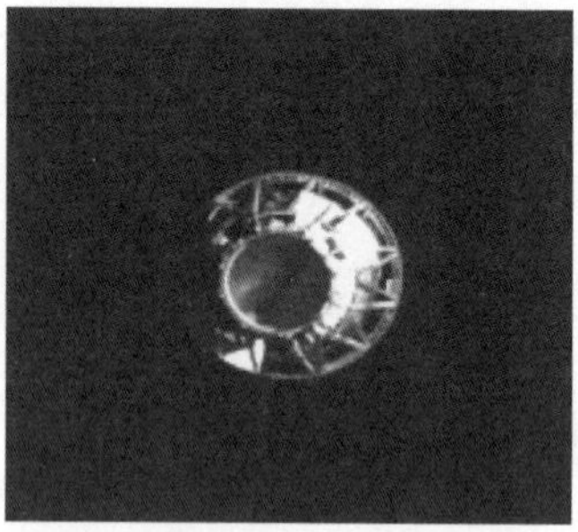

图 1－2　XSS－11 在轨观测到的火箭末级

配置。为了进行这一重要的新技术验证，本书选用它们作为非合作目标测量设备，受我国目前技术条件的限制，对它们的探测距离不要求太远。

但是测角相机受到光照条件影响，激光测距仪探测角度很小，因此，在使用时受环境条件和姿控精度的影响。早期的非合作目标测量设备主要是微波雷达，并且已在航天飞机上成熟使用，虽然它的质量大、功耗大，但是具有全天候工作的优点。为了保证非合作方式测量的可靠性，本书也选用微波雷达作为进行非合作目标测量的敏感器，并且由于微波雷达探测距离相对较远，它可以在激光测距仪以及测量相机探测不到目标时提供测量手段。

（1）激光测距仪。激光测距仪的工作原理是通过自身携带的激光发光源发射激光束，然后激光束通过被测目标进行反射，激光测距仪接收反射的激光信息来确定目标相对于激光测距仪的距离。激光测距仪能够在各距离段测量两个航天器的相对距离，具有体积与质量小、测量精度较高、受外界环境影响小的特点，有利于小型化的发展。但是探测角度较小，在同等功耗的情况下，探测角度与探测距离的平方成反比，因此需要追踪器具有较高的姿态控制能力。

（2）光学测角相机。测角相机负责对目标进行成像，并通过运动目标识别算法从星空背景中捕获目标。光学测角相机可以实现对目标器方位角的测量。为了使测角相机具备较高的测量精度，在设计时要减小视场角。但是当探测目标离开相机视场时便无法继续探测目标。测角相机的测量步骤如下：依据要求在星空背景中搜索目标；根据搜索结果锁定目标；求出目标中心相对于相机视轴的视线角；得出目标的测量数据。

（3）微波雷达。与其他设备相比，微波雷达的优点与缺点都比较明显。微波雷达体积大、功耗大，并且具有二自由度活动部件，这将大大增加系统的设计难度，同时微波雷达的扫摆会对星体姿态产生扰动。另外，由于微波测量体制，测量精度较差。但是，由于扫摆机构的存在，它的探测角度可以很大，能够同时测量相对距离和方位角信息，不需要和其他设备联合进行测量，并且微波雷达的探测范围较远。

1.6 空间相对导航技术应用领域

1.6.1 空间交会对接

空间相对导航技术的发展得益于空间交会对接（Rendezvous & Docking,

RVD）任务的出现。空间交会对接的过程分为空间交会和空间对接两个阶段：空间交会是指两个或两个以上的航天器在轨道上按预定位置和时间相会；空间对接是航天器在完成交会后进一步在结构上连接为整体。空间交会对接运动控制首先要获得两个航天器之间的相对运动信息，因此空间相对导航技术是实现交会对接的先决条件。空间交会对接技术涉及至少两个航天器的12个自由度的动力学与控制问题，并且自由度之间存在较强的动力学耦合和非线性问题，因此具有较大的技术难度。

1. 双子座系列

空间交会对接技术的发展可以追溯到20世纪50年代，由于“阿波罗”登月计划的提出，航天器的交会对接技术开始受到学术界及政府的广泛关注。20世纪60年代，美国首次在“双子座”号飞行任务中验证了空间相对导航技术。当时，“双子座”号在宇航员的操作下成功地完成了以“阿金纳”火箭第二级发动机为目标的轨道交会及对接（图1－3）。在这次空间交会任务中，“阿金纳”火箭的第二级发动机经过改进安装了特殊的对接适配器和雷达波反射装置，并且在对接适配器上安装了高亮的闪烁标志器，以帮助宇航员在近距离交会对接阶段判断识别目标的距离和姿态。在此次任务中，交会雷达在两个航天器相对距离为60～15 m时，无法提供足够精确的距离信息，此时主要依靠宇航员完成对相对距离及相对速度的判定。有人参与的空间交会对接任务还包括“双子座”8号、“双子座”10号、“双子座”11号和“双子座”12号。“双子座”计划的飞行经验表明，在进行空间交会对接飞行任务设计时，必须重点考虑以下几个方面的技术要求，即操作时间充裕、照明系统要合适、平稳的接近速度和视线角速度以及在制导系统失灵时有备用程序。

图1－3 “双子座”与“阿金纳”号火箭交会对接

2. “阿波罗”系列

在“双子座”计划之后，美国进一步通过“阿波罗”登月计划在月球轨道上进行了交会对接技术的演示验证。“阿波罗”号宇宙飞船由登月舱、指挥/服务舱两部分组成，在登月任务过程中，登月舱在宇航员的控制下完成月面登陆任务，而指挥/服务舱则停留在月球的圆轨道上。完成月面勘测任务后，宇航员驾驶登月舱重新返回指挥/服务舱的运行轨道，并进一步完成交会对接，为返回地面做准备。“阿波罗”7 号、“阿波罗”9 号和“阿波罗”10 号宇宙飞船在宇航员的参与下成功地完成了月球轨道上的交会对接，这几次的飞行任务与“阿波罗”11 号和“阿波罗”12 号宇宙飞船一起，成功地演示验证了短程轨道交会策略，这对增加登月舱在月面上的停留时间起到了重要的作用。“阿波罗”号宇宙飞船登月舱的相对导航系统组成和“双子座”号的十分相似，主要包括制导计算机、光学敏感测量与交会测量雷达，这些设备和两名宇航员一起构成整个交会对接过程中的闭环控制回路。“阿波罗”登月计划是人类首次在地球轨道之外验证的空间相对导航技术，其软/硬件技术及轨迹规划技术在后续的天空实验室等交会对接飞行任务中得到了应用（图 1－4）。

图 1－4 “阿波罗”号宇宙飞船与“联盟”号太空船交会对接

3. “联盟”系列

苏联/俄罗斯在空间交会对接技术的发展模式上与美国不尽相同，相对而言，苏联/俄罗斯更加重视自主交会技术，而宇航员操作模式只是作为一种备份的手段。苏联/俄罗斯的空间交会对接技术的发展可以追溯到 1967 年 10 月的“宇宙”号飞船对接项目。随后，其空间自主交会对接技术得到不断的发展，并且多次应用到无人太空船“进步”号和有人太空船“联盟”号与“和平”号空间站的交会对接中。此外，俄罗斯将进一步把所取得的空间交会对接技术成果应用到与国际空间站的交会对接飞行任务中（图1－5）。

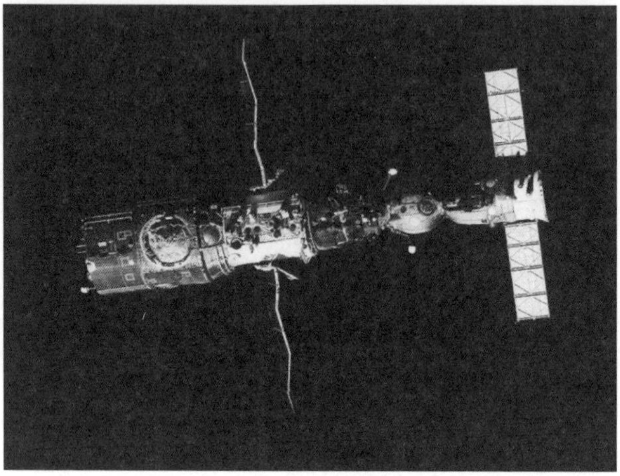

图1－5 “联盟”号太空船与国际空间站交会对接

4. 自动货运飞船

自动货运飞船（Automated Transfer Vehicle，ATV）的主要目的是为国际空间站提供物质供给、提升国际空间站轨道以及装载空间站的垃圾。欧洲航天局于2008年3月9日将欧洲首艘ATV发射升空，首艘ATV重约20 t，在轨主要依靠相对GPS和视觉测量设备进行相对信息的测量。当通过地面导引将两航天器接近到30 km以内时，相对GPS开始工作，引导到ATV在ISS后面3.5 km位置进行位置保持，验证相对GPS的导航技术；当接近到250 m左右时，采用星载激光交会敏感器（Rendezvous Sensor，RVS）进行相对导航。

2008年4月3日，ATV实现了与国际空间站自动对接（图1－6），并于2008年9月29日完成使命，在返回地球的大气层中按计划销毁。ATV作为一种空间站服务的后勤保障航天器，与其他航天器相比的优势在于它是迄今为止运载能力最强的飞船，其最大运货能力达7 200 kg。另外，ATV具有自主交会对接能力，与国际空间站的交会对接不需要航天员或地面操作人员的干预。

1.6.2 编队飞行

近年来，编队飞行技术作为未来任务的一项关键技术受到航天领域的极大关注。以美国为首的航天界权威美国国家航空航天局（National Aeronautics and Space Administration，NASA）及欧洲各国都有很多在研或者未来的编队飞行任

图1-6 ATV与国际空间站交会对接

务，编队飞行的主要目的是通过对多个航天器的相对运动进行控制，从而使航天器间保持精确的空间构型并实现特定的任务功能，而空间相对导航技术是实现编队飞行的重要技术条件。

2000年12月，美国“地球观测者”1号（EO-1）卫星发射入轨，并在随后的飞行过程中成功地与“陆地卫星”7号（LS-7）卫星进行编队，成功验证了两颗卫星组成的编队飞行技术。EO-1与LS-7卫星运行在存在升交点赤经差异的近圆轨道上，EO-1卫星落后LS-7卫星约1 min（450 km）形成沿轨道速度方向的双星静止编队，此时两星的星下点轨迹完全重合，双星静止编队十分有利于地球观测任务。两星先后对地面的相对区域进行成像，对图像进行比较，验证EO-1卫星先进的地面观测设备（图1-7）。

图1-7 EO-1卫星的结构外形

美国空军研究实验室于 1998 年提出的 TechSat 卫星 21 是编队飞行技术得以验证与应用的又一个卫星发展计划（图 1－8）。该计划由 8 颗微小卫星组成，平均分布在一个圆形绕飞轨道上，以验证分布式卫星编队飞行技术的可行性，该分布式编队卫星形成一个虚拟的合成孔径雷达（Synthetic Aperture Radar，SAR）。该分布式雷达卫星与单颗大雷达卫星相比，除了可以提供对地面目标高分辨率全天时全天候侦察信息外，还有以下优点：①识别地面移动目标，这个功能是单颗卫星无法实现的；②扩大成像区域的覆盖面积，编队飞行合成孔径雷达的小卫星地面成像宽度比单颗卫星大；③实现合成孔径雷达同时干涉成像，提取地面三维目标信息。

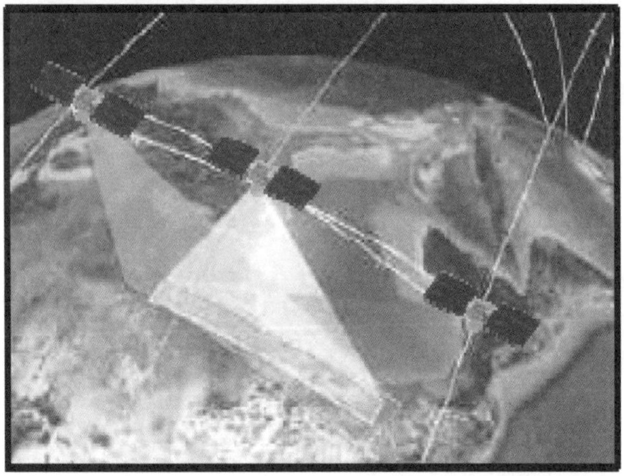

图 1－8　TechSat 卫星 21 三星编队飞行示意图

早在 1983 年，欧洲航天局（European Space Agency，ESA）就采纳了法国科学家关于通过 4 颗卫星的编队飞行进行磁层空间探测的星簇计划，称为 Cluster 计划。Cluster Ⅱ由 4 个飞行器组成空间四面体编队队形，4 个飞行器位于四面体的 4 个顶点，每两个飞行器之间的相对距离为 100～20 000 km（图 1－9）。Cluster Ⅱ已于 2000 年 7—8 月由俄罗斯“联盟”号运载火箭分两次成功发射。此计划引起了国际空间物理学界的高度关注，是划时代的科学探测计划。

由 ESA 和 NASA 共同承担的激光干涉仪空间天线（Laser Interferometer Space Antenna，LISA）计划，目的是探测空间由双星系统产生的重力波、对拥有强大能量的黑洞进行研究以验证爱因斯坦的广义相对论以及对早期宇宙进行探索等。LISA 任务由三个飞行器组成，它们运行在以太阳为中心的轨道上。每个飞行器之间的相对距离为 5 000 000 km。编队飞行的绕飞轨道平面与地球绕太阳运动的黄道平面间的夹角为 60°，三个飞行器在空间形成等边三角形的编队队形（图 1－10）。

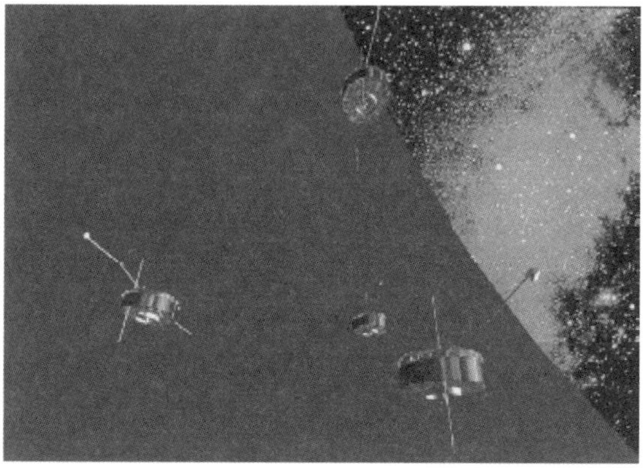

图1-9 Cluster Ⅱ 四面体编队飞行示意图

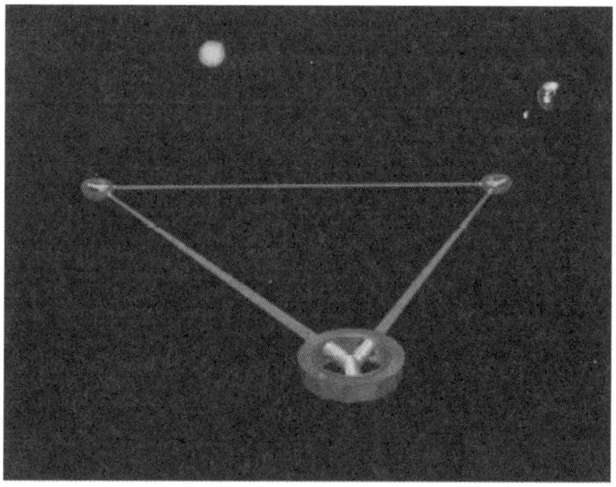

图1-10 LISA编队飞行示意图

1.6.3 在轨操作

1. 有人参与的在轨操作

在轨操作是指在有人或者无人参与的情况下，借助于空间操作机构实施的在轨装配、目标抓捕等一类任务。为了实现对空间目标的准确抓捕，首先需要完成操作执行机构对目标的相对定位，因此空间导航技术在任务中扮演着重要的角色。航天飞机及空间机械臂系统（Shuttle Remote Manipulator System, SRMS）的出现是在轨操作技术发展史上的第一个里程碑。由于在执行捕获任务中有宇航员参与，所以称为有人参与的在轨操作任务。

航天飞机执行在轨捕获任务，是借助于 SRMS 完成的。SRMS 由加拿大的 MD Robotics 公司设计制造，是为美国航天飞机项目专门设计的，它由一个肩关节、一个肘关节和一个腕关节组成，由两个臂杆（上臂杆和下臂杆）将它们连在一起，总共 6 个自由度。SRMS 长 1.2 m，重 410 kg，最近经过改进后已能机动操作重达 266 000 kg 的有效载荷（在空间失重环境下）。1984 年 4 月 10 日，美国的“挑战者”号航天飞机携带机械臂系统（Remote Manipulator System，RMS），在宇航员的操作下捕获处于故障状态的“太阳峰年”卫星。1990 年，航天飞机成功地捕获并回收了“长期暴露装置”。同年 3 月，Intelsat－6 国际通信卫星在发射时没能进入预定轨道，导致该星无法完成正常的通信业务。1992 年 5 月，NASA 再次以航天飞机作为任务平台，通过 RMS 成功捕获该星（图 1－11），并为其安装远地点发动机之后重新放入轨道。此外，NASA 以航天飞机作为平台对哈勃天文望远镜共实施了 4 次在轨捕获修复任务。

图 1－11　加拿大机械臂捕获 Intelsat－6 国际通信卫星

航天飞机携带 RMS 多次执行在轨捕获任务，证明了空间机械手系统是实现在轨捕获的一种现实而有效的途径。但是，以航天飞机为作业平台的自由漂浮目标在轨抓捕模式的弊端也逐渐凸显，主要表现在 SRMS 需要依托航天飞机这个复杂的大型空间平台，在轨捕获作业的轨道范围被严格限制在航天飞机的轨道高度，并且需要宇航员进行人工操作。此外，SRM 对待抓捕目标的姿态也有诸多限制。1992 年，航天飞机在对 SPORTAN 卫星实施抓捕时，由于卫星姿态失稳，两名宇航员不得不冒着巨大的风险徒手进行抓捕。“挑战者”号与

“哥伦比亚”号航天飞机的失事更是使有人参与的在轨捕获模式遭受了严重的打击。但是，以大型空间平台为基础的在轨捕获技术的应用带动了天基目标测量技术、先进导航与制导技术、空间机械臂及控制技术的飞速发展，这些成就的取得为在轨捕获技术朝着自主智能方向发展奠定了技术基础。

2. 无人自主在轨操作

自主在轨操作技术，是指空间智能系统在部分或完全无人干预的情况下自主完成对空间目标的操作，而能够完成上述任务的空间智能系统称为空间机器人系统。美国是最早开展空间机器人技术研究的国家之一，20 世纪 80 年代，NASA 在意识到宇航员频繁出舱操作存在的巨大风险之后，便开始发展空间机器人相关技术，并且制订了一系列研究计划。初期的空间机器人计划主要包括可以代替宇航员进行操作的机械臂及监视系统，机械臂抓捕的目标主要是舱内仪器开关等，如遥操作飞行服务机器人、机器人宇航员、空间在轨装配与运输系统等。NASA 试图通过发展空间自主系统，降低宇航员出舱作业的频率，减少出舱风险。上述空间机器人系统仍然没有完全摆脱航天飞机和空间站这个作业平台，但是这一时期与空间机械臂系统相关的微机械技术、机械臂动力学与控制技术、末端路径规划技术得到了较快的发展。此后，随着空间自主交会技术的发展，具备一定空间自主交会能力的小型智能机动飞行平台在技术上逐步变得可以实现，于是空间机械臂系统逐步摆脱了航天飞机等大型平台，朝着与空间自由飞行平台相结合的方向发展，这就形成了空间自由飞行机器人系统。在这一阶段，美国发展的自由飞行机器人系统包括 Ranger TFX 和“轨道快车”等项目，其中较为典型的是美国的“轨道快车”项目。

“轨道快车”项目是由美国国防高级研究计划局（Defense Advanced Research Projects Agency，DARPA）组织开展、由波音公司联合其他企业共同研制的一项在轨演示验证系统（图 1－12）。“轨道快车”项目由 ASTRO（太空自动化运输机器人）与 NextSat（未来星）两颗卫星组成，其中，ASTRO 上安装有六自由度空间机械臂。“轨道快车”项目组合体于 2007 年 3 月 8 日发射升空进行一系列的在轨演示验证试验。演示试验初期，两颗卫星处于相连状态，在此期间进行了两颗卫星之间的推进剂传送和以空间机械手完成的电池更换操作；接下来进行空间各个距离段的空间合作目标交会试验、空间非合作目标交会试验、采用空间机械手抓捕的软对接试验、采用对接机构进行的硬对接试验等，最后完成了星上计算机模块的更换操作。

图 1-12　美国的“轨道快车”空间机器人系统

2007 年 5 月，美国的“轨道快车”项目实现了自主交会对接技术，验证了视觉测量系统的性能。“轨道快车”主要由太空运输机器人服务舱（Autonomous Space Transport Robotic Operations，ASTRO）与卫星轨道舱（Commodities Spacecraft，CSC）实现交会对接，其应用的视频制导敏感器（Advanced Video Guidance Sensor，AVGS）是经过太空环境验证的最先进的交会对接测量技术（图 1-13）。AVGS 是一种以激光结构为主的交会对接测量系统，可用于测量两个航天器之间的相对距离和姿态信息。但是激光设备功率大且成本较高，因此在航天任务中容易受到限制。而采用视觉手段进行交会对接近距离阶段测量具有小型化和长期性工作的特点。

（a）　　　　（b）

图 1-13　地面组装测试过程中的“轨道快车”

“轨道快车”项目的成功验证具备如下 5 个方面的意义：①进行在轨加注，提高在轨卫星的机动能力；②进行在轨升级，提升在轨卫星的技术能力；③进行在轨维护，拯救故障卫星，延长其寿命；④进行在轨侦察，获取目标卫星特征信息；⑤进行在轨攻击，损毁敌方卫星。

受本国航天产业规模、技术等诸多方面的限制，欧洲、日本等国家和地区意识到发展有人参与的在轨服务系统不符合本国航天产业的特点，同时也难以与美国同台竞争。而发展无人自主在轨服务系统成本低廉、研制与运营风险较小，十分符合本国航天产业的需求。因此，空间机器人技术受到 ESA 和日本宇宙开发事业团（National Space Development Agency，NASDA）的高度重视，且被列为优先发展的航天高技术之一。

为了验证在轨自主交会对接技术，为未来的国际空间站后勤保障提供技术储备，日本宇宙开发事业团组织研制了 ETS－Ⅶ空间机器人系统并于 1997 年 11 月 28 日发射升空（图 1－14）。ETS－Ⅶ由连接在一起的大小两颗卫星“牛郎”星和“织女”星组成，大星“牛郎”上配置了空间机械臂。ETS－Ⅶ的任务目的是在轨验证自主交会对接技术和空间机器人技术。“牛郎”星上安装有 GPS 接收机、用于相对距离和方位角测量交会的激光雷达（Rendezvous Laser Radar，RVR）以及用于相对位置与相对姿态测量的光学接近敏感器（Proximity Camera Sensor，PXS）。与此同时，“织女”星上安装与“牛郎”星测量部件配合使用的 GPS 接收机、被动 RVR 反射器以及 PXS 合作光标。在试验过程中目标航天器被释放，然后以目标航天器为对象，追踪航天器完成了各距离段的多次交会对接试验。1998 年 7 月 7 日，两颗卫星完成了首次自主交会对接，标志着日本在航天器交会对接领域取得了成功。

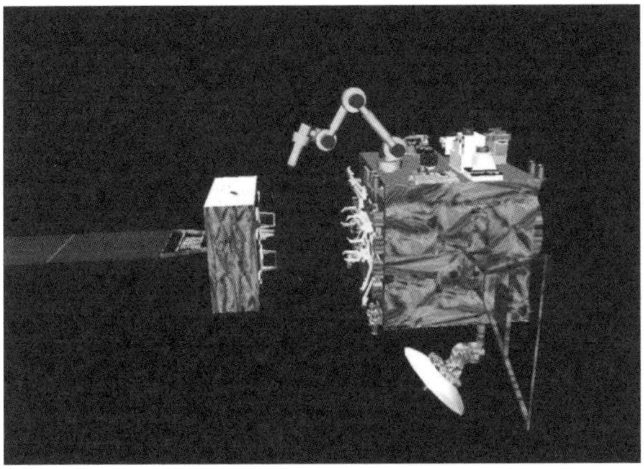

图 1－14 日本的 ETS－Ⅶ空间机器人系统

1.6.4 空间目标监测

1. 美国的天基空间监视系统

从 20 世纪 90 年代初到 21 世纪初，美国实施了多项天基空间目标监视卫星技术试验项目，包括验证天基光学监视能力的“中段空间试验卫星”（Mid-course Space Experiment，MSX）、验证执行近距离操作任务能力的试验卫星系统 - 10 和试验卫星系统 - 11（XSS - 10 和 XSS - 11）、微卫星技术试验 - A 和微卫星技术试验 - B（MiTEx - A 和 MiTEx - B）等，验证了相关关键技术。在关键技术验证成功的基础上，美国正式启动了天基空间监视系统的研制，主要包括“天基空间监视系统”（Space Based Space Surveillance，SBSS）、“轨道深空成像系统”（Orbital Deep Space Imager，ODSI）和“天基红外预警系统”（Space - Based Infrared Satellite System，SBIRS）。

SBSS 于 2002 年正式启动，系统的主要目的是建立一个低地球轨道光学遥感卫星星座，通过搭载在观测星上的光学或雷达设备实现对中低轨道空间目标的探测功能。SBSS 具有高轨道观测能力强、重复观测周期短、全天候观测的特点，将使美国对地球同步轨道卫星的跟踪能力提高 50%，使美国空间目标编目信息的更新周期由 5 天缩短到 2 天，从而大大提高美国的空间态势感知能力。SBSS 的研制主要分为两个阶段。第一个阶段是研制和部署一颗“探路者”卫星，替代 MSX 卫星上的天基可见光探测器，提供一种过渡性的天基空间监视能力，该卫星已于 2010 年 9 月 25 日进入预定轨道并具有全天时持续工作能力，平均每天观测 12 000 个目标，可以快速扫描、发现、识别、跟踪低轨至高轨目标，特别是静止轨道的卫星、机动飞行器和空间碎片等目标，可在 24h 完成对整个静止轨道区域的扫描探测。第二个阶段系统将部署 4 颗卫星组成的光学卫星星座，前两颗“地球同步轨道空间态势感知计划”（Geosynchronous Space Situational Awreness Program，GSSAP）卫星已于 2014 年发射，于 2015 年 9 月结束测试，具备初始运行能力，并提前投入使用，该项目两颗最新卫星 GSSAP - 3 和 GSSAP - 4 于 2016 年 8 月 19 日进入轨道，2017 年 9 月也宣布投入使用。ODSI 系统启动于 2004 年 6 月，是美国空间和导弹系统中心联合开展的空间目标监视项目。ODSI 系统由运行在地球同步轨道上的成像卫星星座组成，卫星成像系统采用望远镜并可进行空间机动。ODSI 系统的主要任务是提供地球同步轨道上的三轴稳定卫星的高分辨率图像，确定深空目标的特征与轨道位置。新一代的 SBIRS 是美国冷战时期国防支援计划（Defense Support Program，DSP）红外预警卫星系统的后继，虽然和“空间跟踪与监视系统”（Space Tracking and Surveillance System，STSS）一样都属于美国弹道导弹防御系统，但也具有很强的天基空间目标监视能力。此外，随着微小卫星技术的日益成熟，美国空军还在积极研制微小卫星，使其成为空间目标监视力量的重要部分。微小卫星成本低、研制周期短，可在战时或紧急时刻发射，并且可以用多个航天器组成星座或进行编队，完成对重点目标的及时、准确跟踪监测。目前，美国可能用于目标监视的微小卫星项目主要有“近场自主评估防御纳星”（Autonomous Nanosatellite Guardian for Evaluating Local Space，ANGELS）、“小型轨道碎片探测、捕获与跟踪”（Small Orbital Debris Detection，Acquisition，and Tracking，SODDAT）和“自感知空间态势感知”（Self Aware Space Situation Awareness，SASSA）计划。

美国的地基观测系统、观测低轨道的 SBSS 系统、观测高轨道的 ODSI 系统和天基红外探测与跟踪系统共同组成了成熟化的空天一体美国空间目标监视系统，可以实现对超大范围空间的有效监视，大大提高了美国获取空间目标信息的能力。

2. 俄罗斯天基空间监视系统

俄罗斯为了提高对空间目标的观测和跟踪能力，弥补地基观测无法探测到的空间盲区，也创建了相应的天基观测网络。该系统可以用于实时发现和追踪空间目标，测定目标的运动轨迹和运动状态，对其轨迹进行合理的估计。当系统发现任何有可能对国家安全造成威胁的空间物体，将会对俄罗斯安全系统进行警示，是空间攻防的“火眼金睛”。1992 年，美俄联合开展了俄美监视卫星计划，包括研制一个双卫星系统。但是在 2004 年 8 月，美国宣布终止与俄罗斯的合作。俄罗斯具有监视功能的主要有两个互补系列的卫星：一个是运行在大椭圆轨道的“眼睛”预警卫星（运行周期为 12 h）；另一个是运行在地球同步轨道的“预报”（prognoz）预警卫星（运行周期为 24 h）。俄罗斯原计划采用 9 颗“眼睛”卫星和 7 颗“预报”卫星组网工作，但是由于经费的限制，仅存的 3 颗卫星已经完全不能满足战略预警要求。因此，目前俄罗斯的空间监视系统仍然以地基观测为主，天基观测为辅。

3. 加拿大天基空间监视系统

近年来，在北美防空司令部（North American Aerospace Defense Command，NORAD）的推动下，加拿大也开始逐步建立起天基目标观测系统。加拿大国防部启动的“空间目标监视”（Space Object Surveillance，SOS）计划，将多颗小卫星送入预定轨道，在小卫星平台上将会搭载直径为 15 cm 的天基可见光试验望远镜，主要用于监视和跟踪同步地球轨道上以及其他更高轨道上的卫星。除此之外，由加拿大空间局和加拿大国防部联合支持，由 Dynacon 公司和一个小行星科学家小组共同开发的近地目标探测卫星（Near Earth Space Surveillance，NESS）研制计划采纳了小卫星平台安装具备恒星观测功能成像望远镜的设计方案，对轨道目标观测精度能够满足需求，主要用于监测和跟踪位于低轨道上的空间目标。加拿大天基目标观测系统的特点主要有以下 3 点：①卫星上搭载的观测设备大部分是望远镜这类可见光观测设备，如之前参与进行验证试验的世界上最小的望远镜 MOST；②与美国建立的庞大的星座监视系统不同的是，加拿大基本上只采用体积小、成本低且结构简单的微小卫星搭建观测星座，这样可以大大节省制造和发射成本；③虽然加拿大建立的空间监视系统中总的卫星数量较少，但是观测范围基本覆盖了位于高轨、中轨和低轨的空间目标。

参考文献

[1] 翟光，仇越，梁斌，等. 在轨捕获技术发展综述 [J]. 机器人，2008，30 (5)：467 – 480.

[2] 毕幸子. 空间非合作机动目标的跟踪技术研究 [D]. 北京：北京理工大学，2019.

[3] 王鹏基. 空间飞行器编队飞行相对动力学与队形控制方法及应用研究 [D]. 哈尔滨：哈尔滨工业大学，2004.

[4] 郭碧波. 航天器自主交会技术与地面实验研究 [D]. 哈尔滨：哈尔滨工业大学，2008.

[5] 崔乃刚，王平，郭继峰，等. 空间在轨服务技术发展综述 [J]. 宇航学报，2007，28 (4)：805 – 811.

[6] 徐文福，詹文法，梁斌，等. 自由飘浮空间机器人系统基座姿态调整路径规划方法的研究 [J]. 机器人，2006，28 (3)：291 – 296.

[7] 柳长安，李国栋，吴克河，等. 自由飞行空间机器人研究综述 [J]. 机器人，2002，24 (4)：380 – 384.

[8] 洪丙熔，柳长安，郭恒业. 双臂自由飞行空间机器人地面实验平台系统设计 [J]. 机器人，2000，22 (2)：8 – 114.

[9] 王麟琨，徐德，谭民. 机器人视觉伺服研究进展 [J]. 机器人，2004，26 (3)：277 – 282.

[10] 林靖，陈辉堂，王月娟，等. 机器人视觉伺服系统的研究 [J]. 控制理论与应用，2000，17 (4)：476 – 481.

[11] 赵清杰，连广宇，孙增圻. 机器人视觉伺服综述 [J]. 控制与决策，2001，16 (6)：849 – 853.

[12] 吴立成，孙富春，孙增圻，等. 柔性空间机器人振动抑制轨迹规划算法 [J]. 机器人，2003，25 (3)：250 ~ 254.

[13] Gomez G., Masdemont J., Museth K. Simulation of Formation Flightnear Lagrange Points for the TPF Mission [J]. Advances in the Astronautical Sciences, 2002, (109): 61 – 75.

[14] Decou A. B. Orbital Station – Keeping for Multiple Spacecraft Interferometry [J]. Journal of the Astronautical Science, 1991, 39 (3): 183 – 297.

[15] 陈胜军. 我国空间机器人 RSM 问题的若干基本问题探讨 [J]. 机器人, 2002, 24 (5): 471 – 476.

[16] 高理富, 宋宁, 葛运建, 等. 航天机器人用六维腕力传感器动态特性研究 [J]. 机器人, 2002, 24 (4): 319 – 323.

[17] 刘国栋, 连广宇, 孙增圻. 空间遥操作机器人力反馈实验系统的研究与实现 [J]. 机器人, 2001, 23 (5): 411 – 415.

[18] 汤泽滢, 黄贤锋, 蔡宗宝. 国外天基空间目标监视系统发展现状与启示 [J]. 天电子对抗, 2015, 31 (2): 24 – 26.

[18] 宋博. 美国天基空间态势感知系统发展 [J]. 国际太空, 2015 (12): 13 – 20.

[20] 王杰娟, 于小红. 国外天基空间目标监视研究现状与特点分析 [J]. 装备指挥技术学院学报, 2006, 17 (4): 33 – 37.

[21] 李颖, 张占月, 方秀花. 空间目标监视系统发展现状及展望 [J]. 国际太空, 2004 (6): 28 – 32.

[22] 杨乐平, 朱彦伟, 黄涣. 航天器相对运动轨迹规划与控制 [M]. 北京: 国防工业出版社, 2010.

[23] 胡海霞, 谢永春. 国外航天器人控交会对接系统研究及分析 [J]. 控制工程, 2005 (1), 21 – 25.

[24] Goodman John L. History of Space Shuttle Rendezvous and Proximity Operations [J]. Journal of Spacecraft and Rockets, 2006, 43 (5), 944 – 959.

[25] 闻新, 王秀丽, 刘宝忠. 美国试验小卫星 XSS – 11 系统 [J]. 中国航天, 2006 (7): 21 – 25.

第2章

空间目标相对动力学分析

航天器间的相对动力学是描述航天器之间相对运动特性的数学模型，描述了两航天器在不同轨道参数和不同初始条件下的相对运动规律。相对动力学是空间相对导航滤波的前提条件，相对动力学模型是否准确直接决定了导航滤波的精度。航天器的相对动力学模型可以借助与轨道动力学作差，然后通过一系列的坐标转换，最终得到追踪航天器轨道坐标系下的相对轨道动力学模型。目前，较为常见的模型包括 Tschauner – Hempel（T – H）方程和 Clohessy – Wiltshire（C – W）方程。其中，T – H 方程常用于描述椭圆轨道的相对运动，而 C – W 方程则主要用于描述圆轨道上的相对运动。当两个航天器距离较近时，上述两个模型具有较高的精度。

2.1　坐标系定义

2.1.1　常用坐标系

描述航天器的相对运动，常使用以下三个重要的空间坐标系：地心赤道惯性坐标系、主航天器质心轨道坐标系和从航天器质心轨道坐标系。三者的空间位置关系如图 2 – 1 所示。

1. 地心赤道惯性坐标系 $O-XYZ$

该惯性系的原点位于地球中心，X 轴指向春分点方向，Z 轴垂直于赤道平面沿地球自转轴指向北极，Y 轴位于赤道面内并与 X 轴、Z 轴成右手坐标系。在有关航天器轨道动力学的分析中，通常可以忽略春分点的微小摆动及地球绕太阳运转所引起的惯性力，从而近似为惯性坐标系，主要用于对单个航天器绝对运动的描述。

2. 主航天器质心轨道坐标系 $o_t-x_ty_tz_t$

该坐标系的原点位于主航天器质心 o_t，x_t 轴与主航天器地心位置向量 $\boldsymbol{r}_t$ 重合，由地心指向其质心；z_t 轴沿主航天器轨道平面的正法线方向，即与动量矩向量一致；y_t 轴由右手定则确定，位于轨道平面内，以指向主航天器运动方向为正。描述航天器相对运动的数学模型通常建立在此坐标系中，相关的进一步运动分析与研究也在此坐标系中进行。

3. 从航天器质心轨道坐标系 $o_c-x_cy_cz_c$

该坐标系的原点位于从航天器质心 o_c，x_c 轴与主航天器地心位置向量 $\boldsymbol{r}_c$ 重合，由地心指向其质心；z_c 轴沿主航天器轨道平面的正法线方向，即与动量矩向量 $\boldsymbol{H}_c$ 一致；y_c 轴由右手定则确定，位于轨道平面内，以指向主航天器运动方向为正。

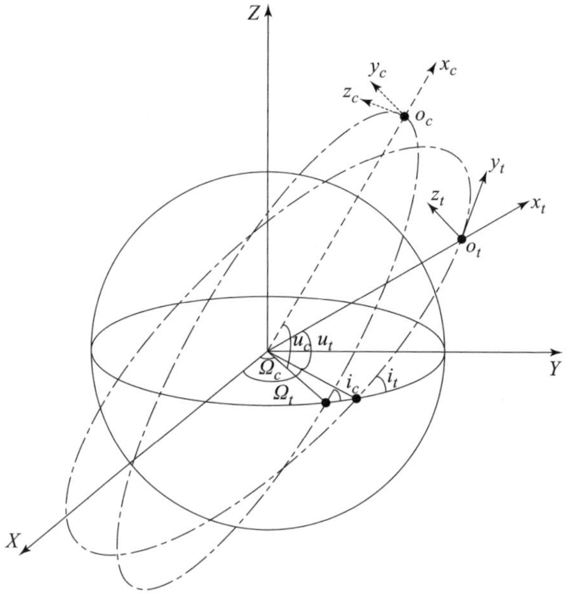

图 2－1　常用参照坐标系示意图

2.1.2　坐标系转换

航天器轨道根数如图 2－1 中所示，容易得到由地心惯性坐标系到轨道坐标系为 3－1－3 转动，转换矩阵为

$$\boldsymbol{L}_{*i}=\boldsymbol{R}_3(u_*)\boldsymbol{R}_1(i_*)\boldsymbol{R}_3(\Omega_*) \tag{2-1}$$

式中：Ω，i，u 分别为航天器轨道升交点赤经、轨道倾角和纬度幅角；下标“$*$”可替换为 t 或 c，表示主航天器或从航天器；$\boldsymbol{R}_m(\theta)$ 为绕 m 轴转过角度 θ 的初等转换矩阵，具体形式为

$$\boldsymbol{R}_1(\theta)=\begin{bmatrix}1 & 0 & 0\\ 0 & \cos\theta & \sin\theta\\ 0 & -\sin\theta & \cos\theta\end{bmatrix},\ \boldsymbol{R}_3(\theta)=\begin{bmatrix}\cos\theta & \sin\theta & 0\\ -\sin\theta & \cos\theta & 0\\ 0 & 0 & 1\end{bmatrix} \tag{2-2}$$

2.2　航天器轨道摄动模型

航天器在轨道上运行时始终受到空间环境各种摄动力的影响，摄动力场与理想的地球中心引力场相互叠加，使航天器运行的立场不再是中心力场。这些摄动力包括地球扁率与质量分布不均导致的附加引力、空间气动阻力、太阳和月球的引力、太阳光压等。在这些摄动力的作用下，航天器的轨道不再是严格的开普勒轨道，其轨道周期、偏心率、升交点赤经和轨道倾角等轨道参数不断发生变化，进而也会对航天器的相对运动特性产生影响。

2.2.1　轨道要素的摄动方程

对于任意引力场，航天器在引力场中任意确定的一点受到的引力可表示为

$$\boldsymbol{F} = \mathrm{grad}\boldsymbol{U} \tag{2-3}$$

式中：$\boldsymbol{U}$ 为引力场势函数；$\boldsymbol{F}$ 为航天器在引力场中受到的作用力。

式（2-3）表明，航天器在引力场中受到的作用力可以用力场的梯度表示，$\boldsymbol{U}$ 的大小和方向与坐标系的选取无关。

当假设地球为质量均匀分布的圆球时，地球引力场可表示为

$$\boldsymbol{U}_0 = \frac{\mu}{\boldsymbol{r}} \tag{2-4}$$

当进一步考虑地球、太阳、月球等的摄动力时，位函数可以表示为两部分，即

$$\boldsymbol{U} = \boldsymbol{U}_0 + \boldsymbol{R} \tag{2-5}$$

式中：$\boldsymbol{R}$ 为摄动力的位函数，称为摄动函数。

利用牛顿定律可以得到卫星的运动方程为

$$\ddot{\boldsymbol{r}} = \frac{\mu}{r^3}\boldsymbol{r} + \mathrm{grad}\boldsymbol{R} \tag{2-6}$$

当摄动力为非保守力时，可以直接将摄动力的加速度表示为摄动力的作用。定义卫星的第二轨道坐标系 $o-x'y'z'$，其原点位于航天器的质心上，坐标轴的单位向量分别用 $\boldsymbol{u}_r$、$\boldsymbol{u}_t$、$\boldsymbol{u}_n$ 表示。其中，$\boldsymbol{u}_r$ 沿地心指向卫星质心方向；$\boldsymbol{u}_t$ 在航天器瞬时轨道平面内垂直于 $\boldsymbol{u}_r$，并指向航天器的轨道速度方向；$\boldsymbol{u}_n$ 为瞬时轨道平面的法线方向。

在第二轨道坐标系当中，摄动力可以表示为以下分量形式：

$$\boldsymbol{F}' = \text{grad}R = F_r\boldsymbol{u}_r + F_t\boldsymbol{u}_t + F_n\boldsymbol{u}_n \tag{2-7}$$

在摄动力的作用下，显然航天器的轨道不再是开普勒轨道，但是在每一个瞬间航天器的位置适量 $\boldsymbol{r}$ 和速度向量 $\dot{\boldsymbol{r}}$ 可以决定一个瞬时椭圆轨道。随着时间的推移，椭圆轨道的轨道要素不断改变，而这一系列的椭圆轨道就组成了实际轨道，即航天器不断从一个瞬时椭圆轨道转向另一个瞬时椭圆轨道。

摄动力对航天器的作用直接导致卫星总机械能发生变化，即

$$\frac{\mathrm{d}E}{\mathrm{d}t} = \boldsymbol{F}' \cdot \dot{\boldsymbol{r}} \tag{2-8}$$

式中：$\dot{\boldsymbol{r}}$ 为航天器的速度向量。

在轨道坐标系中，$\dot{\boldsymbol{r}}$ 可以表示为分量形式：

$$\dot{\boldsymbol{r}} = \dot{r}\,\boldsymbol{u}_r + r\dot{f}\,\boldsymbol{u}_t = \dot{f}\left(\frac{\mathrm{d}r}{\mathrm{d}f}\boldsymbol{u}_r + r\,\boldsymbol{u}_t\right) \tag{2-9}$$

式中：真近点角速度 $\dot{f}$ 可以表示为平近点角的函数；$\frac{\mathrm{d}r}{\mathrm{d}f}$由开普勒轨道极坐标方程求导得到。

式（2－9）可以进一步改写为

$$\dot{\boldsymbol{r}} = \frac{na^2\sqrt{1-e^2}}{r^2}\left(\frac{re\sin f}{1+e\cos f}\boldsymbol{u}_r + r\,\boldsymbol{u}_t\right) \tag{2-10}$$

根据航天器机械能公式 $E = -\frac{\mu}{2a}$，可以得到半长轴的时间变化率：

$$\frac{\mathrm{d}a}{\mathrm{d}t} = \frac{2a^2}{\mu}\frac{\mathrm{d}E}{\mathrm{d}t} \tag{2-11}$$

综合式（2－8）~式（2－11），可以得到长半轴的摄动方程：

$$\frac{\mathrm{d}a}{\mathrm{d}t} = \frac{2e\sin f}{n\sqrt{1-e^2}}F_r + \frac{2a\sqrt{1-e^2}}{nr}F_t \tag{2-12}$$

同理，经过进一步推导可以得到其他轨道要素的方程，整理可以得到轨道六要素的摄动方程如下：

$$\frac{\mathrm{d}a}{\mathrm{d}t} = \frac{2}{n\sqrt{1-e^2}}\left[F_r e\sin f + F_t(1+e\cos f)\right] \tag{2-13}$$

$$\frac{\mathrm{d}e}{\mathrm{d}t} = \frac{\sqrt{1-e^2}}{na}\left[F_r\sin f + F_t(\cos E + \cos f)\right] \tag{2-14}$$

$$\frac{\mathrm{d}\Omega}{\mathrm{d}t} = \frac{r\sin(\omega+f)}{na^2\sqrt{1-e^2}}F_n \tag{2-15}$$

$$\frac{\mathrm{d}i}{\mathrm{d}t} = \frac{r\cos(\omega+f)}{na^2\sqrt{1-e^2}}F_n \tag{2-16}$$

$$\frac{\mathrm{d}\omega}{\mathrm{d}t}=\frac{\sqrt{1-e^2}}{nae}\left[-F_r\cos f+F_t\frac{2+e\cos f}{1+e\cos f}\sin f\right]-\dot{\Omega}\cos i \tag{2-17}$$

$$\frac{\mathrm{d}M}{\mathrm{d}t}=n-\frac{1-e^2}{nae}\left[F_r\left(\frac{2er}{p}-\cos f\right)+F_t\left(1+\frac{r}{p}\right)\sin f\right] \tag{2-18}$$

2.2.2　轨道摄动因素分析

1. 地球形状摄动函数

地球质量分布是不均匀的，同时形状也是不规则的扁球体，赤道半径稍大于极轴半径，另外赤道又呈轻微的椭圆状。地球相对于理想质量局部球体的偏差，致使航天器受到的实际作用力仅与轨道半径有关。同时，还与卫星的经纬度有关。上述引力摄动称为地球形状摄动，其相关的函数称为摄动函数。地球形状摄动函数可以表示为

$$\Delta U=\frac{\mu}{r}\sum_{n=2}^{\infty}\left(\frac{R_e}{r}\right)^n\left[J_nP_n(\sin\phi)-\sum_{m=1}^{n}J_{nm}P_{nm}(\sin\phi)\cdot\cos m(\lambda-\lambda_{nm})\right] \tag{2-19}$$

式中：λ，ϕ 分别为地心经纬度；P_n，P_{nm} 为勒让德多项式。仅包含 P_n 的项为带谐项，带谐项仅与纬度有关；J_n 为带谐项系数，带谐项系数是由地球扁率引起的；包含的 $P_{nm}\cos m(\lambda-\lambda_{nm})$ 为田谐项，田谐项和地心经纬度都有关系；J_{nm} 为田谐项系数。

对于近地轨道卫星，地球摄动的主要因素为地球扁率，即主要由带谐项引起，而对于高轨卫星轨道摄动则主要由田谐项引起。一般来讲，分析低轨卫星的轨道摄动，可以略去高阶带谐项和田谐项，仅保留 J_2 项，则此时摄动位函数可以表示为

$$\Delta U=-\frac{\mu J_2R_e^2}{2r^3}(3\sin^2\phi-1) \tag{2-20}$$

又因为

$$\frac{\partial(\Delta U)}{\partial(t,n,r)}=\boldsymbol{F}_t+\boldsymbol{F}_n+\boldsymbol{F}_r \tag{2-21}$$

将摄动力表示成第二轨道坐标系的分量形式，有

$$\begin{cases}\boldsymbol{F}_r=-\dfrac{3}{2}J_2\dfrac{\mu R_e^2}{r^4}[1-3\sin^2 i\sin^2(\omega+f)]\\[2ex]\boldsymbol{F}_r=-\dfrac{3}{2}J_2\dfrac{\mu R_e^2}{r^4}\sin^2 i\sin^2[2(\omega+f)]\\[2ex]\boldsymbol{F}_r=-\dfrac{3}{2}J_2\dfrac{\mu R_e^2}{r^4}\sin^2(2i)\sin^2(\omega+f)\end{cases} \tag{2-22}$$

将式（2－22）代入式（2－15）中，可以得到在地球扁率摄动作用下升交点赤经、近地点幅角和平近点角的摄动方程：

$$\begin{cases}\dot{\Omega} = -\dfrac{3}{2}\dfrac{nJ_2R_e^2}{(1-e^2)^2a^2}\cos i \\ \dot{\omega} = -\dfrac{3}{2}\dfrac{nJ_2R_e^2}{(1-e^2)^2a^2}\left(\dfrac{5}{2}\sin^2 i - 2\right) \\ \dot{M} = n - \dfrac{3}{2}\dfrac{nJ_2R_e^2}{(1-e^2)^2a^2}\cos i\left(\dfrac{3}{2}\sin^2 i - 2\right)\end{cases} \tag{2-23}$$

地球扁率摄动不引起轨道倾角、偏心率和半长轴的变化。地球扁率摄动是近地轨道卫星最为重要的摄动因素，其摄动作用对轨道参数的影响也十分明显。例如，对于轨道高度为 500 km，轨道倾角为 98°的圆轨道卫星，其轨道升交点赤经每天的摄动量达到 1.07°，因此在潜伏轨道设计时要充分考虑地球扁率对相对轨道的摄动。

2. 大气阻力摄动

航天器轨道参数摄动的另一个重要的摄动因素是大气阻力，大气阻力对轨道的影响随着半长轴的减少而增强。大气阻力一般描述为

$$F_a = -\frac{1}{2}C_d\rho_a S v^2 \tag{2-24}$$

式中：C_d 为气动系数；ρ_a 为大气密度；S 为迎风面积。

气动阻力主要引起航天器轨道半长轴和偏心率的摄动，大气阻力将导致轨道圆化、轨道高度降低，并最终使航天器坠入大气层烧毁。

从航天器总的机械能变化角度出发，经过推导可以得到对于近地圆轨道航天器轨道近似衰减过程函数：

$$H(t) = H_0\ln\left[e^{H_0/h_0} - \frac{1}{h}\sqrt{\mu R_e}\left(\frac{C_d S}{m}\right)\rho_0(t-t_0)\right] \tag{2-25}$$

式中：H_0，t_0 分别为初始时间和初始轨道高度；h_0 为高层大气标高。大气阻力对低轨卫星的阻尼作用是十分显著的。

3. 其他轨道摄动因素

除了上述两种轨道摄动因素之外，还包括日、月轨道摄动，日、月轨道摄动对低轨航天器的轨道摄动并不是十分明显。但是，当航天器处于高轨时(如地球同步静止轨道)，此时日、月摄动力与地球扁率摄动基本达到一个数量级，就必须考虑日、月摄动力的影响。日、月轨道摄动加速度常用下式表

示，即

$$f_a = -Gm'\frac{r}{r_*^3}\left(\frac{r}{r}\right) \tag{2-26}$$

式中：r_* 为太阳或者月亮与卫星质心之间的距离；m' 为太阳或者月亮的天体质量。

另外的一个摄动因素是太阳光压摄动，太阳光压摄动对高轨卫星特别是地球同步静止轨道卫星的影响较为明显，太阳光压摄动加速度可表示为

$$f_s = -\frac{S'}{m}kp_{\Theta}v_{\Theta}s \tag{2-27}$$

式中：S' 为太阳光线照射的卫星截面积；m 为卫星质量；k 为取决于航天器表面反射特性的系数；s 为地心指向太阳的单位向量；p_{Θ} 为太阳辐射压强；v_{Θ} 为受晒系数。

2.3　目标探测中的变轨机动

目标探测航天器和目标的初始轨道会有一定的差异，为了便于观测，探测航天器需要首先实施变轨机动，由初始轨道进入目标轨道并与目标接近。自由轨道设计法在航天器变轨任务中得到了较为广泛的应用，自由轨道法是通过改变轨道参数达到空间交会目的的方法，用自由轨道法进行轨道交会机动是一个开环控制过程，自由轨道交会需要考虑共面机动和非共面机动两方面的问题。自由轨道法的实现是基于多脉冲假设，即假设发动机在无限小的时间内产生无限大的推力，使航天器在瞬间获得脉冲速度增量，但是位置不发生变化。在实际航天器变轨过程中，由于发动机推力是有限的，航天器不可能瞬间获得速度增量。但是，基于脉冲假设的自由轨道法仍然能够定量地反映实际变轨过程中的燃料消耗及时间消耗。

2.3.1　单脉冲变轨交会

单脉冲实现变轨交会的前提条件是观测航天器的初始轨道和目标航天器运行轨道相交。如图 2-2 所示，考虑目标航天器轨道（虚线表示）与观测航天器轨道（实线表示）共面的情况，两个轨道交点位置向量为 $\boldsymbol{r}_0$，在交点处目标航天器的速度向量为 $\boldsymbol{v}_0$，观测航天器的速度向量为 $\boldsymbol{v}_1$。显然，在两个轨道交点处对系统施加速度脉冲 $\Delta\boldsymbol{v}$，则可以实现系统的轨道转移；如果观测航天器

和目标航天器在变轨时刻同时经过 r_0，则可以实现两个航天器的轨道交会。

速度脉冲可以表示为

$$\Delta \boldsymbol{v} = \boldsymbol{v}_0 - \boldsymbol{v}_1 \tag{2-28}$$

假设在未施加变轨脉冲时，两个航天器飞行速度与当地水平方向的夹角分别为 β_0 和 β_1，则由余弦定理可以求得速度脉冲为

$$\Delta \boldsymbol{v} = \sqrt{v_0^2 + v_1^2 - 2v_0 v_1 \cos(\beta_0 - \beta_1)} \tag{2-29}$$

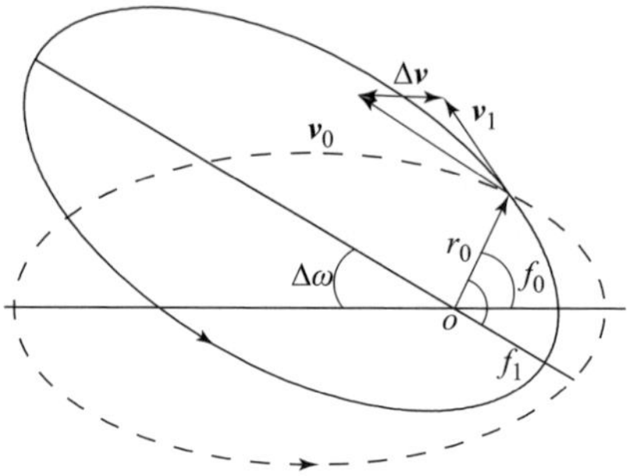

图 2-2　单脉冲变轨交会

式（2-29）中两个航天器的速度可分别计算如下：

$$v_0 = \sqrt{\frac{\mu}{a_0(1-e_0^2)}(1 + e^2 + 2e\cos f_0)} \tag{2-30}$$

$$v_1 = \sqrt{\frac{\mu}{a_1(1-e_1^2)}(1 + e_1^2 + 2e\cos f_1)} \tag{2-31}$$

此外，在两个航天器的飞行速度与当地水平方向夹角已知的情况下，两个航天器的速度可计算如下：

$$v_0 = \sqrt{\frac{\mu a_0(1-e_0^2)}{r^2 \cos^2\beta_0}} \tag{2-32}$$

$$v_1 = \sqrt{\frac{\mu a_1(1-e_1^2)}{r^2 \cos^2\beta_1}} \tag{2-33}$$

当目标航天器运行在椭圆轨道时，为提高潜伏轨道的隐蔽性，同时提高战时交会的快速性，可将观测航天器部署在与目标航天器共面、拱线有一定夹角的椭圆轨道上。单脉冲变轨交会在理论上瞬间可以实现与目标航天器的交会，但是实现单脉冲变轨交会不仅要求两个航天器轨道相交，而且还要求在变轨脉冲作用的时刻，两个航天器需同时经过轨道的交点。显然当观测航天器潜伏在轨道上时，若不进行轨道相位的调整，很难与目标航天器在轨道交点处相遇。解决这一问题的办法是在观测航天器发射时选择合适的发射时间，使系统进入轨道后与目标航天器同时经过轨道交点，并且使两个航天器的轨道半长轴相

等，这样可以使两个航天器有相同的轨道周期，同时也可保证每个轨道周期内都有交会窗口。

2.3.2　圆轨道双脉冲霍曼变轨交会

单脉冲交会的主要特点是要求原轨道与目标轨道相交。但是，当原轨道与目标轨道无交点时，则单脉冲无法实现与目标航天器的变轨交会，此时脉冲次数至少要增加到两次。当潜伏轨道与目标轨道都为椭圆轨道时，双脉冲霍曼变轨交会是双脉冲变轨交会中燃料最优的变轨形式。一般来说，霍曼交会要求目标航天器的轨道半径大于追踪航天器轨道半径。假设目标航天器的轨道半径为 r_0，观测航天器的轨道半径为 r_1（图 2-3），变轨过程中的两次脉冲方向分别为内圆轨道和外圆轨道的切向方向，其过渡轨道为椭圆轨道，过渡轨道的近地点和远地点分别位于两次脉冲的发生位置。

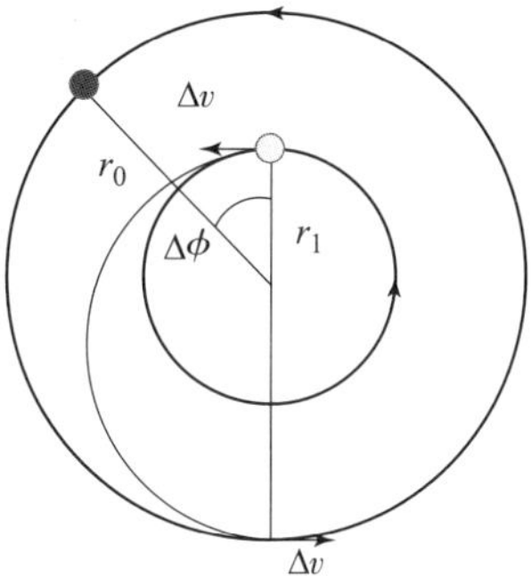

图 2-3　双脉冲霍曼交会

由航天器速度计算公式可以得到两次脉冲大小分别为过渡轨道近地点和远地点与内外圆轨道的速度之差，其计算公式分别为

$$\Delta v_1 = \sqrt{\frac{\mu}{r_1}}\left(\sqrt{\frac{2r_0}{r_1 + r_0}} - 1\right) \tag{2-34}$$

$$\Delta v_2 = \sqrt{\frac{\mu}{r_1}}\left(1 - \sqrt{\frac{2r_1}{r_1 + r_0}}\right) \tag{2-35}$$

事实上，要实现两个航天器的交会，还必须有严格的交会时刻限制，即交会机动开始时刻，两个航天器的相角差必须严格等于 $\Delta\phi$，$\Delta\phi$ 的值可计算如下：

$$\Delta\phi = \pi\left[1 - \left(\frac{r_0 + r_1}{2r_0}\right)^{3/2}\right] \tag{2-36}$$

若得到变轨指令开始时刻两个航天器的相角差刚好为 $\Delta\phi$，则整个交会时间刚好为过渡椭圆轨道的半个周期。实际上，得到变轨指令时刻不可能刚好相角差为 $\Delta\phi$，记初始时刻相角差为 $\Delta\phi + \Delta\phi'$。因此，追踪航天器还必须在轨道上等待一段时间来消除 $\Delta\phi'$，这样整个轨道交会的时间消耗为

$$t = \frac{\Delta\phi'}{\sqrt{\mu}(r_0^{-3/2} - r_1^{-3/2})} + \frac{\pi}{\sqrt{\mu}}\left(\frac{r_1 + r_2}{2}\right)^{3/2} \tag{2-37}$$

2.4 目标相对轨道动力学

2.4.1 向量导数法则

在主航天器轨道坐标系 S_t 中进行相对运动建模，需要考虑到 S_t 是随主航天器一起做绕地心的转动，因此是一个动坐标系，而非惯性坐标系。所以，在描述另一个航天器的相对运动时，应当考虑坐标系的牵连运动，于是涉及向量导数的概念。

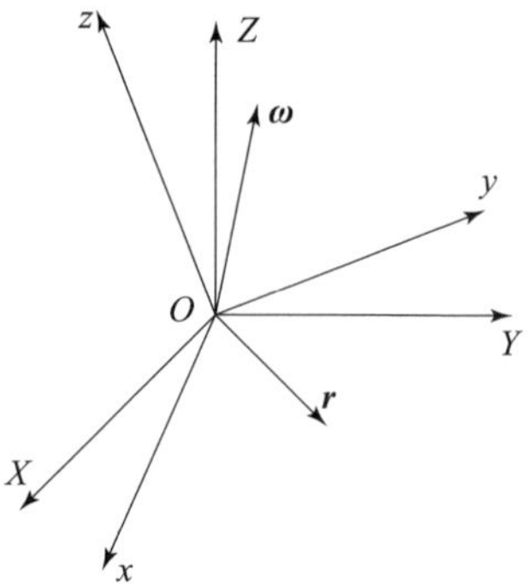

图 2-4 旋转坐标系中向量的导数

如图 2-4 所示，原点重合的两个笛卡儿坐标系 $O-XYZ(S)$ 与 $O-xyz(R)$，S 为惯性坐标系，R 相对 S 具有旋转角速度 $\boldsymbol{\omega}$，$\boldsymbol{i}$、$\boldsymbol{j}$、$\boldsymbol{k}$ 为 R 的基底，$\boldsymbol{r}$ 为任意向量，则 $\boldsymbol{r}=r_x\boldsymbol{i}+r_y\boldsymbol{j}+r_z\boldsymbol{k}$ 对时间的导数为

$$\frac{\mathrm{d}\boldsymbol{r}}{\mathrm{d}t}=\frac{\mathrm{d}r_x}{\mathrm{d}t}\boldsymbol{i}+\frac{\mathrm{d}r_y}{\mathrm{d}t}\boldsymbol{j}+\frac{\mathrm{d}r_z}{\mathrm{d}t}\boldsymbol{k}+r_x\frac{\mathrm{d}\boldsymbol{i}}{\mathrm{d}t}+r_y\frac{\mathrm{d}\boldsymbol{j}}{\mathrm{d}t}+r_z\frac{\mathrm{d}\boldsymbol{k}}{\mathrm{d}t} \tag{2-38}$$

由力学原理可知

$$\frac{\mathrm{d}\boldsymbol{i}}{\mathrm{d}t}=\boldsymbol{\omega}\times\boldsymbol{i},\ \frac{\mathrm{d}\boldsymbol{j}}{\mathrm{d}t}=\boldsymbol{\omega}\times\boldsymbol{j},\ \frac{\mathrm{d}\boldsymbol{k}}{\mathrm{d}t}=\boldsymbol{\omega}\times\boldsymbol{k} \tag{2-39}$$

故

$$\frac{\mathrm{d}\boldsymbol{r}}{\mathrm{d}t}=\frac{\mathrm{d}r_x}{\mathrm{d}t}\boldsymbol{i}+\frac{\mathrm{d}r_y}{\mathrm{d}t}\boldsymbol{j}+\frac{\mathrm{d}r_z}{\mathrm{d}t}\boldsymbol{k}+\boldsymbol{\omega}\times(r_x\boldsymbol{i}+r_y\boldsymbol{j}+r_z\boldsymbol{k}) \tag{2-40}$$

则

$$\frac{\delta\boldsymbol{r}}{\delta t}=\frac{\mathrm{d}r_x}{\mathrm{d}t}\boldsymbol{i}+\frac{\mathrm{d}r_y}{\mathrm{d}t}\boldsymbol{j}+\frac{\mathrm{d}r_z}{\mathrm{d}t}\boldsymbol{k} \tag{2-41}$$

为向量 $\boldsymbol{r}$ 的相对导数，即在动坐标系 R 中的导数；$\mathrm{d}\boldsymbol{r}/\mathrm{d}t$ 为向量 $\boldsymbol{r}$ 的绝对导数，即在惯性坐标系 S 中的导数，二者具有下述关系：

$$\frac{\mathrm{d}\boldsymbol{r}}{\mathrm{d}t}=\frac{\delta\boldsymbol{r}}{\delta t}+\boldsymbol{\omega}\times\boldsymbol{r} \tag{2-42}$$

式中：$\boldsymbol{\omega}\times\boldsymbol{r}$ 为牵连运动的导数。

基于以上一阶向量导数的定义可以进一步得到二阶向量导数之间的表达式：

$$\frac{\mathrm{d}}{\mathrm{d}t}\left(\frac{\mathrm{d}\boldsymbol{r}}{\mathrm{d}t}\right)=\frac{\mathrm{d}}{\mathrm{d}t}\left(\frac{\delta\boldsymbol{r}}{\delta t}\right)+\frac{\mathrm{d}}{\mathrm{d}t}(\boldsymbol{\omega}\times\boldsymbol{r})$$
$$=\frac{\delta^2\boldsymbol{r}}{\delta t^2}+\boldsymbol{\omega}\times\frac{\delta\boldsymbol{r}}{\delta t}+\frac{\mathrm{d}\boldsymbol{\omega}}{\mathrm{d}t}\times\boldsymbol{r}+\boldsymbol{\omega}\times\frac{\mathrm{d}\boldsymbol{r}}{\mathrm{d}t}$$
$$=\frac{\delta^2\boldsymbol{r}}{\delta t^2}+\boldsymbol{\omega}\times\frac{\delta\boldsymbol{r}}{\delta t}+\boldsymbol{\omega}\times\left(\frac{\delta\boldsymbol{r}}{\delta t}+\boldsymbol{\omega}\times\boldsymbol{r}\right)+\frac{\mathrm{d}\boldsymbol{\omega}}{\mathrm{d}t}\times\boldsymbol{r}$$
$$=\frac{\delta^2\boldsymbol{r}}{\delta t^2}+2\boldsymbol{\omega}\times\frac{\delta\boldsymbol{r}}{\delta t}+\boldsymbol{\omega}\times(\boldsymbol{\omega}\times\boldsymbol{r})+\dot{\boldsymbol{\omega}}\times\boldsymbol{r} \tag{2-43}$$

2.4.2　代数法相对运动模型

代数法的基本思想为惯性坐标系下绝对运动作差得到相对运动，再转换到主航天器轨道坐标系中。记主航天器和从航天器的地心位置向量分别为 $\boldsymbol{r}_t$ 和 $\boldsymbol{r}_c$，由轨道动力学，在地球引力场中，二者各自的绝对运动分别满足以下方程：

$$\frac{\mathrm{d}^2\boldsymbol{r}_t}{\mathrm{d}t^2}=-\frac{\mu\boldsymbol{r}_t}{r_t^3}+\boldsymbol{f}_{pt} \tag{2-44}$$

$$\frac{\mathrm{d}^2\boldsymbol{r}_c}{\mathrm{d}t^2}=-\frac{\mu\boldsymbol{r}_c}{r_c^3}+\boldsymbol{f}_{pc}+\boldsymbol{u} \tag{2-45}$$

式中：$\boldsymbol{f}_{pt}$和$\boldsymbol{f}_{pc}$分别为作用在主星和从星上的摄动力产生的加速度向量；$\boldsymbol{u}$ 为施加在从星上的控制力产生的机动加速度；μ 为地球引力常数。

在航天器编队飞行中，主星一般作为参照，不采取主动机动，因而式（2－44）中不含此项，二者作差，设相对位置向量为

$$\boldsymbol{\rho}=\boldsymbol{r}_c-r_t \tag{2-46}$$

则

$$\frac{\mathrm{d}^2\boldsymbol{\rho}}{\mathrm{d}t^2}=-\left(\frac{\mu\boldsymbol{r}_c}{r_c^3}-\frac{\mu\boldsymbol{r}_t}{r_t^3}\right)+(\boldsymbol{f}_{pc}-\boldsymbol{f}_{pt})+\boldsymbol{u} \tag{2-47}$$

结合式（2－43），进一步有

$$\frac{\delta^2\boldsymbol{\rho}}{\mathrm{d}t^2}=-2\boldsymbol{\omega}_t\times\frac{\delta\boldsymbol{\rho}}{\delta t}-\boldsymbol{\omega}_t\times(\boldsymbol{\omega}_t\times\boldsymbol{\rho})-$$
$$\dot{\boldsymbol{\omega}}_t\times\boldsymbol{\rho}-\left(\frac{\mu\boldsymbol{r}_c}{r_c^3}-\frac{\mu\boldsymbol{r}_t}{r_t^3}\right)+\Delta\boldsymbol{f}_p+\boldsymbol{u} \tag{2-48}$$

式中：$\boldsymbol{\omega}_t$ 为主航天器轨道角速度向量；$\Delta\boldsymbol{f}_p=\boldsymbol{f}_{pc}-\boldsymbol{f}_{pt}$为未知有界的相对摄动加速度向量。

式（2－48）为主航天器轨道坐标系下包含摄动力和从航天器主动控制力的完整相对动力学方程的向量形式。假设地球为均质圆球体，将地球与航天器

均视为质点，忽略任何形式的摄动力影响，如大气阻力、太阳光压和第三体引力等，则

$$\frac{\delta^2\boldsymbol{\rho}}{\mathrm{d}t^2}=-2\boldsymbol{\omega}_t\times\frac{\delta\boldsymbol{\rho}}{\delta t}-\boldsymbol{\omega}_t\times(\boldsymbol{\omega}_t\times\boldsymbol{\rho})-\dot{\boldsymbol{\omega}}_t\times\boldsymbol{\rho}-\left(\frac{\mu\boldsymbol{r}_c}{r_c^3}-\frac{\mu\boldsymbol{r}_t}{r_t^3}\right)+\boldsymbol{u} \quad (2-49)$$

式（2－49）为主航天器质心轨道坐标系下无摄完整相对动力学的表达式。

2.4.3 线性化相对动力学

容易看出，式（2－49）表示的相对动力学方程具有很强的非线性和时变性。为了在工程上做进一步的分析，必须对其进行线性化处理，则

$$\frac{\mu\boldsymbol{r}_c}{r_c^3}-\frac{\mu\boldsymbol{r}_t}{r_t^3}=\frac{\mu}{r_t^3}\left[\frac{r_t^3}{r_c^3}(\boldsymbol{\rho}+\boldsymbol{r}_t)-\boldsymbol{r}_t\right] \quad (2-50)$$

另有 $r_c^2=r_t^2+\rho^2+2\boldsymbol{\rho}\cdot\boldsymbol{r}_t$，并考虑到在编队飞行过程中，航天器间相对距离是远小于航天器地心距的，即 $\rho\ll r_t$，可以得到

$$\frac{r_c^2}{r_t^2}=1+\frac{r^2}{r_t^2}+\frac{2\boldsymbol{\rho}\cdot\boldsymbol{r}_t}{r_t^2}\approx 1+\frac{2\boldsymbol{\rho}\cdot\boldsymbol{r}_t}{r_t^2} \quad (2-51)$$

故

$$\frac{r_t^3}{r_c^3}=\left(\frac{r_c^2}{r_t^2}\right)^{-\frac{3}{2}}\approx\left(1+\frac{2\boldsymbol{\rho}\cdot\boldsymbol{r}_t}{r_t^2}\right)^{-\frac{3}{2}} \quad (2-52)$$

对式（2－52）等号右边作泰勒展开并只保留一阶项，可得

$$\frac{r_t^3}{r_c^3}\approx\left(1+\frac{2\boldsymbol{\rho}\cdot\boldsymbol{r}_t}{r_t^2}\right)^{-\frac{3}{2}}\approx 1-3\frac{\boldsymbol{\rho}\cdot\boldsymbol{r}_t}{r_t^2} \quad (2-53)$$

将式（2－53）代入式（2－50）中，可得

$$\frac{\mu\boldsymbol{r}_c}{r_c^3}-\frac{\mu\boldsymbol{r}_t}{r_t^3}\approx\frac{\mu}{r_t^3}\left[\boldsymbol{\rho}-3\frac{\boldsymbol{\rho}\cdot\boldsymbol{r}_t}{r_t^2}(\boldsymbol{\rho}+\boldsymbol{r}_t)\right] \quad (2-54)$$

考虑到$(\boldsymbol{\rho}+\boldsymbol{r}_t)\cdot A\approx\boldsymbol{r}_t\cdot A$（$A$ 为某个具体常数），式（2－54）可进一步近似为

$$\frac{\mu\boldsymbol{r}_c}{r_c^3}-\frac{\mu\boldsymbol{r}_t}{r_t^3}\approx\frac{\mu}{r_t^3}\left[\boldsymbol{\rho}-3\frac{\boldsymbol{\rho}\cdot\boldsymbol{r}_t}{r_t^2}\cdot\boldsymbol{r}_t\right] \quad (2-55)$$

将式（2－55）代入式（2－49），可得

$$\ddot{\boldsymbol{\rho}}=-\frac{\mu}{r_t^3}\left[\boldsymbol{\rho}-3\frac{\boldsymbol{\rho}\cdot\boldsymbol{r}_t}{r_t^2}\cdot\boldsymbol{r}_t\right]-2\boldsymbol{\omega}_t\times\dot{\boldsymbol{\rho}}-$$

$$\boldsymbol{\omega}_t\times(\boldsymbol{\omega}_t\times\boldsymbol{\rho})-\dot{\boldsymbol{\omega}}_t\times\boldsymbol{\rho}+\boldsymbol{u} \quad (2-56)$$

在主航天器质心轨道坐标系 S_t 中，各向量的分量列阵为

$$
\begin{aligned}
&\boldsymbol{\rho}=[x,y,z]^{\mathrm{T}},\ \boldsymbol{\omega}_t=[0,0,\dot{f}\ ]^{\mathrm{T}}\\
&\boldsymbol{r}_t=[r_t,0,0]^{\mathrm{T}},\ \boldsymbol{r}_c=[r_t+x,y,z]^{\mathrm{T}}\\
&\boldsymbol{u}=[u_x,u_y,u_z]^{\mathrm{T}}
\end{aligned} \tag{2-57}
$$

式中：f 为主航天器的真近点角。

将式（2－57）代入式（2－56），可得

$$
\begin{cases}
\ddot{x}=2\dot{f}\ \dot{y}\ +\dot{f}^2x+\ddot{f}y+\dfrac{2\mu x}{r_t^3}+u_x\\
\ddot{y}=-2\dot{f}\ \dot{x}\ +\dot{f}^2y-\ddot{f}x-\dfrac{\mu y}{r_t^3}+u_y\\
\ddot{z}=-\dfrac{\mu z}{r_t^3}+u_z
\end{cases} \tag{2-58}
$$

其中，由轨道动力学，$\dot{f}$ 、$\ddot{f}$、r_t 的具体表达式分别为

$$
\begin{cases}
\dot{f}\ =\dfrac{n\ (1+e\cos f)^2}{(1-e^2)^{\frac{3}{2}}}\\
\ddot{f}=\dfrac{-2n^2e\sin f\,(1+e\cos f)^3}{(1-e^2)^3}\\
r_t=\dfrac{a(1-e^2)}{1+e\cos f}
\end{cases} \tag{2-59}
$$

式中：$n=\sqrt{\mu/a^3}$，a 和 e 分别为主航天器轨道半长轴和偏心率。

式（2－58）为线性化后的相对动力学方程。可以看出，当主航天器运行在椭圆形轨道时，即地心距 r_t 不为常数时，线性化方程仍然具有时变特性。

2.4.4　C－W 方程

当主航天器运行在圆轨道或近圆轨道，即 $e\approx 0$ 时，式（2－59）可以化为

$$
\begin{cases}
\dot{f}\ =n=\sqrt{\mu/a^3}\\
\ddot{f}=0\\
r_t=a=\mathrm{const}
\end{cases} \tag{2-60}
$$

将式（2－60）代入式（2－58）中，可得

$$
\begin{cases}
\ddot{x}=2n\dot{y}\ +3n^2x+u_x\\
\ddot{y}=-2n\dot{x}\ +u_y\\
\ddot{z}=-n^2z+u_z
\end{cases} \tag{2-61}
$$

式（2－61）为著名的C－W方程，也称为Hill方程。可以看出，这是一个线性定常微分方程组，将其写为状态方程的形式，有

$$\dot{\boldsymbol{X}}=\boldsymbol{A}\boldsymbol{X}+\boldsymbol{\Gamma}\boldsymbol{u} \tag{2-62}$$

式中：相对运动状态向量为 $\boldsymbol{X}=\begin{bmatrix}x & y & z & \dot{x} & \dot{y} & \dot{z}\end{bmatrix}^{\mathrm{T}}$；系统矩阵 $\boldsymbol{A}$ 与控制矩阵 $\boldsymbol{\Gamma}$ 可分别表示为

$$\boldsymbol{A}=\begin{bmatrix}0 & 0 & 0 & 1 & 0 & 0\\0 & 0 & 0 & 0 & 1 & 0\\0 & 0 & 0 & 0 & 0 & 1\\3n^2 & 0 & 0 & 0 & 2n & 0\\0 & 0 & 0 & -2n & 0 & 0\\0 & 0 & -n^2 & 0 & 0 & 0\end{bmatrix} \tag{2-63}$$

$$\boldsymbol{\Gamma}=\begin{bmatrix}\boldsymbol{0}_{3\times3}\\\boldsymbol{I}_{3\times3}\end{bmatrix} \tag{2-64}$$

对于式（2－64）对应的齐次方程，使用矩阵指数法或者拉普拉斯（Laplace）变换与逆变换法能够很容易求解得到其解析解：

$$\begin{cases}x(t)=\dfrac{\sin nt}{n}\dot{x}_0+(4-3\cos nt)x_0+\dfrac{2(1-\cos nt)}{n}\dot{y}_0\\y(t)=\dfrac{2(\cos nt-1)}{n}\dot{x}_0+6(\sin nt-nt)x_0+\dfrac{4\sin nt-3nt}{n}\dot{y}_0+y_0\\z(t)=\dfrac{\sin nt}{n}\dot{z}_0+\cos nt\cdot z_0\end{cases} \tag{2-65}$$

式中：下标“0”表示初始时刻。

由式（2－63）可以看出，在 z 轴方向（垂直于轨道平面方向）的相对运动是独立的，而轨道平面内沿 x 轴和 y 轴方向的相对运动是互相耦合的。C－W方程形式简单、求解方便，解的结构也十分清晰，非常有利于进一步的理论分析和工程应用。但是必须注意，工程应用是依赖于以下三个基本假设：①地球为均质圆球体，忽略所有摄动因素；②主航天器沿近圆轨道运动；③编队内航天器间相对距离始终远小于它们自身的绝对轨道半径，一般不超过几十千米的量级。在满足这些条件的前提下，C－W方程既方便使用而又具有很高的精度。

2.4.5 T－H方程

由上面的分析可知，C－W方程虽然具有很多优点，但是其局限性也是非

常明显的，即无法处理主航天器运行在椭圆轨道的情形。然而，在绝大多数的编队飞行空间任务中，主航天器都是位于偏心率不可忽视甚至大偏心率轨道上的，因此必须对 $r_t \neq \text{const}$ 的情况进行研究。

对于式（2－58），考虑到含 r_t 的项中包含 f，而主航天器角动量为

$$h = r_t^2 \cdot \dot{f} \tag{2-66}$$

在忽略摄动的情况下为恒定量，若取常数

$$k = \frac{\mu}{h^{\frac{3}{2}}} \tag{2-67}$$

则式（2－58）可改写为

$$\begin{cases} \ddot{x} = 2\dot{f}\dot{y} + \dot{f}^2 x + \ddot{f} y + 2k\dot{f}^{\frac{3}{2}} x + u_x \\ \ddot{y} = -2\dot{f}\dot{x} + \dot{f}^2 y - \ddot{f} x - k\dot{f}^{\frac{3}{2}} y + u_y \\ \ddot{z} = -k\dot{f}^{\frac{3}{2}} z + u_z \end{cases} \tag{2-68}$$

如果不考虑主动施加的控制力，则动力学方程的时变性全部集中到主航天器真近点角 f 上。为了简化方程，采用以下变换：

$$\begin{cases} \dot{\theta} = \dot{f}\theta' \\ \ddot{\theta} = \dot{f}^2 \theta'' + \ddot{f}\theta' \end{cases} \tag{2-69}$$

式中：$\dot{\theta}$ 表示对时间 t 求导数；θ' 表示对真近点角 f 求导数。

同时，令

$$q = 1 + e\cos f \tag{2-70}$$

作如下坐标变换：

$$\begin{bmatrix} \tilde{x} \\ \tilde{y} \\ \tilde{z} \end{bmatrix} = \frac{1}{r_t} \cdot \begin{bmatrix} x \\ y \\ z \end{bmatrix} = \frac{q}{p} \begin{bmatrix} x \\ y \\ z \end{bmatrix} \tag{2-71}$$

式中：p 为主航天器轨道半通径。

式（2－69）经坐标变换后，两边同时对 f 求导数，有

$$\begin{cases} \tilde{\theta}' = \frac{1}{p}(q\theta' - \theta e\sin f) \\ \tilde{\theta}'' = \frac{1}{p}(q\theta'' - \theta' \cdot 2e\sin f - \theta e\cos f) \end{cases} \tag{2-72}$$

则

$$\begin{cases} h^2 = \mu p \\ \dfrac{\mathrm{d}r_t}{\mathrm{d}f} = \dfrac{r_t^2}{p} e\sin f \end{cases} \tag{2-73}$$

结合式（2－69）和式（2－71）~式（2－73），可得

$$\begin{cases} \tilde{\theta}' = \dfrac{r_t}{h}\dot{\theta} - \dfrac{\tilde{\theta}}{q} e\sin f \\ \tilde{\theta}'' = \dfrac{r_t^3}{h^2}\ddot{\theta} - \dfrac{\tilde{\theta}}{q} e\cos f \end{cases} \tag{2-74}$$

将式（2－74）代入式（2－68），得到以主航天器真近点角为自变量的相对动力学方程：

$$\begin{cases} \tilde{x}'' = \dfrac{3\tilde{x}}{q} + 2\tilde{y}' \\ \tilde{y}'' = -2\tilde{x}' \\ \tilde{z}'' = -\tilde{z} \end{cases} \tag{2-75}$$

式（2－75）最早由 Tschauner 和 Hempel 在 1964 年研究航天器交会问题时提出，称为 T－H 方程。与 C－W 方程相比，T－H 方程的推导过程少了主航天器绝对轨道为近圆的假设，因而适用面更广。但是，仍然需要航天器间相对距离在较长时间内相较地心距为小量的条件以保证精度。

由 T－H 方程可以看出，主航天器轨道面内相对运动在两个方向上是相互耦合的，而面外运动相对面内运动是解耦的。为了便于进一步的分析，需要对式（2－75）进行求解，而求解的关键在于面内运动：

$$\begin{cases} \tilde{x}'' = \dfrac{3\tilde{x}}{q} + 2\tilde{y}' \\ \tilde{y}'' = -2\tilde{x}' \end{cases} \tag{2-76}$$

式（2－76）是关于 $\tilde{x}$ 和 $\tilde{y}$ 的一个线性非齐次微分方程组，最直接的求解方法是寻找到其对应的齐次方程组的两个特解，再在其基础上构造通解。容易验证

$$\phi_1(f) = \sin f(1 + e\cos f) \tag{2-77}$$

为满足条件的一个特解，Lawden 通过这个解构造了另一个特解：

$$\phi_2(f) = \phi_1(f) I(f) \tag{2-78}$$

式中

$$I(f)=\int\frac{\mathrm{d}f}{\sin^2 f(1+e\cos f)^2} \tag{2-79}$$

然而 $I(f)$ 在 $f=k\pi$（k 为整数）时是存在奇异的。为了解决这个问题，利用分部积分引入新的积分项 $I_1(f)$：

$$I(f)=2eI_1(f)-\frac{\cot f}{(1+e\cos f)^2}+c \tag{2-80}$$

$$I_1(f)=\int_{f_0}^{f}\frac{\cos f}{(1+e\cos f)^3}\mathrm{d}f \tag{2-81}$$

式中：c 为积分常数。

以此求出的式（2-76）的通解在 $e=0$ 时是奇异的，虽然适用于椭圆轨道，但是没有能够将圆轨道和椭圆轨道的情形统一起来。为此，Carter 进一步对 $I_1(f)$ 作分部积分，得到新的积分项 $I_2(f)$：

$$I_1(f)=\frac{\sin f}{(1+e\cos f)^3}-3eI_2(f) \tag{2-82}$$

$$I_2(f)=\int_{f_0}^{f}\frac{\sin^2 f}{(1+e\cos f)^4}\mathrm{d}f \tag{2-83}$$

采用 $I_2(f)$ 得到的解析解适用于所有圆锥曲线，其形式更加复杂，并不利于理论分析以及制导律的设计。此外，上述几个积分实际上很难以在真近点角为自变量的形式下得到具体的积分解，即使借助换元，所得积分解形式依然非常复杂。2002 年，有学者提出了一种新的积分形式来构造式（2-76）的特解，即

$$J(f)=\int_{f_0}^{f}\frac{\mathrm{d}f}{(1+e\cos f)^2} \tag{2-84}$$

式（2-84）不存在奇异解，适用于 $0\leqslant e<1$ 的任意偏心率轨道，并且由轨道动力学可得

$$J(f)=\int_{f_0}^{f}\frac{1}{q^2}\mathrm{d}f=\int_{t_0}^{t}\frac{n}{(1-e^2)^{3/2}}\mathrm{d}t=\frac{h}{p^2}(t-t_0) \tag{2-85}$$

由式（2-85）可以得到式（2-76）的解析解，同时求解面外相对运动，可以得到 T-H 方程的解析解为

$$\begin{cases}\tilde{x}=-c_2q\sin f-c_3q\cos f+c_4[3eq\sin f\cdot J(f)-2]\\ \tilde{y}=c_1-c_2q\cos f(1+1/q)+c_3q\sin f(1+1/q)+3c_4q^2J(f)\\ \tilde{z}=-c_5\sin f-c_6\cos f\end{cases} \tag{2-86}$$

需要指出的是，为了便于具体求解过程的数学处理，Yamanaka 使用的是如下坐标变换：

$$\begin{bmatrix}\tilde{x}\\ \tilde{y}\\ \tilde{z}\end{bmatrix}=(1+e\cos f)\begin{bmatrix}x\\ y\\ z\end{bmatrix}=q\cdot\begin{bmatrix}x\\ y\\ z\end{bmatrix}\tag{2-87}$$

经此变换得到的角域微分方程组在形式上与式（2-75）完全一致，只是求出的解析解在形式及系数计算方式上与 Lawden 和 Carter 的解有所差异。

式（2-86）再对 f 求导，可以得到相对速度的表达式，其中 $c_i(i=1,2,\cdots,6)$ 为与初始相对状态及主航天器初始真近点角相关的积分常数，具体计算公式如下：

$$c_1=-\frac{3e(1+q_0)\sin f_0}{q_0(1-e^2)}\tilde{x}_0+\tilde{y}_0+\frac{(q_0-2)(1+q_0)}{1-e^2}\tilde{x}_0'-\frac{e(1+q_0)\sin f_0}{1-e^2}\tilde{y}_0'\tag{2-88}$$

$$c_2=\frac{3(q_0+e^2)\sin f_0}{q_0(1-e^2)}\tilde{x}_0-\frac{e\cos^2 f_0+\cos f_0-2e}{1-e^2}\tilde{x}_0'+\frac{(1+q_0)\sin f_0}{1-e^2}\tilde{y}_0'\tag{2-89}$$

$$c_3=\frac{3(e+\cos f_0)}{1-e^2}\tilde{x}_0+\frac{q_0\sin f_0}{1-e^2}\tilde{x}_0'+\frac{e\cos^2 f_0+2\cos f_0+e}{1-e^2}\tilde{y}_0'\tag{2-90}$$

$$c_4=-\frac{3q_0+e^2-1}{1-e^2}\tilde{x}_0-\frac{q_0 e\sin f_0}{1-e^2}\tilde{x}_0'-\frac{q_0^2}{1-e^2}\tilde{y}_0'\tag{2-91}$$

$$c_5=-\sin f_0\cdot\tilde{z}_0-\cos f_0\cdot\tilde{z}_0'\tag{2-92}$$

$$c_6=-\cos f_0\cdot\tilde{z}_0+\sin f_0\cdot\tilde{z}_0'\tag{2-93}$$

本章后面的所有研究均建立在式（2-75）及其解析解式（2-86）基础之上。

2.5 目标相对运动特性分析

2.5.1 目标相对运动周期条件

在不考虑控制的情况下，从星相对主星作周期运动是编队构型稳定的前提。首先给出周期相对运动的准确定义：当两颗卫星的轨道周期为 1:1 通约时，其中一颗卫星相对于另一颗卫星的运动称为周期相对运动。若忽略摄动的影响，从轨道根数的角度可以很容易给出周期相对运动的条件为两颗卫星半长

轴之差 $\Delta a=0$。下面从动力学角度分析周期相对运动的初始相对状态条件。

2.5.2　近圆轨道目标相对运动

当主星运行在近圆轨道，相对运动以式（2－61）即 C－W 方程描述，其解析解为式（2－65）。容易看出，其中仅横向相对位置 $y(t)$ 含有关于时间 t 的线性项，对 $y(t)$ 进行整理，可得

$$\begin{aligned}y(t)&=\frac{2[\cos(nt)-1]}{n}\dot{x}_0+6x_0\sin(nt)+\frac{4\sin(nt)}{n}\dot{y}_0+y_0-(6x_0nt+3\dot{y}_0t)\\&=P(t)-3t(2nx_0+\dot{y}_0)\end{aligned}\tag{2-94}$$

为了使相对运动具有周期性，线性项部分应恒为 0，即其系数应为 0，从而可得近圆轨道周期相对运动的初始条件为

$$2nx_0+\dot{y}_0=0\tag{2-95}$$

在满足式（2－95）后，主星轨道平面内的相对运动可以描述为

$$\frac{x^2}{\tilde{a}^2}+\frac{(y-y_c)^2}{(2\tilde{a})^2}=1\tag{2-96}$$

式中：y_c 和 $\tilde{a}$ 可分别表示为

$$y_c=y_0-\frac{2}{n}\dot{x}_0\tag{2-97}$$

$$\tilde{a}=\sqrt{\left(\frac{\dot{x}_0}{n}\right)^2+x_0^2}\tag{2-98}$$

由此可知，此时的面内相对运动轨迹为一个椭圆，其长短半轴之比为 2∶1，中心位于（0，y_c），偏心率为$\sqrt{3}/2$，半长轴大小由径向初始相对位置和速度决定。

2.5.3　椭圆轨道目标相对运动

当主星运行在椭圆轨道时，相对运动以 T－H 方程描述，观察其解析解式（2－86）。在各个方向上，除含有积分 $J(f)$ 的项外，其余所有项均为主星真近点角 f 的三角函数项或常数项，而由 $J(f)$ 的定义知其为时间的线性增长项。因此，为形成周期相对运动，其系数应恒为 0，从而有积分常数：

$$c_4=-\frac{3q_0+e^2-1}{1-e^2}\tilde{x}_0-\frac{q_0e\sin f_0}{1-e^2}\tilde{x}'_0-\frac{q_0^2}{1-e^2}\tilde{y}'_0=0\tag{2-99}$$

式（2－99）是角域形式的相对运动周期条件。将 $q_0=1+e\cos f_0$ 代入式（2－99）并将各坐标转换回时域，可得

$$\frac{(2+e\cos f_0)(1+e\cos f_0)^2}{p}x_0+\dot{x}_0\sqrt{p/\mu}e\sin f_0-\frac{e\sin f_0(1+e\cos f_0)^2}{p}y_0+\dot{y}_0\sqrt{p/\mu}(1+e\cos f_0)=0 \tag{2-100}$$

此为时域形式的相对运动周期条件。

当 $e=0$ 时，式（2－100）简写为

$$\frac{2}{a}x_0+\dot{y}_0\sqrt{a/\mu}=0 \tag{2-101}$$

与由 C－W 方程解析解推导出的式（2－95）等价。

当 $e\neq 0$ 且 $f_0=0$ 时，有

$$\dot{y}_0=-\frac{n(2+e)}{(1+e)^{1/2}(1-e)^{3/2}}x_0 \tag{2-102}$$

当 $e\neq 0$ 且 $f_0=\pi$ 时，有

$$\dot{y}_0=-\frac{n(2-e)}{(1+e)^{3/2}(1-e)^{1/2}}x_0 \tag{2-103}$$

除去以上三种特殊情况，x_0、$\dot{x}_0$、y_0、$\dot{y}_0$和f_0 这 5 个参数有无穷多种其他的组合可以满足式（2－99），从而影响椭圆轨道相对运动的周期性。仅从理论上考虑，可以同时调节这 5 个参数以使式（2－99）成立。一般而言，在工程实际中，速度是更容易调整的物理量，只需在特定的位置起动航天器的发动机即可控制速度。因此，为了便于分析，可以认为主航天器的初始真近点角和从航天器的初始相对位置是固定的，在设计参数以满足周期性条件时，只需要调整轨道面内的初始相对速度。于是，可以将式（2－99）改写为

$$\dot{y}_0=-\frac{e\sin f_0}{1+e\cos f_0}\dot{x}_0+(1-e^2)^{-\frac{3}{2}}n\cdot[y_0e\sin f_0(1+e\cos f_0)-x_0(2+e\cos f_0)(1+e\cos f_0)] \tag{2-104}$$

2.5.4 仿真分析

鉴于椭圆轨道相对运动的周期性条件较为复杂，本节将采用仿真的方式验证这一结果的准确性。必须说明的是，式（2－104）是线性化相对运动 T－H 方程式（2－75）的精确周期性条件，但这里将基于未做任何线性近似处理的无摄完整相对动力学式（2－49）进行仿真，以更进一步地验证在 $\rho\ll r_t$ 的条件下周期条件式（2－104）的数值精确性。求解非线性方程式（2－85）的数值解使用四阶龙格－库塔法。

设某一时刻主航天器的轨道根数为

$$\sigma_t=[42\ 604\ \text{km}\quad 0.2\quad \pi/12\quad \pi/4\quad \pi/6\quad 0.1] \tag{2-105}$$

即主航天器运行于一条地球同步轨道。从航天器初始相对状态为

$$\boldsymbol{X}_0=[\,-200\ \mathrm{m}\quad 200\ \mathrm{m}\quad 100\ \mathrm{m}\quad 0.08\ \mathrm{m/s}\quad 0.1\ \mathrm{m/s}\quad 0.05\ \mathrm{m/s}\,] \tag{2-106}$$

由轨道动力学可以计算得到从航天器的轨道根数与惯性状态。此种初始相对状态对应的 $c_4=-967.904\,6$，仿真两个主航天器轨道周期，可得相对运动轨迹如图2-5所示，星号表示初始位置，显然这并不是一个周期轨道。依据式（2-104）重新设计初始的 y 向速度为 $v_{y0}=0.039\,9\ \mathrm{m/s}$。同样，仿真两个主航天器轨道周期，可得相对运动轨迹如图2-6所示。从图中可以看出，这是一个相对规整的周期封闭轨迹，从而验证了2.5.3节推导的周期相对运动初始条件的正确性。

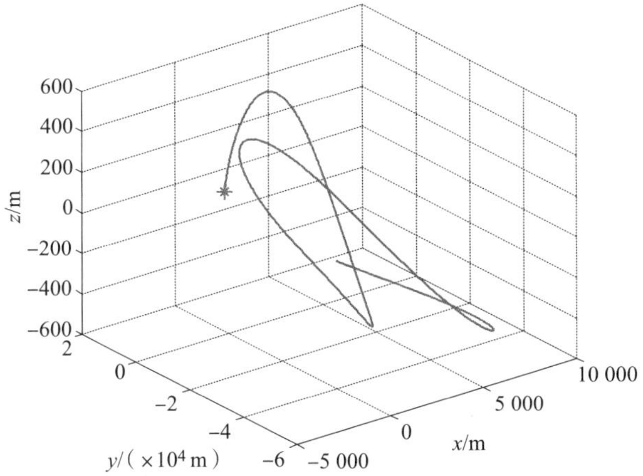

图2-5　未修正的相对运动轨迹

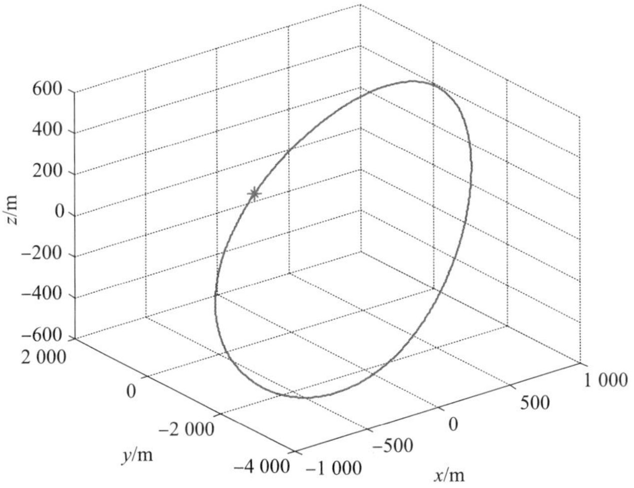

图2-6　满足周期初始条件的相对运动轨迹

2.6 椭圆轨道目标周期相对运动

在满足式（2-104）即 $c_4=0$ 的条件下，椭圆轨道相对周期运动可描述为

$$\begin{cases}\tilde{x}=-c_2 q\sin f-c_3 q\cos f\\ \tilde{y}=c_1-c_2 q\cos f(1+1/q)+c_3 q\sin f(1+1/q)\\ \tilde{z}=-c_5\sin f-c_6\cos f\end{cases} \tag{2-107}$$

转换为时域坐标，有

$$\begin{cases}x=-c_2\sin f-c_3\cos f\\ y=\dfrac{c_1}{1+e\cos f}-\dfrac{c_2\cos f(2+e\cos f)}{1+e\cos f}+\dfrac{c_3\sin f(2+e\cos f)}{1+e\cos f}\\ z=\dfrac{-c_5\sin f-c_6\cos f}{1+e\cos f}\end{cases} \tag{2-108}$$

式（2-108）为以主航天器真近点角为参数的周期相对运动轨迹方程。由此可知，周期相对运动的周期与主航天器轨道周期相等，并且由于方程的强非线性，轨迹的具体形式受积分常数 $c_i(i=1,2,3,5,6)$ 的影响很大。例如，若5个积分常数中仅 c_1 不为0，则周期轨迹实际为沿 y 轴的一条直线；而当仅有 c_5 和 c_6 等于0时，周期轨迹为平面曲线。直接研究周期轨迹的空间性质比较困难，本节只讨论它在各个坐标平面上的投影曲线的性质。

因为相对运动以主航天器轨道周期为周期，将主航天器真近点角 f 限制在区间［0，2π）便足够了。但是，由于三角函数的存在，直接以 f 为参数并不便于进一步的研究，引入以下变换：

$$s=\tan(f/2),\ f\in[0,2\pi) \tag{2-109}$$

则

$$\begin{cases}\sin f=\dfrac{2s}{1+s^2}\\ \cos f=\dfrac{1-s^2}{1+s^2}\end{cases} \tag{2-110}$$

将式（2-110）代入式（2-107），可得代数化的相对周期运动方程：

$$\begin{cases} x = -\dfrac{2c_2 s}{1+s^2} - \dfrac{c_3(1-s^2)}{1+s^2} \\ y = \dfrac{c_1(1+s^2)}{(1-e)s^2+e+1} - \dfrac{c_2(1-s^2)[(2-e)s^2+e+2]}{(1+s^2)[(1-e)s^2+e+1]} + \\ \quad \dfrac{c_3 s[(2-e)s^2+e+2]}{(1+s^2)[(1-e)s^2+e+1]} \\ z = -\dfrac{2c_5 s}{(1-e)s^2+e+1} - \dfrac{c_6(1-s^2)}{(1-e)s^2+e+1} \end{cases} \tag{2-111}$$

必须指出的是，虽然变换式（2-109）在 $f=\pi$ 时不连续，但是这并不影响 s 的取值范围为整个实数域。因此，可以使用式（2-111）代替最初的相对周期运动方程式（2-108）研究相对轨迹的几何特性。可以看出，以 s 为参数的轨迹方程形式相当复杂。可以明确的是，周期相对轨迹在各坐标平面内的投影一般为四次曲线，本节将主要探讨投影曲线的自相交性质。

对于一条曲线，如果它不少于两次通过某一个点，则这条曲线自相交，这个点为该曲线的一个自相交点。对于单参数曲线方程，若其自相交，则在数学上意味着有两个不同的参数值对应同一个坐标值。对于式（2-111）中的第一个方程，设有不等的参数 s_1、s_2 对应同一个 x，则

$$-\frac{2c_2 s_1}{1+s_1^2} - \frac{c_3(1-s_1^2)}{1+s_1^2} = -\frac{2c_2 s_2}{1+s_2^2} - \frac{c_3(1-s_2^2)}{1+s_2^2} \tag{2-112}$$

将式（2-112）化简，可得

$$\frac{2(s_1-s_2)\cdot[(s_1 s_2-1)c_2+c_3(s_1+s_2)]}{(1+s_1^2)(1+s_2^2)}=0 \tag{2-113}$$

由于 s_1 与 s_2 不相等，所以项 s_1-s_2 可以从式（2-113）中消去，同时令

$$\begin{cases} m = s_1+s_2 \\ n = s_1 s_2 \end{cases} \tag{2-114}$$

则由式（2-113）可得

$$(n-1)c_2+c_3 m=0 \tag{2-115}$$

同理，可得 y 方向和 z 方向的相应关系式为

$$\frac{-c_2 m+(n-1)c_3}{m^2+(n-1)^2} = \frac{(c_1 e+c_2)m-c_3[(1-e)n-(1+e)]}{(1-e^2)m+[(1-e)n-(1+e)]^2} \tag{2-116}$$

$$c_6 m+c_5[(1-e)n-(1+e)]=0 \tag{2-117}$$

同时，由式（2-114）可得，参数 m 和 n 对应于一个一元二次方程 $x^2-mx+n=0$，s_1 和 s_2 为此方程的两个根。为了保证 s_1 与 s_2 为不等实数，方程的判别式应大于0，即

$$m^2-4n>0 \tag{2-118}$$

对于曲线在某一坐标面的投影，联立式（2-115）~式（2-117）及式（2-118），求解满足条件的 m 和 n，每有一组解则意味着投影曲线有一个自相交点。

2.6.1 目标轨迹径向-法向投影

若周期相对轨迹向径向-法向坐标平面的投影曲线自相交，联立式（2-115）、式（2-117）和式（2-118），可得

$$\begin{cases}(n-1)c_2+c_3m=0\\ c_6m+c_5[(1-e)n-(1+e)]=0\\ m^2-4n>0\end{cases} \tag{2-119}$$

由式（2-119）的前面的两个公式组成的线性方程组可以求解出 m 和 n：

$$\begin{cases}m=-\dfrac{2ec_2c_5}{-c_2c_6+c_3c_5(1-e)}\\ n=\dfrac{-c_3c_5(1+e)+c_2c_6}{c_2c_6-c_3c_5(1-e)}\end{cases} \tag{2-120}$$

将式（2-120）代入式（2-119）的第三式中，可得

$$e^2c_2^2c_5^2-c_2^2c_6^2-c_3^2c_5^2(1-e^2)+2c_2c_3c_5c_6>0 \tag{2-121}$$

式（2-121）表示若 $x-z$ 平面内投影曲线自相交，积分常数 $c_i(i=2,3,5,6)$ 应满足的条件。同时，应当注意到在 $e\neq0$ 的前提下，联立式（2-115）和式（2-117）得到的关于 m、n 的线性方程组至多只有一组解。于是可以得到结论，周期相对轨迹在径向-法向坐标平面的投影曲线至多只有一个自相交点。

为简化表达式（2-121），引入以下比值变换：

$$k_1=-\frac{c_3}{c_2},k_2=-\frac{ec_1+c_2}{(1-e^2)c_2},k_3=\frac{c_6}{(1-e)c_5} \tag{2-122}$$

式（2-121）中不含 c_1，但是 k_2 会在下面的分析中用到。将式（2-122）代入不等式（2-121），可得

$$[(1-e)k_3+(1+e)k_1](k_3+k_1)-\frac{e^2}{1-e}<0 \tag{2-123}$$

在 $0<e<1$ 的条件下，式（2-123）可进一步转化为

$$\frac{\left(\dfrac{\sqrt{2}}{2}k_1+\dfrac{\sqrt{2}}{2}\sqrt{\dfrac{1-e}{1+e}}k_3\right)^2}{\dfrac{1}{\sqrt{1-e^2}}-1}-\frac{\left(-\dfrac{\sqrt{2}}{2}k_1+\dfrac{\sqrt{2}}{2}\sqrt{\dfrac{1-e}{1+e}}k_3\right)^2}{\dfrac{1}{\sqrt{1-e^2}}+1}-1<0 \tag{2-124}$$

式（2-124）不等号左边实际上表示一条关于 k_1、k_3 的双曲线。也就是说，当积分常数 $c_i(i=2,3,5,6)$ 的取值使得点（k_1，k_3）落在该双曲线两支之间的部分时，周期相对运动轨迹在 $x-z$ 平面的投影曲线有一个自相交点，落在其他部分时，投影曲线不会自相交。

2.6.2 目标轨迹径向-横向投影

若周期相对轨迹向径向-横向坐标平面的投影曲线自相交，联立式（2-115）、式（2-116）和式（2-118），可得

$$\begin{cases}(n-1)c_2+c_3m=0\\ \dfrac{-c_2m+(n-1)c_3}{m^2+(n-1)^2}=\dfrac{(c_1e+c_2)m-c_3[(1-e)n-(1+e)]}{(1-e^2)m+[(1-e)n-(1+e)]^2}\\ m^2-4n>0\end{cases}\tag{2-125}$$

根据式（2-125）中的第一式将 n 用 m 表示，再代入式（2-125）中的第二式和第三式，并利用式（2-122）定义的比值变换，可得

$$\begin{cases}(1-e)[(2-e)k_1^2+(1+e)(1-k_2)]m^2-2e(3-2e)k_1m+4e^2=0\\ m^2-4k_1m-4>0\end{cases}\tag{2-126}$$

式（2-126）是一个由二次方程和二次不等式构成的组合方程，其解的存在性判别的推导较为复杂，这里直接引用代数学的相关结论。

对于组合方程，有

$$\begin{cases}\lambda_0m^2+\lambda_1m+\lambda_2=0\\ m^2+\lambda_3m+\lambda_4>0\end{cases}\tag{2-127}$$

其判别式定义为

$$\begin{cases}\Delta_0=\lambda_0\\ \Delta_1=\lambda_1^2-4\lambda_0\lambda_2\\ \Delta_2=(\lambda_1-\lambda_0\lambda_3)(\lambda_1\lambda_4-\lambda_2\lambda_3)+(\lambda_0\lambda_4-\lambda_2)^2\\ \Delta_3=\lambda_1(\lambda_1-\lambda_0\lambda_3)+2\lambda_0(\lambda_0\lambda_4-\lambda_2)\end{cases}\tag{2-128}$$

式（2-128）存在两个不等实根的条件为

$$\begin{cases}\Delta_1>0\\ \Delta_2>0\\ \Delta_3>0\end{cases}\tag{2-129}$$

不存在实数根的条件为

$$\begin{cases}\Delta_0 \neq 0 \\ \Delta_1 \geqslant 0 \\ \Delta_2 \geqslant 0 \\ \Delta_3 \leqslant 0\end{cases} \text{或 } \Delta_1 < 0 \tag{2-130}$$

而且只存在一个实数根的条件为以上两个条件的并集在实数域内的补集。

对于式（2-126），令

$$\begin{cases}\lambda_0 = (1-e)[(2-e)k_1^2 + (1+e)(1-k_2)] \\ \lambda_1 = -2e(3-2e)k_1 \\ \lambda_2 = 4e^2 \\ \lambda_3 = -4k_1 \\ \lambda_4 = -4\end{cases} \tag{2-131}$$

将式（2-131）代入式（2-128），可得其判别式为

$$\begin{cases}\Delta_0 = (2-e)k_1^2 - (1+e)(k_2-1) \\ \Delta_1 = k_1^2 - 4(1-e^2)(1-k_2) \\ \Delta_2 = (4-e^2)(1-e^2)k_1^4 - 2(2+e^2)(1-e^2)k_1^2k_2 + \\ \qquad (4-7e^2)k_1^2 + (1-e^2)^2k_2^2 - 2(1-e^2)k_2 + 1 \\ \Delta_3 = -2(2-e^2)(1-e)(2-e)k_1^4 - \\ \qquad (8-6e-13e^2+12e^3-2e^4)k_1^2 + \\ \qquad 2(4-3e)(1-e^2)k_1^2k_2 - 2(1-e^2)^2k_2^2 + \\ \qquad 2(1-e^2)(2-e^2)k_2 - 2(1-e^2)\end{cases} \tag{2-132}$$

由式（2-132）可以看出，各判别式均对应一条关于 k_1、k_2 的平面曲线，因此可以利用这些曲线间相互交叉包围而成的区域来表示周期解轨迹在 $x-y$ 平面内的投影曲线的自相交情况。

2.6.3 目标轨迹横向 - 法向投影

若周期相对轨迹向横向 - 法向坐标平面的投影曲线自相交，联立式（2-116）~式（2-118），可得

$$\begin{cases}\dfrac{-c_2m + (n-1)c_3}{m^2 + (n-1)^2} = \dfrac{(c_1e + c_2)m - c_3[(1-e)n - (1+e)]}{(1-e^2)m + [(1-e)n - (1+e)]^2} \\ c_6m + c_5[(1-e)n - (1+e)] = 0 \\ m^2 - 4n > 0\end{cases} \tag{2-133}$$

根据式（2-133）中的第二式将 n 用 m 表示，再代入式（2-133）中的

第一式和第三式，并利用（2 - 122）定义的比值变换，可得

$$\begin{cases}(1-e^2)\{(1-k_1k_3)[(1+e)+(1-e)k_3^2]-\\ [(1+e)k_2+k_1k_3](1+k_3^2)\}m^2+\\ 2e(1-e)[(1+e)k_1+(3-e)k_1k_3^2+2(1+e)k_2k_3]m\\ -4e^2[(1+e)k_2+k_1k_3]=0\\ m^2+4k_3m-4\dfrac{1+e}{1-e}>0\end{cases} \tag{2-134}$$

式（2 - 134）是一个形如式（2 - 127）的组合方程，令

$$\begin{cases}\lambda_0=(1-e^2)\{(1-k_1k_3)[(1+e)+(1-e)k_3^2]-\\ \qquad [(1+e)k_2+k_1k_3](1+k_3^2)\}\\ \lambda_1=2e(1-e)[(1+e)k_1+(3-e)k_1k_3^2+2(1+e)k_2k_3]\\ \lambda_2=-4e^2[(1+e)k_2+k_1k_3]\\ \lambda_3=4k_3\\ \lambda_4=-4\dfrac{1+e}{1-e}\end{cases} \tag{2-135}$$

将式（2 - 135）代入式（2 - 128），可得各判别式如下：

$$\begin{aligned}\Delta_0=&(2-e)k_1k_3^3+(1+e)k_2k_3^2+(2+e)k_1k_3-\\ &(1-e)k_3^2+(1+e)k_2-1-e\end{aligned} \tag{2-136}$$

$$\begin{aligned}\Delta_1=&(1-e)^2k_1^2k_3^4-2(1+e^2)k_1^2k_3^2+4(1-e)k_1k_3^3-\\ &8(1+e)k_1k_2k_3+(1+e)^2k_1^2+4(1-e^2)k_2k_3^2-\\ &4(1+e)^2k_2^2+4(1+e)k_1k_3+4(1+e)^2k_2\end{aligned} \tag{2-137}$$

$$\begin{aligned}\Delta_2=&(4-e^2)(1-e)^4k_1^2k_3^6+4(1+e)(1-e)^4k_1k_2k_3^5+\\ &(1+e)(8-3e^2)(1-e)^3k_1^2k_3^4-4(1-e)^3k_1k_3^5+(1+e)^2(1-e)^4k_2^2k_3^4+\\ &2(1+e)(1-e)^2(4-3e^2)k_1k_2k_3^3-2(1+e)(1-e)^3(1+e^2)k_2k_3^4-\\ &2(4-e^2)(1+e)(1-e)^2k_1k_3^3+(1+e)^2(1-e)^4k_3^4+\\ &(4-11e^2+11e^4-3e^6)k_1^2k_3^2+2(1-e^2)^2k_2^2k_3^2+\\ &2(1+e)(2-3e^2+2e^4)k_1k_2k_3-2(2+e^2)(1-e^2)^2k_2k_3^2-\\ &e^2(1-e)(1+e)^3k_1^2-2(1-e)(1+e)^2(2-e^2)k_1k_3+(1+e)^2k_2^2+\\ &2(1-e^2)^3k_3^2-2(1-e)(1+e)^3k_2+(1+e)^4(1-e)^2\end{aligned} \tag{2-138}$$

$$\begin{aligned}\Delta_3=&-4(2-e)(1-e)^2k_1^2k_3^6-\\ &2(1+e)(4-e)(1-e)^2k_1k_2k_3^5+2(1-e)^2(4-e-e^2)k_1k_3^5-\\ &(16-16e-13e^2+12e^3-e^4)k_1^2k_3^4-2(1-e^2)^2k_2^2k_3^4+\end{aligned}$$

$$4(1+e)(1-e)^2k_2k_3^4-2(1+e)(8-8e-5e^2+3e^3)k_1k_2k_3^3+$$
$$2(1-e)(8+4e-5e^2-2e^3)k_1k_3^3-(8+4e-10e^2-6e^3+2e^4)k_1^2k_3^3-$$
$$2(1+e)^2(2-2e-e^2)k_2^2k_3^2-2(1+e)(1-e)^3k_3^4-$$
$$2(1-e^2)(4+5e+2e^2)k_1k_2k_3+2(4+2e-e^2)(1-e^2)k_2k_3^2+$$
$$e^2(1+e)^2k_1^2+2(1+e)(4+e-3e^2-e^3)k_1k_3-2(1+e)^2k_2^2-$$
$$4(1-e^2)^2k_3^2+2(2-e^2)(1+e)^2k_2-2(1+e)^3(1-e) \tag{2-139}$$

由此可以看出，各个判别式的具体形式相当复杂，并且均对应于一个关于 k_1、k_2、k_3 的曲面。周期相对轨迹在 $y-z$ 坐标平面的投影曲线的自相交情况，可以利用这 4 个曲面间相互交错形成的空间区域来表示。不过鉴于其复杂性，这里不给出图示，只在 2.6.4 节作出仿真验证。

2.6.4 仿真算例

由以上分析可知，直接基于参数 k_1、k_2、k_3 讨论投影曲线自相交性最为方便。但是在这种情况下，由于方程数目不够，积分常数 $c_i(i=1,2,3,5,6)$ 的具体值实际上是无法确定的。为此，将相对运动周期解式（2-108）中 x 和 y 除以 c_2，z 除以 c_5，对相对位置作无量纲化处理，这里不考虑 $c_2=0$ 及 $c_5=0$ 的情况，则

$$\begin{cases} \bar{x}=\dfrac{x}{c_2}=-\sin f+k_1\cos f \\ \bar{y}=\dfrac{y}{c_2}=-\dfrac{1+k_2(1-e^2)}{e(1+e\cos f)}-\dfrac{\cos f(2+e\cos f)}{1+e\cos f}-k_1\dfrac{\sin f(2+e\cos f)}{1+e\cos f} \\ \bar{z}=\dfrac{z}{c_5}=-\dfrac{\sin f+(1-e)k_3\cos f}{1+e\cos f} \end{cases} \tag{2-140}$$

下面基于几组具体算例验证周期相对运动轨迹在各坐标平面的投影曲线的自相交性质。参数选取及由理论判断得出的各平面投影自相交情况如表 2-1 所示，数值仿真得到的周期轨迹投影结果如图 2-7 所示（这里取 $e=0.5$）。

表 2-1　周期相对投影曲线自相交情况

序号	k	$x-y$ 平面	$x-z$ 平面	$y-z$ 平面
1	$k_1=0.4$ $k_2=1.5$ $k_3=4$	$\Delta_1>0$，$\Delta_2<0$ 相交 1 次	$\Delta_1>0$ 不相交	$\Delta_0\neq0$，$\Delta_1>0$ $\Delta_2>0$，$\Delta_3<0$ 不相交

续表

序号	k	$x-y$ 平面	$x-z$ 平面	$y-z$ 平面
2	$k_1=0$ $k_2=0.7$ $k_3=-1.5$	$\Delta_1<0$ 不相交	$\Delta_1>0$ 不相交	$\Delta_1>0$，$\Delta_2<0$ 相交一次
3	$k_1=0$ $k_2=1.2$ $k_3=0$	$\Delta_1>0$，$\Delta_2>0$ $\Delta_3>0$ 相交两次	$\Delta_1<0$ 相交一次	$\Delta_1<0$ 不相交
4	$k_1=2.5$ $k_2=4$ $k_3=-1$	$\Delta_0\neq0$，$\Delta_1>0$ $\Delta_2>0$，$\Delta_3<0$ 不相交	$\Delta_1>0$ 不相交	$\Delta_1>0$，$\Delta_2>0$ $\Delta_3>0$ 相交两次

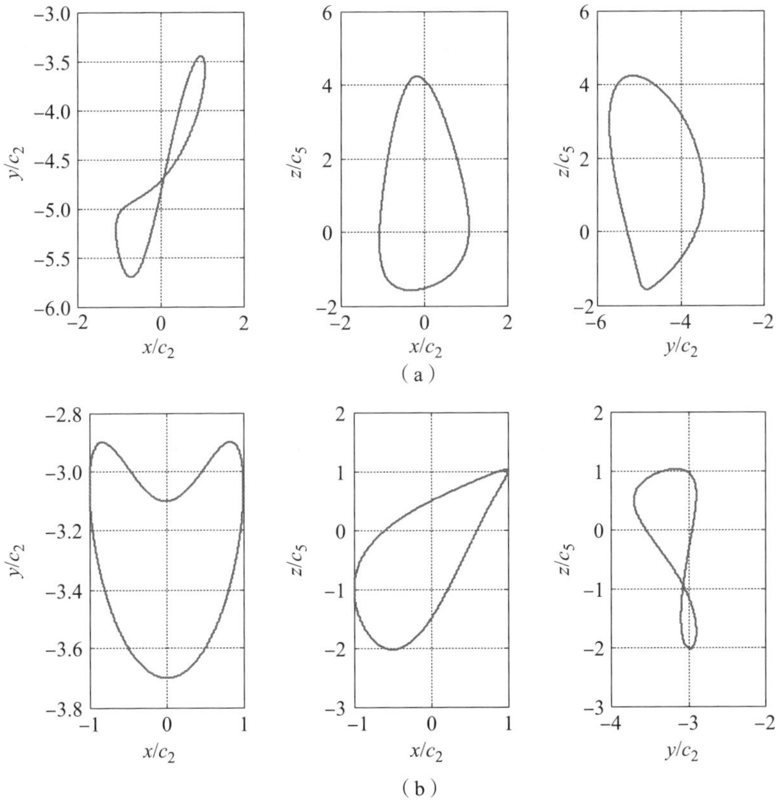

图 2-7　不同参数下周期相对运动在各坐标面的投影曲线

(a) $k_1=0.4$，$k_2=1.5$，$k_3=4$；(b) $k_1=0$，$k_2=0.7$，$k_3=-1.5$

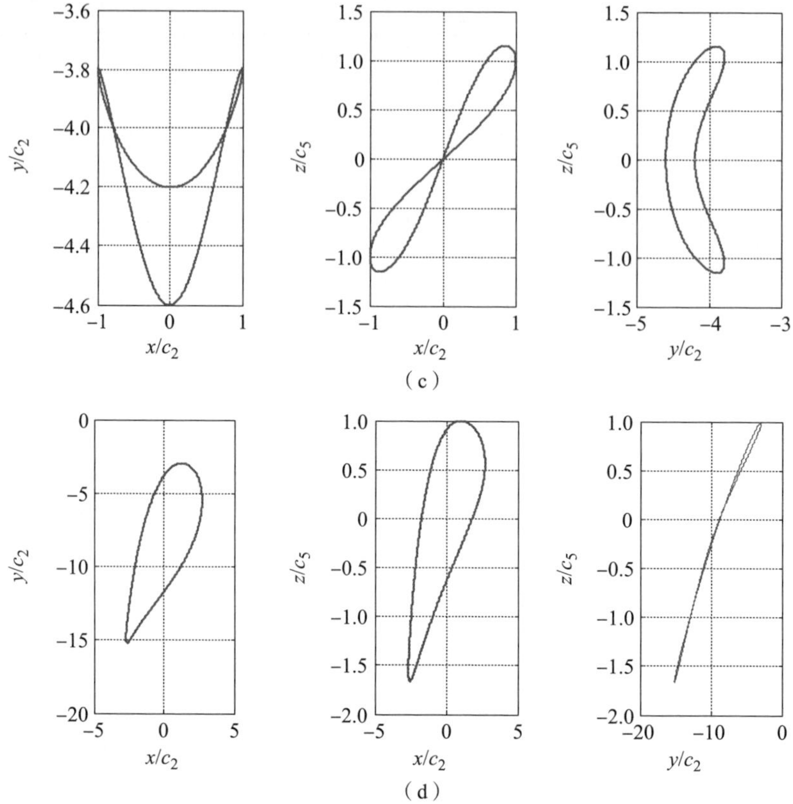

图 2－7 不同参数下周期相对运动在各坐标面的投影曲线（续）

（c）$k_1=0$，$k_2=1.2$，$k_3=0$；（d）$k_1=2.5$，$k_2=4$，$k_3=-1$

2.7 目标周期相对运动特性

由相对运动周期解式（2－108），各个方向的运动都以主航天器真近点角f的三角函数的组合表示，因而均具有一定的振荡性，但是周期轨迹一定是封闭曲线这一点毋庸置疑。2.6 节已经讨论了这条封闭曲线在各坐标平面的投影的性质，由曲线在三个坐标面的投影可以确定其具体的空间形态，但不够直观。本节将基于代数化的相对运动周期解式（2－111）简单讨论周期相对轨道的空间性质，主要包括两点，即轨迹的空间维数和空间自相交特性。

2.7.1 目标轨迹曲线的维数

从理论上说，在已知一条曲线的单参数方程的情况下，可以直接通过微分方法求得其曲率和挠率，从而这条曲线的所有空间拓扑性质都能够推导得到。但是具体到式（2－111）描述的曲线，其参数方程形式已经相当复杂，再对其作高阶求导处理，表达式将更加复杂，并不便于分析。因此，这里采用一种更直接的方法。

若式（2－111）刻画的曲线为平面曲线，设其所在平面的方程为

$$n_1x + n_2y + n_3z + n_4 = 0 \tag{2-141}$$

将式（2－111）代入式（2－141），可以得到一个关于 s 的四次多项式，设

$$As^4 + Bs^3 + Cs^2 + Ds + E = 0 \tag{2-142}$$

其中，各系数的具体形式为

$$\begin{cases} A = (-c_2e + c_1 + 2c_2)n_2 + (-c_3n_1 - n_4)e + c_3n_1 + c_6n_3 + n_4 \\ B = -c_3(e-2)n_2 + 2c_2en_1 - 2c_2n_1 - 2n_3c_5 \\ C = (2c_2e + 2c_1)n_2 + 2c_3en_1 + 2n_4 \\ D = c_3(e+2)n_2 - 2c_2en_1 - 2c_2n_1 - 2n_3c_5 \\ E = (-c_2e + c_1 - 2c_2)n_2 + (-c_3n_1 + n_4)e - c_3n_1 - c_6n_3 + n_4 \end{cases} \tag{2-143}$$

式（2－142）对所有 s 均成立，因此其系数应全部等于 0，则

$$\begin{cases} (-c_2e + c_1 + 2c_2)n_2 + (-c_3n_1 - n_4)e + c_3n_1 + c_6n_3 + n_4 = 0 \\ -c_3(e-2)n_2 + 2c_2en_1 - 2c_2n_1 - 2n_3c_5 = 0 \\ (2c_2e + 2c_1)n_2 + 2c_3en_1 + 2n_4 = 0 \\ c_3(e+2)n_2 - 2c_2en_1 - 2c_2n_1 - 2n_3c_5 = 0 \\ (-c_2e + c_1 - 2c_2)n_2 + (-c_3n_1 + n_4)e - c_3n_1 - c_6n_3 + n_4 = 0 \end{cases} \tag{2-144}$$

转化为矩阵形式为

$$\begin{bmatrix} (1-e)c_3 & -c_2e + c_1 + 2c_2 & c_6 & 1-e \\ 2c_2(e-1) & -c_3(e-2) & -2c_5 & 0 \\ 2c_3e & 2c_2e + 2c_1 & 0 & 2 \\ -2c_2(e+1) & c_3(e+2) & -2c_5 & 0 \\ -(1+e)c_3 & -c_2e + c_1 - 2c_2 & -c_6 & 1+e \end{bmatrix} \begin{bmatrix} n_1 \\ n_2 \\ n_3 \\ n_4 \end{bmatrix} = 0 \tag{2-145}$$

记式（2－145）左边关于 $n_i(i=1,2,3,4)$ 的系数矩阵为 $\boldsymbol{\chi}$，容易看出 $\mathrm{rank}(\boldsymbol{\chi}) = 4$，即式（2－145）的 5 个方程中只有 4 个是相互独立的。

记

$$\boldsymbol{\Lambda}=\begin{bmatrix}(1-e)c_3 & -c_2e+c_1+2c_2 & c_6 & 1-e\\ 2c_2(e-1) & -c_3(e-2) & -2c_5 & 0\\ -2c_2(e+1) & c_3(e+2) & -2c_5 & 0\\ -(1+e)c_3 & -c_2e+c_1-2c_2 & -c_6 & 1+e\end{bmatrix} \tag{2-146}$$

式（2－146）可简化为

$$\boldsymbol{\Lambda}\cdot\boldsymbol{n}=0 \tag{2-147}$$

式中：$\boldsymbol{n}=[n_1,n_2,n_3,n_4]^{\mathrm{T}}$。

当 $e=0$ 时，显然有 $\mathrm{rank}(\boldsymbol{\Lambda})=3<4$，这意味着式（2－147）存在非零解，从而说明圆轨道周期相对运动的轨迹一定是平面曲线。当 $e\neq0$ 时，只有在 $c_2=c_3=0$ 和 $c_5=c_6=0$ 时，$\mathrm{rank}(\boldsymbol{\Lambda})=3$。除此之外，在任意方向运动都不退化为 0 的情况下，一定有 $\boldsymbol{\Lambda}$ 满秩，从而式（2－147）只有零解。由此可以得出结论，椭圆轨道周期相对运动的轨迹通常为三维空间曲线。

2.7.2 空间自相交轨迹

若周期相对轨迹在空间中发生自相交，联立式（2－115）~式（2－118），可得

$$\begin{cases}m=-\dfrac{2ec_2c_5}{-c_2c_6+c_3c_5(1-e)}\\[2ex] n=\dfrac{-c_3c_5(1+e)+c_2c_6}{c_2c_6-c_3c_5(1-e)}\end{cases} \tag{2-148}$$

$$c_2[(1-e^2)c_5^2+c_6^2]+c_5[c_5(ec_1+c_2)+c_3c_6]=0 \tag{2-149}$$

$$m^2-4n=\frac{4\{[-(1-e^2)c_3^2+e^2c_2^2]c_5^2+2c_2c_3c_5c_6-c_2^2c_6^2\}}{[-c_3c_5(1-e)+c_2c_6]^2}>0 \tag{2-150}$$

式（2－148）实际上是式（2－115）和式（2－117）联立而成的线性方程组的解，这也就说明，周期相对轨迹在空间中的自相交点至多只有一个。由式（2－148）及 m、n 的定义式（2－114）可以求得空间自相交点对应的 s 的值为

$$s_{1,2}^*=\frac{-ec_2c_5\pm\sqrt{[-(1-e^2)c_3^2+e^2c_2^2]c_5^2+2c_2c_3c_5c_6-c_2^2c_6^2}}{-c_3c_5(1-e)+c_2c_6} \tag{2-151}$$

将式（2－151）代入式（2－111），可得空间自相交点的具体坐标为

$$
\begin{cases}
x^* = -\dfrac{c_2c_6 - c_3c_5}{ec_5} \\
y^* = -\dfrac{2c_5(c_2^2 + c_3^2) + c_3(c_2c_6 - c_3c_5)}{ec_2c_5} \\
z^* = -\dfrac{c_2c_6 - c_3c_5}{ec_2}
\end{cases}
\tag{2-152}
$$

必须注意的是，积分常数 $c_i(i=1,2,3,5,6)$ 必须同时满足式（2-149）和式（2-150），这样在 $e\neq0$ 的情况下，通过式（2-152）计算得到的空间自相交点才是实际存在的。

2.8　目标观测轨迹的设计

由上面关于椭圆轨道周期相对运动轨迹特性的分析可知，一般情况下相对轨迹为不规则的空间曲线，而且描述它的方程形式较为复杂。对于航天器编队飞行等基于航天器相对运动的空间任务，所需求的不仅仅是稳定的编队空间构型（稳定的相对轨道），还要求编队构型能有助于达成任务目标。以小卫星绕飞监测任务为例，即要求小卫星运行的相对轨道能实现对目标星的环绕飞行，这甚至是任务的根本前提。因此必须对编队构型进行设计。

一般编队构型可分为两种，即自然构型与受迫构型，前者不需要消耗额外的能量。如前所述，自然相对轨迹通常为不规则空间曲线，于是问题变为寻找可能存在的规则的自然相对轨道。一种思路是将所期望的规则轨迹设为已知，列写相应的含参数方程，再结合周期相对运动解析解式（2-108）求解未知参数，从而得到规则的相对运动轨迹方程。但是，这种方法带有一定的盲目性，而且求解参数并不方便。

观察式（2-108），同时注意到由经典轨道动力学，航天器轨道真近点角和偏近点角之间的关系为

$$
\begin{cases}
\sin E = \dfrac{\eta\sin f}{1 + e\cos f} \\
\cos E = \dfrac{e + \cos f}{1 + e\cos f}
\end{cases}
\tag{2-153}
$$

式中：$\eta = \sqrt{1-e^2}$。

式（2-153）等价于

$$\begin{cases}\dfrac{\cos f}{1+e\cos f}=\dfrac{\cos E-e}{\eta^2}\\ \dfrac{\sin f}{1+e\cos f}=\dfrac{\sin E}{\eta}\\ \dfrac{1}{1+e\cos f}=\dfrac{1-e\cos E}{\eta^2}\end{cases} \tag{2-154}$$

将式（2-154）代入式（2-108），可得

$$\begin{cases}x=-c_2\sin f-c_3\cos f\\ y=\dfrac{1}{\eta^2}[c_3\eta\sin E-(c_1e+c_2)\cos E]-\\ \qquad c_2\cos f+c_3\sin f+\dfrac{1}{\eta^2}(c_1+ec_2)\\ z=-\dfrac{1}{\eta^2}(c_5\eta\sin E+c_6\cos E)+\dfrac{c_6e}{\eta^2}\end{cases} \tag{2-155}$$

令

$$r_x=\sqrt{c_2^2+c_3^2} \tag{2-156}$$

$$\sin\alpha_x=\frac{c_3}{\sqrt{c_2^2+c_3^2}},\ \cos\alpha_x=\frac{c_2}{\sqrt{c_2^2+c_3^2}} \tag{2-157}$$

$$r_y=\frac{1}{\eta^2}\sqrt{(c_1e+c_2)^2+c_3^2\eta^2} \tag{2-158}$$

$$\sin\alpha_y=\frac{c_3\eta}{\sqrt{(c_1e+c_2)^2+c_3^2\eta^2}},\ \cos\alpha_y=\frac{c_1e+c_2}{\sqrt{(c_1e+c_2)^2+c_3^2\eta^2}} \tag{2-159}$$

$$d_y=\frac{1}{\eta^2}(c_1+ec_2) \tag{2-160}$$

$$r_z=\frac{1}{\eta^2}\sqrt{c_5^2\eta^2+c_6^2} \tag{2-161}$$

$$\sin\alpha_z=\frac{c_6}{\sqrt{c_5^2\eta^2+c_6^2}},\ \cos\alpha_z=\frac{\eta c_5}{\sqrt{c_5^2\eta^2+c_6^2}} \tag{2-162}$$

$$d_z=\frac{c_6e}{\eta^2} \tag{2-163}$$

则式（2-155）可简化为

$$\begin{cases}x=-r_x\sin(f+\alpha_x)\\ y=-r_y\cos(E+\alpha_y)-r_x\cos(f+\alpha_x)+d_y\\ z=-r_z\sin(E+\alpha_z)+d_z\end{cases} \tag{2-164}$$

式（2-164）是另一种参数化的周期相对运动解，其形式较式（2-108）

和式（2－111）更加直观，更便于自然编队构型的设计。必须指出的是，由式（2－156）~式（2－163）定义的8个参数只有5个是相互独立的。由式（2－164）可以很容易看出几种规则的相对运动轨迹，下面作具体分析。

2.8.1　跟飞观测轨迹

当式（2－164）中参数满足

$$\begin{cases} r_x = 0 \\ r_z = 0 \\ d_z = 0 \end{cases} \tag{2-165}$$

时，结合参数定义式（2－156）~式（2－163），可得

$$\begin{cases} c_2 = c_3 = 0 \\ c_5 = c_6 = 0 \end{cases} \tag{2-166}$$

此时，周期相对运动方程转化为

$$\begin{cases} x = 0 \\ y = \dfrac{c_1}{1 + e\cos f} \\ z = 0 \end{cases} \tag{2-167}$$

相对轨迹为一条沿 y 轴的直线，从星和主星位于同一个轨道，从星“跟随”主星飞行，两者之间始终有一段航向距离，最大为 $|c_1|/(1-e)$，最小为 $|c_1|/(1+e)$。此种情况称为跟飞编队构型。必须指出，由于模型误差，跟飞构型下两个航天器间相对轨迹只是近似为直线。

仿真算例：取主星轨道根数为

$$\sigma_t = [7\ 378\ \text{km} \quad 0.2 \quad \pi/12 \quad \pi/4 \quad \pi/6] \tag{2-168}$$

从星初始相对状态使得各积分常数满足式（2－166），并且 $c_1 = 200$，可得跟飞编队构型如图2－8所示。

2.8.2　水平面直线观测轨迹

当式（2－164）中参数满足

$$\begin{cases} r_x = 0 \\ \alpha_z = \alpha_y + (k + 0.5)\pi ; k = 0,1 \end{cases} \tag{2-169}$$

时，结合参数定义式（2－156）~式（2－163），可得

$$\begin{cases} c_2 = c_3 = 0 \\ c_5 = 0 \end{cases} \tag{2-170}$$

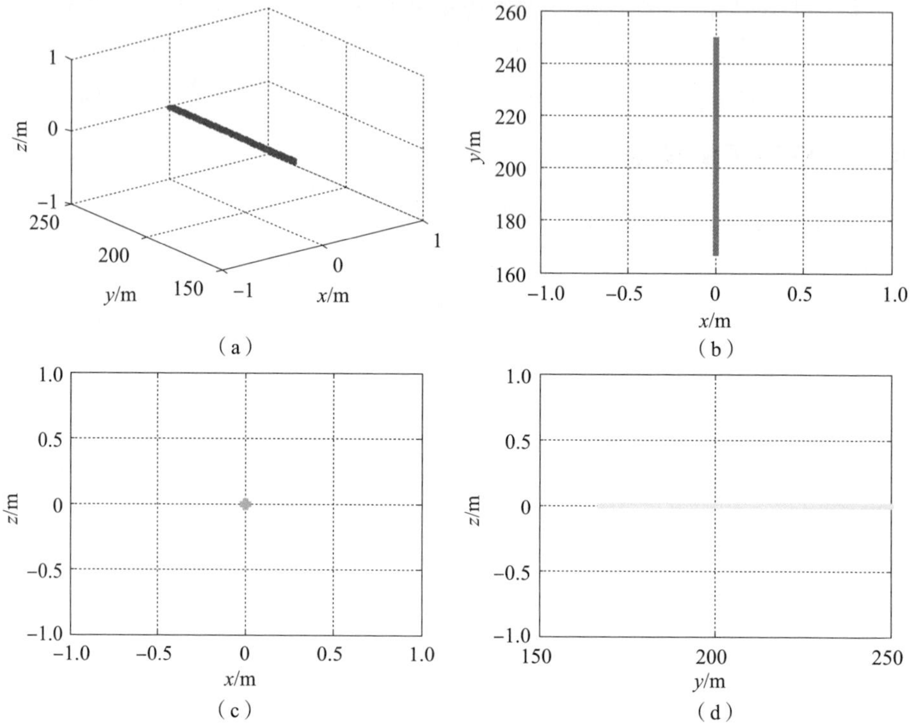

图 2-8 跟飞编队构型

(a) 跟飞编队空间轨迹；(b) 跟飞编队空间轨迹在 xoy 平面投影；
(c) 跟飞编队空间轨迹在 xoz 平面投影；(d) 跟飞编队空间轨迹在 yoz 平面投影

此时，周期相对运动方程化为

$$\begin{cases} x = 0 \\ y = \dfrac{c_1}{1 + e\cos f} \\ z = \dfrac{-c_6 \cos f}{1 + e\cos} \end{cases} \tag{2-171}$$

相对轨迹为 $y-z$ 平面即水平面内一条直线，其方程为

$$c_6 y - c_1 e z - c_1 c_6 = 0 \tag{2-172}$$

此直线一定不经过原点，因此主从航天器不存在发生碰撞的可能性。此种情况称为水平面直线编队构型。仿真算例取主星轨道根数为

$$\sigma_t = [7\ 378\ \text{km} \quad 0.2 \quad \pi/12 \quad \pi/4 \quad \pi/6] \tag{2-173}$$

从星初始相对状态使得各积分常数满足式（2-170），并且 $c_1 = 200$，$c_6 = 300$，可得水平面直线编队构型如图 2-9 所示。

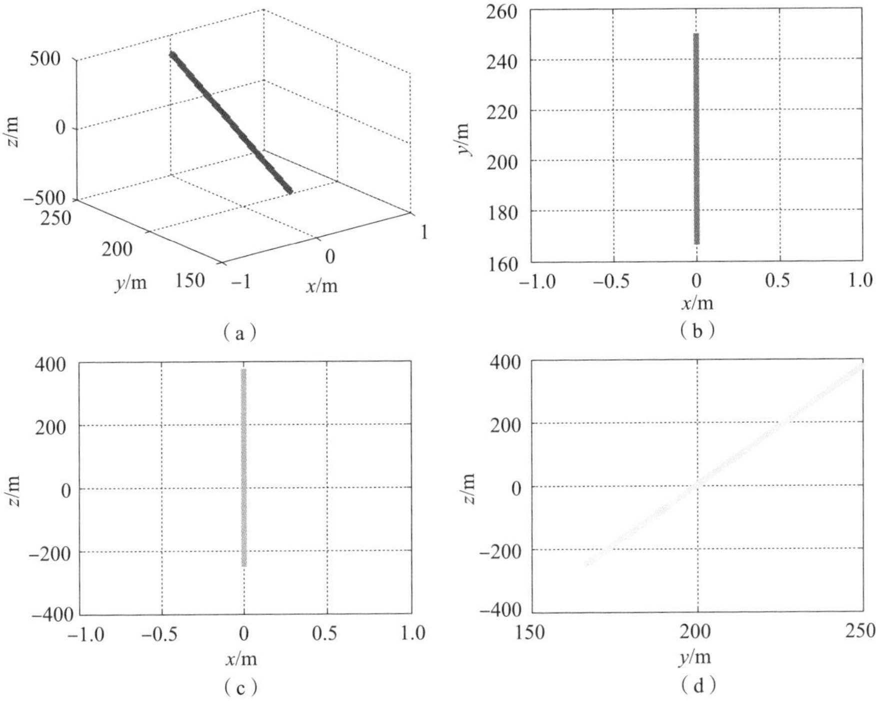

图2-9　水平面直线编队构型

(a) 水平面直线编队空间轨迹；(b) 水平面直线编队空间轨迹在 xoy 平面投影；(c) 水平面直线编队空间轨迹在 xoz 平面投影；(d) 水平面直线编队空间轨迹在 yoz 平面投影

2.8.3　轨道面圆观测轨迹

当式（2-164）中参数满足

$$\begin{cases} r_y = 0 \\ r_z = 0 \\ d_z = 0 \end{cases} \tag{2-174}$$

时，结合参数定义式（2-156）~式（2-163），可得

$$\begin{cases} c_1 e + c_2 = 0 \\ c_3 = 0 \\ c_5 = c_6 = 0 \end{cases} \tag{2-175}$$

此时周期相对运动方程化为

$$\begin{cases} x = -c_2 \sin f \\ y = \dfrac{c_1}{1 + e\cos f} - \dfrac{c_2 \cos f(2 + e\cos f)}{1 + e\cos f} \\ z = 0 \end{cases} \tag{2-176}$$

将（2-175）中的第一个公式代入式（2-176）可得相对轨迹为 $x-y$ 平面即轨道面内的一个圆，其方程为

$$x^2+(y-c_1)^2=c_2^2 \tag{2-177}$$

同时，由于 $0<e<1$，一定有 c_1 与 c_2 异号并且 $|c_1|>|c_2|$。因此，原点一定在圆外，主从航天器也不存在发生碰撞的可能性。此种情况称为轨道面圆编队构型。

仿真算例：取主星轨道根数为

$$\sigma_t=[7\ 378\ \text{km}\quad 0.2\quad \pi/12\quad \pi/4\quad \pi/6] \tag{2-178}$$

从星初始相对状态使得各积分常数满足式（2-175），并且 $c_1=200$，可得轨道面圆编队构型如图 2-10 所示。

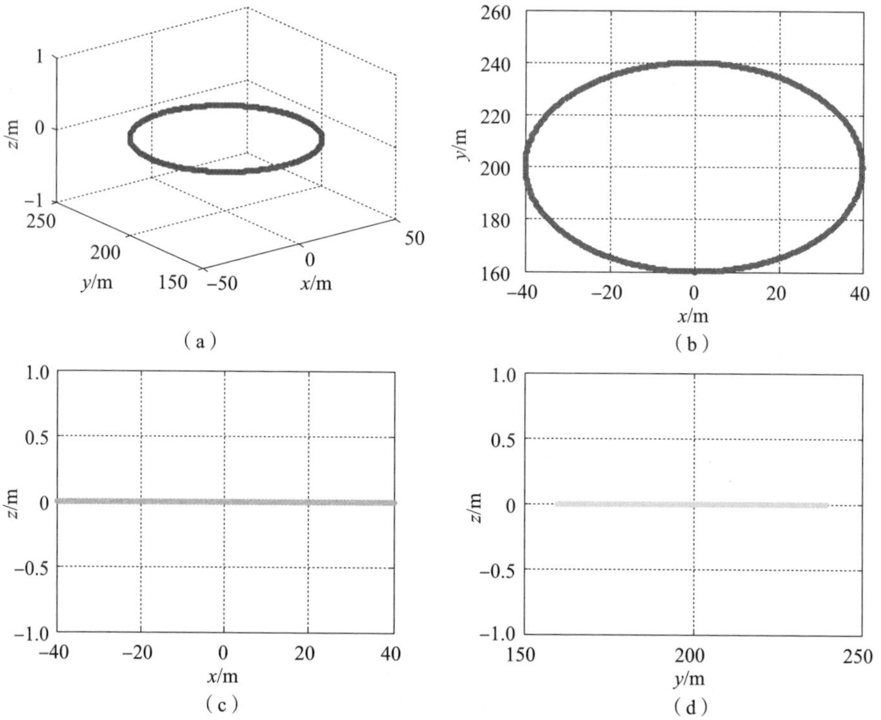

图 2-10 轨道面圆编队构型

（a）轨道面圆编队空间轨迹；（b）轨道面圆编队空间轨迹在 xoy 平面投影；（c）轨道面圆编队空间轨迹在 xoz 平面投影；（d）轨道面圆编队空间轨迹在 yoz 平面投影

2.8.4 水平面椭圆观测轨迹

当式（2-164）中参数满足

$$\begin{cases} r_x=0 \\ \alpha_y=\alpha_z+k\pi,k=0,1 \end{cases} \tag{2-179}$$

时，结合参数定义式（2－156）~式（2－163），可得

$$\begin{cases} c_2 = c_3 = 0 \\ c_6 = 0 \end{cases} \tag{2-180}$$

此时，周期相对运动方程化为

$$\begin{cases} x = 0 \\ y = \dfrac{c_1}{1 + e\cos f} \\ z = \dfrac{-c_5 \sin f}{1 + e\cos f} \end{cases} \tag{2-181}$$

相对轨迹为 $y-z$ 平面即水平面内一个椭圆，其方程为

$$\frac{\left(y - \dfrac{c_1}{\eta^2}\right)^2}{\left(\dfrac{1}{\eta^2}c_1 e\right)^2} + \frac{z^2}{\left(\dfrac{1}{\eta^2}c_5 \eta\right)^2} = 1 \tag{2-182}$$

椭圆中心位于 y 轴，坐标为$(0, c_1/\eta^2, 0)$。当 $|c_1 e| > |c_5 \eta|$时，椭圆长轴位于 y 轴；当 $|c_1 e| < |c_5 \eta|$时，椭圆长轴位于 z 轴；当 $|c_1 e| = |c_5 \eta|$时，相对轨迹退化为水平面内的一个圆，半径为 $|c_1 e|$。将原点坐标代入式（2－182）等号左边，得到 $1/e^2 > 1$。因此，原点一定在该椭圆外，主从航天器也不存在发生碰撞的可能性。此种情况称为水平面椭圆编队构型。

仿真算例：取主星轨道根数为

$$\sigma_t = [7\ 378\ \text{km} \quad 0.2 \quad \pi/12 \quad \pi/4 \quad \pi/6] \tag{2-183}$$

从星初始相对状态使得各积分常数满足式（2－180），并且 $c_1 = 200$，$c_5 = 350$，可得水平面椭圆编队构型如图 2－11 所示。

2.8.5　轨道面绕飞观测轨迹

以上 4 种编队构型均基于参数方程式（2－164）设计，结构简单，数学描述非常清晰，但它们均无法实现对坐标原点即主航天器的环绕飞行。对于实际中大量存在并且需求迫切的绕飞任务，必须寻找稳定而有效的绕飞构型。

可以将平面内的环绕轨迹定义为原点位于轨迹曲线的内部，空间环绕轨迹则可相应定义为轨迹曲线在各坐标面的投影均为平面环绕轨迹。但是鉴于周期轨迹的单参数方程的复杂性，其坐标形式的方程通常很难给出，直接讨论一般性的环绕条件在数学上并不方便，而且也不是必要的，因为工程上总会期望环绕轨迹是相对规则的。考察相对运动周期解式（2－108），可以看出轨道面内的相对运动具有一定的近似椭圆特性。

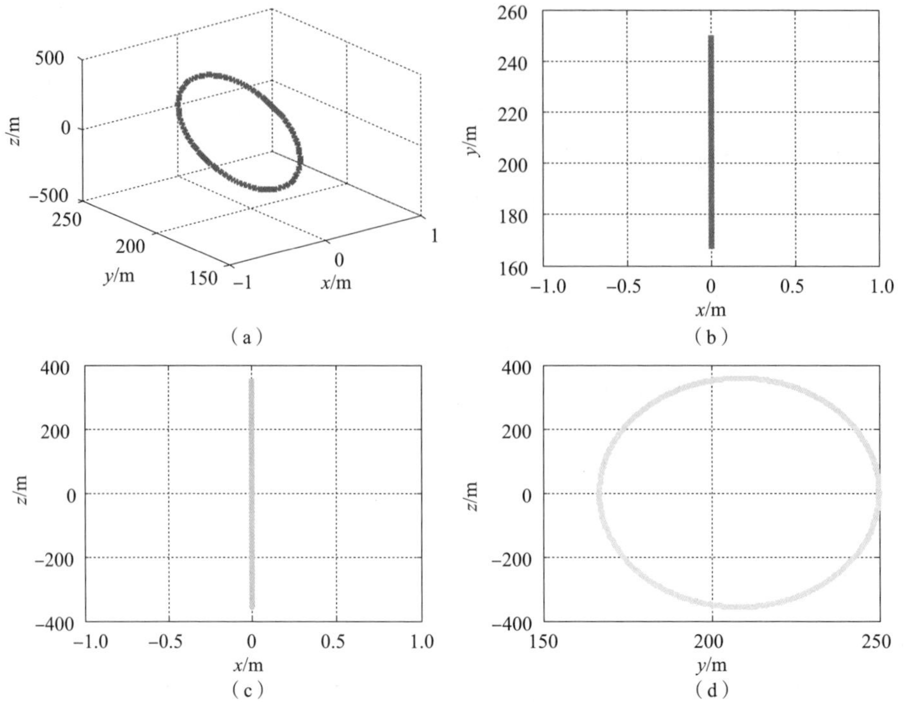

图 2-11 水平面椭圆编队构型

(a) 水平面椭圆编队空间轨迹；(b) 水平面椭圆编队空间轨迹在 *xoy* 平面投影；(c) 水平面椭圆编队空间轨迹在 *xoz* 平面投影；(d) 水平面椭圆编队空间轨迹在 *yoz* 平面投影

作如下变换：

$$\begin{cases} x = -c_2\sin f - c_3\cos f \\ \dfrac{y(1+e\cos f)-c_1}{2+e\cos f} = -c_2\cos f + c_3\sin f \end{cases} \tag{2-184}$$

进一步可得

$$x^2 + \left(\frac{y-\dfrac{c_1}{1+e\cos f}}{\dfrac{2+e\cos f}{1+e\cos f}}\right)^2 = c_2^2 + c_3^2 \tag{2-185}$$

当 $e=0$ 时，式（2-185）即表示一个椭圆；当 $e\to 0$ 时，式（2-185）描述的曲线就越接近椭圆。将 $x=0$ 和 $y=0$ 代入其中，可得原点在曲线内部的条件为

$$\left(\frac{c_1}{2+e\cos f}\right)^2 \leqslant \left(\frac{c_1}{2-e}\right)^2 < c_2^2 + c_3^2,\ c_1 \neq 0 \tag{2-186}$$

当 $c_1=0$ 时，式（2-186）显然成立。称满足式（2-185）和式（2-186）的相对周期轨迹为轨道面绕飞轨迹，第 3 章将基于此构型设计编队初始

化的控制器。

仿真算例：取主星轨道根数为

$$\sigma_t = [7\ 378\ \text{km} \quad 0.2 \quad \pi/12 \quad \pi/4 \quad \pi/6] \tag{2-187}$$

从星初始相对状态使得各积分常数满足 $c_1 = 200$，$c_2 = 150$，$c_3 = 350$，以及 $c_5 = c_6 = 220$。可得轨道面绕飞编队构型如图 2－12 所示。

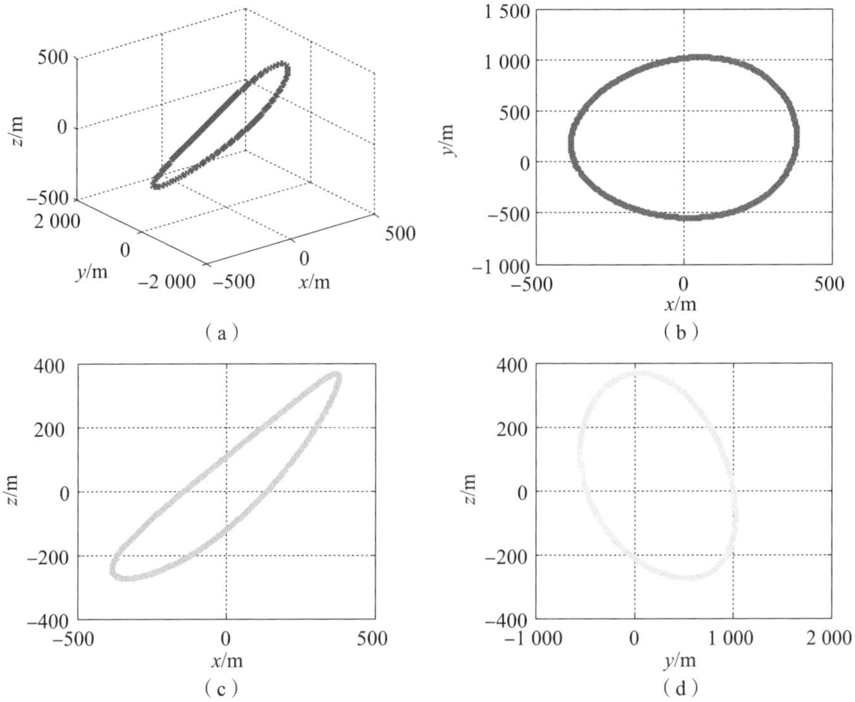

图 2－12　轨道面绕飞编队构型

（a）轨道面绕飞编队空间轨迹；（b）轨道面绕飞编队空间轨迹在 *xoy* 平面投影；（c）轨道面绕飞编队空间轨迹在 *xoz* 平面投影；（d）轨道面绕飞编队空间轨迹在 *yoz* 平面投影

参 考 文 献

[1] 李雨阳．椭圆轨道卫星编队绕飞初始化最优控制研究［D］．北京：北京理工大学，2018.

[2] Chung S. J. , Bandyopadhyay S. , Foust R. , et al. Review of Formation Flying and Constellation Missions Using Nanosatellites [J]. AIAA Aerospace Sciences Meeting, AIAA Science and Technology Forum, 2016, 53 (3): 567－579.

[3] 严辉，吴宏鑫，吴新珍. 小推力轨道优化研究［J］. 中国空间科学技术，1998，18（2）：8－12.

[4] Mushet G.，Mingotti G.，Colombo C.，et al. Self－Organising Satellite Constellation in Geostationary Earth Orbit［J］. IEEE Transactions on Aerospace and Electronic Systems，2015，51（2）：910－923.

[5] Dang Zhaohui，Zhang Yulin. Control Design and Analysis of an Inner－Formation Flying System［J］. IEEE Transactions on Aerospace and Electronic Systems，2015，51（3）：1621－1634.

[6] King L. B.，Parker G. G.，Deshmukh S.，et al. Study of Inter spacecraft Coulomb Forces and Implications for Formation Flying［J］. Journal of Propulsion and Power，2003，19（3）：497－505.

[7] 武兴，吴瑶华. 卫星轨道圆化的有限推力点火控制策略［J］. 宇航学报. 1997，18（4）：2－7.

[8] Brown O.，Eremenko P. Fractionated Space Architectures：A Vision for Responsive Space［J］. AIAA Responsive Space Conference，Paper RS4－2006－1002，April 2006.

[9] Sabol C.，Burns R.，McLaughlin C. A. Satellite Formation Flying Design and Evolution［J］. Journal of Spacecraft and Rockets，2001，38（2）：270－278.

[10] 荆武兴，吴瑶华. 基于交会概念的最省燃料异面有限推力转移轨道研究［J］. 哈尔滨工业大学学报. 1998，44（2）：124－128.

[11] Clohessy W. H.，Wiltshire R. S. Terminal Guidance System forSatellite Rendezvous［J］. Journal of the Astronautical Sciences，1960，27（9）：653－678.

[12] Hu Min，Zeng Guoqiang，Song Junling. Collision Avoidance Control for Formation Flying Satellites［C］. AIAA Guidance，Navigation，and Control Conference，Toronto，Ontario Canada，2010.

[13] 王劼，崔乃刚，刘暾. 小推力登月飞行器轨道初步研究［J］. 飞行力学，2002，20（3）：46－49.

[14] Zhang Jingrui，Zhao Shuge，Zhang Yao. Autonomous Guidance for Rendezvous Phasing Based on Special－Point－Based Maneuvers［J］. Journal of Guidance，Control，and Dynamics，2015，38（4）：578－586.

[15] 王志刚，李卿，陈士橹. 形成三星星座的小推力变轨的时间最短控制［J］. 宇航学报，2001，22（6）：35－39.

[16] Duan X., Bainum P. Low – Thrust Autonomous Control for Maintaining Formation and Constellation Orbits [J]. AIAA/AAS Astrodynamics Specialist Conference and Exhibit, 2006, 53: 65 – 82.

[17] Park C., Scheeres D., Guibout V. Solving Optimal Continuous Thrust Rendezvous Problems with Generating Functions [J]. Journal of Guidance Control & Dynamics, 2013, 37 (29): 396 – 401.

[18] Jian – jun Xing, Guo – jin Tang, Xiao – ning Xi, et al. Satellite Formation Design and Optimal Stationkeeping Considering Nonlinearity and Eccentricity [J]. Journal of Guidance Control and Dynamics, 2015, 30 (5): 1523 – 1528.

[19] Cho Hancheol, Park Sang – Young, Han – Earl Park, et al. Analytic Solution to Optimal Reconfigurations of Satellite Formation Flying in Circular Orbit under J2 Perturbation [J]. IEEE Transactions on Aerospace and Electronic Systems, 2012, 48 (3): 2180 – 2196.

[20] Chao Peng, Yang Gao. Formation Flying Plannar Periodic Orbits in the Presence of Inersatellite Lorentz Force [J]. IEEE Transactions on Aerospace and Electronic Systems, 3, 2017, 53 (3): 1412 – 1430.

[21] Tschauner J., Hempel P. Rendezvous with a Targt in an Elliptical Orbit [J]. Astronautica Acta, 1965, 11 (2): 104 – 109.

[22] Shibata M., Ichikawa A. Orbital Rendezvous and Flyaround Based on Null Controllability with Vanishing Energy [J]. Journal of Guidance, Control, and Dynamics, 2007, 30 (4): 934 – 945.

[23] Lane C., Axelrad P. Formation Design in Eccentric Orbits Using Linearized Equations of Relative Motion [J]. Journal of Guidance, Control, and Dynamics, 2006, 29 (1): 146 – 160.

[24] Inalhan G., Tillerson M., How J. P. Relative Dynamics and Control of Spacecraft Formations in Eccentric Orbits [J]. Journal of Guidance, Control, and Dynamics, 2002, 25 (1): 48 – 59.

[25] Mai Bando, Akira Ichikawa. Periodic Orbits of Nonlinear Relative Dynamics Along an Eccentric Orbit [J]. Journal of Guidance, Control, and Dynamics, 2010, 33 (2): 385 – 395.

[26] Biria Ashley D., Russell Ryan P. Periodic Orbits in the Elliptical Relative Motion Problem with Space Surveillance Applications [J]. Journal of Guidance, Control, and Dynamics, 2015, 38 (8): 1452 – 1467.

[27] Paul V. Anderson, Hanspeter Schaub. N – Impulse Formation Flying Feed-

back Control Using Nonsingular Element Description [J]. Journal of Guidance, Control, and Dynamics, 2014, 37 (2): 540 - 548.

[28] Chaub H., Vadali S. R., Junkins J. L., et al. Spacecraft Formation Flying Control Using Mean Orbit Element [J]. Journal of Guidance, Control, and Dynamics, 2001, 24 (4): 739 - 745.

[29] Christopher W. T. R., Jason J. W., Jacob D. G. Formation Establishment and Reconfiguration Using Differential Elements in J_2 - Perturbed Orbits [J]. Journal of Guidance, Control, and Dynamics, 2015, 38 (9): 1725 - 1740.

[30] David Benson Geoffrey Huntington, Tom Thorvaldsen, et al. Direct Trajectory Optimization and Costate Estimation via an Orthogonal Collocation Method [J]. Journal of Guidance Control and Dynamics, 2006, 29 (6): 1435 - 1439.

[31] Huntington G. T., Rao A. V. Optimal Reconfiguration of Spacecraft Formations Using the Gauss Pseudospectral Method [J]. Journal of Guidance, Control, and Dynamics, 2008, 31 (3): 689 - 698.

[32] Wen Hao, Jin Dongping, Hu Haiyan. Infinite - Horizon Control for Retrieving a Tethered Subsatellite via An Elastic Tether [J]. Journal of Guidance, Control, and Dynamics, 2009, 32 (5): 1519 - 1530.

第3章

相对导航滤波及性能分析

航天器的相对运动会受到各种不确定性因素的影响，如控制力的误差和摄动力等。此外，测量环境中也具有各种干扰因素，测量设备所提供的导航数据不可避免地存在着误差。在建模时，通常将上述不确定性因素视为噪声，引入动力学模型和测量模型中。在噪声的作用下，直接使用导航数据解算航天器的相对运动状态难以满足精度要求，此时有必要引入滤波器，将测量系统提供的数据作为滤波器的输入，从而提高状态估计的精度。本章将明确滤波的具体任务，介绍受到广泛使用的滤波方法，并在航天器相对导航背景下对这些滤波技术进行比较和分析。

3.1　滤波问题描述

滤波问题广泛地存在于航空航天、控制科学、人工智能、故障检测和金融预测等领域。定义系统的动态状态空间（Dynamic State Space，DSS）模型为

$$\boldsymbol{X}_k=\boldsymbol{f}(\boldsymbol{X}_{k-1},\boldsymbol{U}_{k-1},\boldsymbol{W}_{k-1},k-1) \tag{3-1}$$

$$\boldsymbol{Z}_k=\boldsymbol{h}(\boldsymbol{X}_k,\boldsymbol{V}_k,k) \tag{3-2}$$

式（3-1）称为状态方程，式（3-2）称为量测方程。式中：$\boldsymbol{X}_k$ 表示 k 时刻的 n 维状态向量；$\boldsymbol{Z}_k$ 表示 k 时刻的 r 维量测向量；$\boldsymbol{W}_{k-1}$ 为 q 维激励噪声；$\boldsymbol{V}_k$ 为 p 维量测噪声；$\boldsymbol{U}_{k-1}$ 为输入控制作用。

该 DSS 模型满足以下条件：

（1）$\boldsymbol{W}_k$、$\boldsymbol{V}_k$ 与 $\boldsymbol{X}_k$ 不相关，概率密度 $p(\boldsymbol{X}_0)$、$p(\boldsymbol{W}_k)$、$p(\boldsymbol{V}_k)$ 已知。

（2）$\boldsymbol{W}_k$、$\boldsymbol{V}_k$ 为相互独立的白噪声，即满足

$$\begin{cases}\mathrm{cov}(\boldsymbol{W}_k,\boldsymbol{W}_j)=E(\boldsymbol{W}_k\boldsymbol{W}_j^{\mathrm{T}})=\boldsymbol{Q}\delta_{jk}\\ \mathrm{cov}(\boldsymbol{V}_k,\boldsymbol{V}_j)=E(\boldsymbol{V}_k\boldsymbol{V}_j^{\mathrm{T}})=\boldsymbol{R}\delta_{jk}\\ \mathrm{cov}(\boldsymbol{W},\boldsymbol{V}_j)=E(\boldsymbol{W}_k\boldsymbol{V}_j^{\mathrm{T}})=\boldsymbol{0}\end{cases} \tag{3-3}$$

式中：$\boldsymbol{Q}$ 和 $\boldsymbol{R}$ 分别为激励噪声和量测噪声的方差阵。

（3）状态向量满足一阶马尔可夫过程，$\boldsymbol{X}_k$ 只与上一个时刻的 $\boldsymbol{X}_{k-1}$ 有关，即 $p(\boldsymbol{X}_k|\boldsymbol{X}_{k-1},\boldsymbol{X}_{k-2},\cdots,\boldsymbol{X}_0)=p(\boldsymbol{X}_k|\boldsymbol{X}_{k-1})$；$\boldsymbol{Z}_k$ 只与当前时刻的状态 $\boldsymbol{X}_k$ 有关，即 $p(\boldsymbol{Z}_k|\boldsymbol{X}_k,\boldsymbol{M})=p(\boldsymbol{Z}_k|\boldsymbol{X}_k)$。

滤波的任务在于，在每次获得受噪声污染的量测量 $\boldsymbol{Z}_k$ 后，递推地估计出系统的当前状态向量 $\boldsymbol{X}_k$。

3.2 贝叶斯估计理论

贝叶斯估计理论为滤波问题提供了一个总体框架，它在获得每个时刻的量测量 $\boldsymbol{Z}_k$ 之后，利用所有可用信息（包括状态方程、量测方程以及量测量序列 $\boldsymbol{Z}_{1:k}=\{\boldsymbol{Z}_1,\boldsymbol{Z}_2,\cdots,\boldsymbol{Z}_k\}$ 等）构造系统当前状态的后验概率密度 $p(\boldsymbol{X}_k|\boldsymbol{Z}_{1:k})$。递推贝叶斯估计可分为时间更新和量测更新两步，下面给出它的具体步骤。

3.2.1 时间更新

已知 $k-1$ 时刻的后验概率密度 $p(\boldsymbol{X}_{k-1}|\boldsymbol{Z}_{1:k-1})$，则状态的先验概率密度（又称为一步预测概率密度）为

$$p(\boldsymbol{X}_k \mid \boldsymbol{Z}_{1:k-1}) = \int p(\boldsymbol{X}_k \mid \boldsymbol{X}_{k-1})p(\boldsymbol{X}_{k-1} \mid \boldsymbol{Z}_{1:k-1})\mathrm{d}\boldsymbol{X}_{k-1} \tag{3-4}$$

式中：$p(\boldsymbol{X}_k|\boldsymbol{X}_{k-1})$为转移概率密度，其表达式为

$$p(\boldsymbol{X}_k \mid \boldsymbol{X}_{k-1}) = \int \delta[\boldsymbol{X}_k - \boldsymbol{f}(\boldsymbol{X}_{k-1},\boldsymbol{U}_{k-1},\boldsymbol{W}_{k-1},k-1)]p(\boldsymbol{W}_{k-1})\mathrm{d}\boldsymbol{W}_{k-1} \tag{3-5}$$

式中：$\delta(\cdot)$为狄拉克函数。

根据式（3-4）可得到量测的先验概率密度：

$$p(\boldsymbol{Z}_k \mid \boldsymbol{Z}_{1:k-1}) = \int p(\boldsymbol{Z}_k \mid \boldsymbol{X}_k)p(\boldsymbol{X}_k \mid \boldsymbol{Z}_{1:k-1})\mathrm{d}\boldsymbol{X}_k \tag{3-6}$$

式中：$p(\boldsymbol{Z}_k|\boldsymbol{X}_k)$为似然函数，其表达式为

$$p(\boldsymbol{Z}_k \mid \boldsymbol{X}_k) = \int \delta[\boldsymbol{Z}_k - \boldsymbol{h}(\boldsymbol{X}_k,\boldsymbol{V}_k,k)]p(\boldsymbol{V}_k)\mathrm{d}\boldsymbol{V}_k \tag{3-7}$$

3.2.2 量测更新

在 k 时刻获得最新的量测值 $\boldsymbol{Z}_k$ 后，可利用其对状态一步预测概率密度进行修正，得到当前状态 $\boldsymbol{X}_k$ 的后验概率密度：

$$p(\boldsymbol{X}_k \mid \boldsymbol{Z}_{1:k}) = \frac{p(\boldsymbol{Z}_k \mid \boldsymbol{X}_k)p(\boldsymbol{X}_k \mid \boldsymbol{Z}_{1:k-1})}{p(\boldsymbol{Z}_k \mid \boldsymbol{Z}_{1:k-1})} \tag{3-8}$$

式中：$p(\boldsymbol{Z}_k|\boldsymbol{Z}_{1:k-1})$为归一化常数。

递推贝叶斯估计的流程如图3－1所示。对贝叶斯估计的时间更新和量测更新进行循环，便可递推地得到每一时刻系统状态的后验概率密度 $p(\boldsymbol{X}_k|\boldsymbol{Z}_{1:k})$。该概率密度包含了 $\boldsymbol{X}_k$ 的所有统计信息，因此根据它可得到 $\boldsymbol{X}_k$ 的均值、方差以及峭度、斜度等任意阶统计量。上述信息的估计可统一表示为

$$\hat{\boldsymbol{\Omega}}_{X_k}=E[\boldsymbol{\Omega}(\boldsymbol{X}_k)]_{p(\boldsymbol{X}_k|\boldsymbol{Z}_{1:k})}=\int\boldsymbol{\Omega}(\boldsymbol{X}_k)p(\boldsymbol{X}_k|\boldsymbol{Z}_{1:k})\mathrm{d}\boldsymbol{X}_k \tag{3-9}$$

当 $\boldsymbol{\Omega}(\boldsymbol{X}_k)=\boldsymbol{X}_k$ 时，可得最小均方误差（Minimum Mean Square Error，MMSE）意义下的最优估计 $\hat{\boldsymbol{X}}_k=E(\boldsymbol{X}_k)_{p(\boldsymbol{X}_k|\boldsymbol{Z}_{1:k})}$，它又称为最小均方误差估计子。

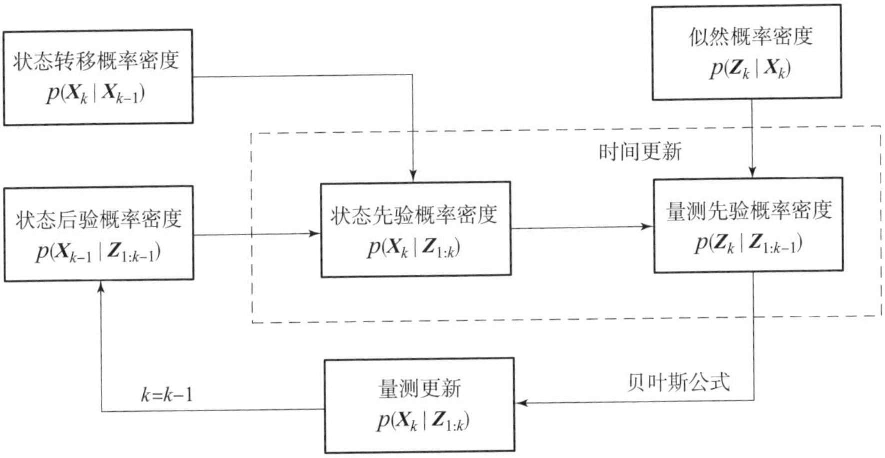

图3－1　递推贝叶斯估计示意图

当式（3－1）和式（3－2）所描述的系统模型、量测模型满足线性关系，并且初始状态、系统噪声、量测噪声均满足独立的高斯分布时，状态一步预测概率密度函数和后验概率密度函数亦满足高斯分布，该分布由状态量的均值和方差唯一确定。此时，式（3－9）所描述的精确解是解析的，并且为一个线性估计子，这便是著名的卡尔曼滤波。

在大多数条件下，系统DSS模型为非线性的，状态初值和噪声也难以满足理想的高斯分布。此时，贝叶斯理论给出的最优解不再解析，且随着时间的推移需要无穷多个参数描述，对计算能力和存储容量提出了较高要求，甚至根本无法实现。在这种情况下，人们转而寻找贝叶斯估计问题的次优解。解决上述问题的思路通常可以归结为以下两种：

（1）尽管该情况下卡尔曼框架不再是最优的估计子，但是仍然可以将其作为次优解使用。该估计方法只需要系统状态前两阶矩的统计信息，并假设所求的后验密度满足高斯分布，因此统称为高斯滤波。这类方法有基于雅可比线性化的扩展卡尔曼滤波（Extended Kalman Filter，EKF）、基于无迹变换的无迹

卡尔曼滤波（Unscented Kalman Filter，UKF）、基于 Stirling 插值公式的均差滤波（Divided Difference Filter，DDF）、中心差分滤波（Central Difference Filter，CDF）和基于数值积分方法的高斯 - 厄米特滤波（Gauss - Hermite Filter，GHF）等。

（2）直接通过数值方法逼近贝叶斯估计问题的最优解，即后验概率密度 $p(\boldsymbol{X}_k|\boldsymbol{Z}_{1:k})$。此类方法有栅格法（Grid - Based Methods，GBM）、近似栅格法（Approximate GBM）、矩近似法（Moment Approximation Methods，MAM）和以粒子滤波（Particle Filter，PF）为代表的蒙特卡罗（Monte Carlo）方法等。

3.3 高斯滤波器

3.3.1 高斯滤波器框架

在进行贝叶斯估计时，需要计算复杂的积分。事实上，对于绝大多数系统而言，递推贝叶斯估计给出的 $p(\boldsymbol{X}_k|\boldsymbol{Z}_{1:k})$ 不解析，难以直接使用。Ito 在贝叶斯估计理论和最小均方误差原则的基础上，根据高斯假设给出了一类最优滤波器的基本框架。由于假设先验概率密度和后验概率密度均服从高斯分布，只需要对均值和方差进行递推，故这一类滤波器又统称为高斯滤波器，其递推框架为

$$\begin{cases}\hat{\boldsymbol{X}}_{k|k}=\hat{\boldsymbol{X}}_{k|k-1}+\boldsymbol{K}_k(\boldsymbol{Z}_k-\hat{\boldsymbol{Z}}_{k|k-1})\\ \boldsymbol{K}_k=\boldsymbol{P}_{XZ_{k|k-1}}\boldsymbol{P}_{Z_{k|k-1}}^{-1}\\ \boldsymbol{P}_{X_{k|k}}=\boldsymbol{P}_{X_{k|k-1}}-\boldsymbol{K}_k\boldsymbol{P}_{Z_{k|k-1}}^{-1}\boldsymbol{K}_k^{\mathrm{T}}\end{cases} \tag{3-10}$$

式中：$\hat{\boldsymbol{X}}_{k|k-1}=E(\boldsymbol{X}_k)_{p(\boldsymbol{X}_k|\boldsymbol{Z}_{1:k-1})}$ 为状态的一步预测值；$\hat{\boldsymbol{X}}_{k|k}$ 为状态的估计值；$\boldsymbol{P}_{X_{k|k}}$，$\boldsymbol{P}_{X_{k|k-1}}$，$\boldsymbol{P}_{Z_{k|k-1}}$，$\boldsymbol{P}_{XZ_{k|k-1}}$ 为状态和量测的自协或互协方差阵；$\boldsymbol{K}_k$ 为滤波增益阵。

3.3.2 标准卡尔曼滤波

当系统的状态方程和量测方程均为线性时，由式（3 - 10）便可得到标准卡尔曼滤波。卡尔曼滤波算法的基本思想是：在考虑噪声干扰的系统模型和量测模型的基础上，首先利用前一个时刻的估计值得到当前时刻的一步预测值；然后利用量测值进行加权计算，求出当前时刻的估计值。它采用“预测 - 修

正”的结构形式，利用状态方程进行一步状态预测，在此基础上利用量测方程对一步估计值进行修正。卡尔曼滤波器的原理示意图如图 3－2 所示。

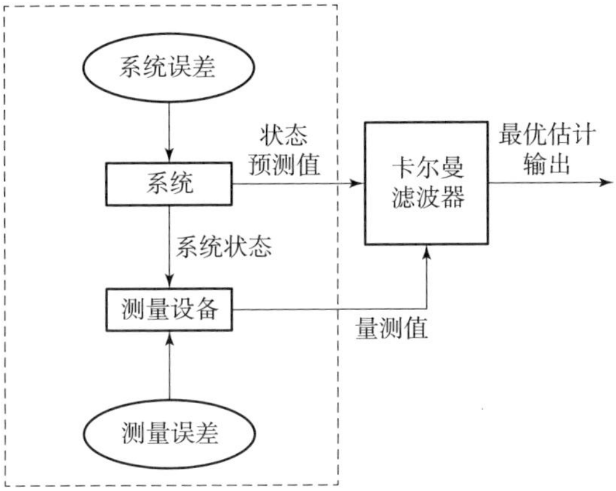

图 3－2　卡尔曼滤波器的原理示意图

卡尔曼滤波算法的推导基于离散线性随机系统，它考虑了系统本身误差和量测设备量测误差的影响。记 t_k 时刻的被估计状态为 $\boldsymbol{X}_k$，对 $\boldsymbol{X}_k$ 的量测满足线性关系，则状态方程和量测方程可以表示为

$$\begin{cases}\boldsymbol{X}_k = \boldsymbol{\Phi}_{k,k-1}\boldsymbol{X}_{k-1} + \boldsymbol{W}_{k-1} \\ \boldsymbol{Z}_k = \boldsymbol{H}_k\boldsymbol{X}_k + \boldsymbol{V}_k\end{cases} \tag{3-11}$$

如果 k 时刻的被估计状态 $\boldsymbol{X}_k$ 以及对 $\boldsymbol{X}_k$ 的量测量 $\boldsymbol{Z}_k$ 满足式（3－11），系统噪声 $\boldsymbol{W}_k$ 和量测噪声 $\boldsymbol{V}_k$ 满足式（3－3），系统噪声序列的方差阵 $\boldsymbol{Q}_k$ 为非负定阵，量测噪声序列的方差阵 $\boldsymbol{R}_k$ 为正定阵，则 $\boldsymbol{X}_k$ 的估计 $\hat{\boldsymbol{X}}_k$ 可以按下列方程求解。为了方便起见，表示系统状态自协方差阵时省去脚标 X，即以 $\boldsymbol{P}_{k|k}$代替 $\boldsymbol{P}_{X_{k|k}}$，以 $\boldsymbol{P}_{k|k-1}$代替 $\boldsymbol{P}_{X_{k|k-1}}$。

（1）状态一步预测：

$$\hat{\boldsymbol{X}}_{k|k-1} = \boldsymbol{\Phi}_{k,k-1}\hat{\boldsymbol{X}}_{k-1} \tag{3-12}$$

（2）状态估计：

$$\hat{\boldsymbol{X}}_k = \hat{\boldsymbol{X}}_{k|k-1} + \boldsymbol{K}_k(\boldsymbol{Z}_k - \boldsymbol{H}_k\hat{\boldsymbol{X}}_{k|k-1}) \tag{3-13}$$

（3）计算一步预测均方误差阵：

$$\boldsymbol{P}_{k|k-1} = \boldsymbol{\Phi}_{k,k-1}\boldsymbol{P}_{k-1}\boldsymbol{\Phi}_{k,k-1}^{\mathrm{T}} + \boldsymbol{Q}_{k-1} \tag{3-14}$$

（4）计算滤波增益：

$$\boldsymbol{K}_k = \boldsymbol{P}_{k|k-1}\boldsymbol{H}_k^{\mathrm{T}}(\boldsymbol{H}_k\boldsymbol{P}_{k|k-1}\boldsymbol{H}_k^{\mathrm{T}} + \boldsymbol{R}_k)^{-1} \tag{3-15}$$

或

$$K_k = P_k H_k^{\mathrm{T}} R_k^{-1}$$

（5）计算状态估计均方误差：

$$P_k = (I - K_k H_k) P_{k|k-1} (I - K_k H_k)^{\mathrm{T}} + K_k R_k K_k^{\mathrm{T}} \tag{3-16}$$

或

$$P_k = (I - K_k H_k) P_{k|k-1}$$

或

$$P_k^{-1} = P_{k|k-1}^{-1} + H_k^{\mathrm{T}} R_k^{-1} H_k$$

由以上步骤可知，如果滤波初值 $\hat{X}_0$、P_0 和 k 时刻的量测值 Z_k 已知，就可以根据该流程计算滤波增益，进而得到 k 时刻的状态估计 $\hat{X}_k$ 和估计均方误差 P_k。卡尔曼滤波的流程如图 3－3 所示。从图中可以看出，卡尔曼滤波算法由增益计算回路和滤波计算回路组成。其中，增益计算回路主要是根据最小方差准则计算得到滤波增益，而滤波计算回路则是根据滤波增益，通过加权计算得到 k 时刻的状态估计 $\hat{X}_k$。

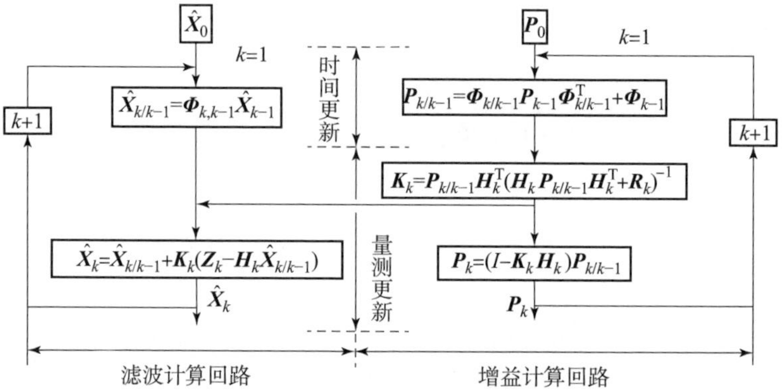

图 3－3　卡尔曼滤波流程

从时间顺序上，卡尔曼滤波可分为两个信息更新过程：时间更新过程和量测更新过程。时间更新过程主要是利用系统信息得到状态一步预测和一步预测均方误差阵，实现了第 $k-1$ 时刻到第 k 时刻的时间推进；量测更新过程则是利用量测信息对时间更新的结果进行修正。

卡尔曼滤波在 20 世纪 60 年代初一经提出，立即受到工程界的高度重视，其主要优点在于：①采用时域内的状态空间法，因此适用于多维随机过程；②算法是递推的，只需要提供当前时刻的量测值，存储量小；③量测值被实时地处理提炼为被估计状态的信息，且随着滤波步数的增加，所提取的信息浓度增加；④既适用于平稳过程，也适用于非平稳过程。

3.3.3 扩展卡尔曼滤波

若系统的状态方程和量测方程均为线性离散方程，并且假设状态噪声和量测噪声均为高斯白噪声，那么根据卡尔曼滤波算法就可以得到最小方差准则下的最优估计值。但是在工程实践中，物理系统的数学模型基本上都是非线性的。目前，还没有找到一种针对非线性系统的最优滤波方法，因此只能通过近似的方法来解决非线性系统的滤波问题。

一般的非线性连续系统和离散系统可以分别描述为

$$\begin{cases}\dot{\boldsymbol{X}}(t)=\boldsymbol{f}[\boldsymbol{X}(t),\boldsymbol{w}(t),t]\\ \boldsymbol{Z}(t)=\boldsymbol{h}[\boldsymbol{X}(t),\boldsymbol{v}(t),t]\end{cases} \tag{3-17}$$

和

$$\begin{cases}\boldsymbol{X}_k=\boldsymbol{f}[\boldsymbol{X}_{k-1},\boldsymbol{W}_{k-1},k-1]\\ \boldsymbol{Z}_k=\boldsymbol{h}[\boldsymbol{X}_k,\boldsymbol{V}_k,k]\end{cases} \tag{3-18}$$

式中：$\boldsymbol{f}[\cdot]$为n维非线性向量函数；$\boldsymbol{h}[\cdot]$为m维非线性向量函数；初始状态$\boldsymbol{X}(0)$或$\boldsymbol{X}_0$为n维随机向量；$\boldsymbol{w}(t)$或$\{\boldsymbol{W}_{k-1}\}$为激励噪声；$\boldsymbol{v}(t)$或$\boldsymbol{V}_k$表示量测噪声。

对于式（3－17）和式（3－18）所描述的随机非线性系统，求解最优估计问题难度较大。对噪声的统计特性进行符合实际而又便于数学处理的假设后，可将非线性连续系统和离散系统分别表示为

$$\begin{cases}\dot{\boldsymbol{X}}(t)=\boldsymbol{f}[\boldsymbol{X}(t),t]+\boldsymbol{w}(t)\\ \boldsymbol{Z}(t)=\boldsymbol{h}[\boldsymbol{X}(t),t]+\boldsymbol{v}(t)\end{cases} \tag{3-19}$$

$$\begin{cases}\boldsymbol{X}_k=\boldsymbol{f}[\boldsymbol{X}_{k-1},k-1]+\boldsymbol{W}_{k-1}\\ \boldsymbol{Z}_k=\boldsymbol{h}[\boldsymbol{X}_k,k]+\boldsymbol{V}_k\end{cases} \tag{3-20}$$

本节所研究的非线性滤波问题均基于式（3－19）和式（3－20）所描述的系统。

对于非线性滤波问题，将非线性模型近似为线性模型是目前广泛采用的手段。扩展卡尔曼滤波的核心思想就是将式（3－19）或式（3－20）中的非线性模型近似为线性模型后，应用传统的卡尔曼滤波进行状态估计。

定义$\hat{\boldsymbol{X}}^n(t)$为系统标称状态微分方程$\dot{\hat{\boldsymbol{X}}}^n(t)=\boldsymbol{f}[\hat{\boldsymbol{X}}^n(t),t]$的解，称为标称状态值，其初始值为初始状态的最优估计$\hat{\boldsymbol{X}}(0)$；$\hat{\boldsymbol{Z}}^n(t)$是将标称状态$\hat{\boldsymbol{X}}^n(t)$代入量测方程计算得到的值，称为标称量测值。非线性系统的真实值与标称值之间的偏差为

$$\begin{cases}\delta\boldsymbol{X}(t)=\boldsymbol{X}(t)-\hat{\boldsymbol{X}}^n(t)\\ \delta\boldsymbol{Z}(t)=\boldsymbol{Z}(t)-\hat{\boldsymbol{Z}}^n(t)\end{cases}\tag{3-21}$$

根据小偏差的基本假设，可以认为 $\delta\boldsymbol{X}(t)$ 和 $\delta\boldsymbol{Z}(t)$ 的动力学方程是线性的。工程实践表明，这个基本假设可以得到满足。

将式（3-19）在状态估计 $\hat{\boldsymbol{X}}(t)$ 附近展开成泰勒级数，并保留一阶形式，可得

$$\begin{cases}\dot{\boldsymbol{X}}(t)=\boldsymbol{f}[\boldsymbol{X}(t),t]\,|_{\boldsymbol{X}(t)=\hat{\boldsymbol{X}}(t)}+\left.\dfrac{\partial\boldsymbol{f}[\boldsymbol{X}(t),t]}{\partial\boldsymbol{X}(t)}\right|_{\boldsymbol{X}(t)=\hat{\boldsymbol{X}}(t)}\cdot[\boldsymbol{X}(t)-\hat{\boldsymbol{X}}(t)]+\boldsymbol{w}(t)\\ \boldsymbol{Z}(t)=\boldsymbol{h}[\boldsymbol{X}(t),t]\,|_{\boldsymbol{X}(t)=\hat{\boldsymbol{X}}(t)}+\left.\dfrac{\partial\boldsymbol{h}[\boldsymbol{X}(t),t]}{\partial\boldsymbol{X}(t)}\right|_{\boldsymbol{X}(t)=\hat{\boldsymbol{X}}(t)}\cdot[\boldsymbol{X}(t)-\hat{\boldsymbol{X}}(t)]+\boldsymbol{v}(t)\end{cases}\tag{3-22}$$

将式（3-22）改写为如下形式：

$$\begin{cases}\dot{\boldsymbol{X}}(t)-\boldsymbol{f}[\boldsymbol{X}(t),t]\,|_{\boldsymbol{X}(t)=\hat{\boldsymbol{X}}(t)}=\left.\dfrac{\partial\boldsymbol{f}[\boldsymbol{X}(t),t]}{\partial\boldsymbol{X}(t)}\right|_{\boldsymbol{X}(t)=\hat{\boldsymbol{X}}(t)}\cdot[\boldsymbol{X}(t)-\hat{\boldsymbol{X}}(t)]+\boldsymbol{w}(t)\\ \boldsymbol{Z}(t)-\boldsymbol{h}[\boldsymbol{X}(t),t]\,|_{\boldsymbol{X}(t)=\hat{\boldsymbol{X}}(t)}=\left.\dfrac{\partial\boldsymbol{h}[\boldsymbol{X}(t),t]}{\partial\boldsymbol{X}(t)}\right|_{\boldsymbol{X}(t)=\hat{\boldsymbol{X}}(t)}\cdot[\boldsymbol{X}(t)-\hat{\boldsymbol{X}}(t)]+\boldsymbol{v}(t)\end{cases}\tag{3-23}$$

由式（3-21）可知

$$\begin{cases}\dot{\boldsymbol{X}}(t)-\boldsymbol{f}[\boldsymbol{X}(t),t]\,|_{\boldsymbol{X}(t)=\hat{\boldsymbol{X}}(t)}=\dot{\boldsymbol{X}}(t)-\dot{\boldsymbol{X}}^n(t)=\delta\dot{\boldsymbol{X}}(t)\\ \boldsymbol{Z}(t)-\boldsymbol{h}[\boldsymbol{X}(t),t]\,|_{\boldsymbol{X}(t)=\hat{\boldsymbol{X}}(t)}=\dot{\boldsymbol{Z}}(t)-\dot{\boldsymbol{Z}}^n(t)=\delta\dot{\boldsymbol{Z}}(t)\end{cases}\tag{3-24}$$

将式（3-21）和式（3-24）代入式（3-23），即可得到线性化的状态干扰方程和量测干扰方程：

$$\begin{cases}\delta\dot{\boldsymbol{X}}(t)=\boldsymbol{F}(t)\delta\boldsymbol{X}(t)+\boldsymbol{w}(t)\\ \delta\boldsymbol{Z}(t)=\boldsymbol{H}(t)\delta\boldsymbol{X}(t)+\boldsymbol{v}(t)\end{cases}\tag{3-25}$$

其中

$$\boldsymbol{F}(t)=\left.\frac{\partial\boldsymbol{f}[\boldsymbol{X}(t),t]}{\partial\boldsymbol{X}(t)}\right|_{\boldsymbol{X}(t)=\hat{\boldsymbol{X}}(t)}$$
$$=\left.\begin{bmatrix}\dfrac{\partial f_1[\boldsymbol{X}(t),t]}{\partial x_1(t)} & \dfrac{\partial f_1[\boldsymbol{X}(t),t]}{\partial x_2(t)} & \cdots & \dfrac{\partial f_1[\boldsymbol{X}(t),t]}{\partial x_n(t)}\\ \dfrac{\partial f_2[\boldsymbol{X}(t),t]}{\partial x_1(t)} & \dfrac{\partial f_2[\boldsymbol{X}(t),t]}{\partial x_2(t)} & \cdots & \dfrac{\partial f_2[\boldsymbol{X}(t),t]}{\partial x_n(t)}\\ \vdots & \vdots & & \vdots\\ \dfrac{\partial f_n[\boldsymbol{X}(t),t]}{\partial x_1(t)} & \dfrac{\partial f_n[\boldsymbol{X}(t),t]}{\partial x_2(t)} & \cdots & \dfrac{\partial f_n[\boldsymbol{X}(t),t]}{\partial x_n(t)}\end{bmatrix}\right|_{\boldsymbol{X}(t)=\hat{\boldsymbol{X}}(t)}$$

$$\boldsymbol{H}(t)=\left.\frac{\partial \boldsymbol{h}[X(t),t]}{\partial \boldsymbol{X}(t)}\right|_{\boldsymbol{X}(t)=\hat{\boldsymbol{X}}(t)}$$

$$=\left.\begin{bmatrix} \dfrac{\partial \boldsymbol{h}_1[\boldsymbol{X}(t),t]}{\partial x_1(t)} & \dfrac{\partial \boldsymbol{h}_1[\boldsymbol{X}(t),t]}{\partial x_2(t)} & \cdots & \dfrac{\partial \boldsymbol{h}_1[\boldsymbol{X}(t),t]}{\partial x_n(t)} \\ \dfrac{\partial \boldsymbol{h}_2[\boldsymbol{X}(t),t]}{\partial x_1(t)} & \dfrac{\partial \boldsymbol{h}_2[\boldsymbol{X}(t),t]}{\partial x_2(t)} & \cdots & \dfrac{\partial \boldsymbol{h}_2[\boldsymbol{X}(t),t]}{\partial x_n(t)} \\ \vdots & \vdots & & \vdots \\ \dfrac{\partial \boldsymbol{h}_m[\boldsymbol{X}(t),t]}{\partial x_1(t)} & \dfrac{\partial \boldsymbol{h}_m[\boldsymbol{X}(t),\boldsymbol{t}]}{\partial x_2(t)} & \cdots & \dfrac{\partial \boldsymbol{h}_m[\boldsymbol{X}(t),t]}{\partial x_n(t)} \end{bmatrix}\right|_{\boldsymbol{X}(t)=\hat{\boldsymbol{X}}(t)}$$

虽然式（3－25）是线性化的，但是仍然是连续的微分方程，因此还需要对其进行离散化才可以利用离散型卡尔曼滤波基本方程进行状态估计。离散型线性干扰方程可以表示为

$$\begin{cases} \delta \boldsymbol{X}_k=\boldsymbol{\Phi}_{k,k-1}\delta \boldsymbol{X}_{k-1}+\boldsymbol{W}_{k-1} \\ \delta \boldsymbol{Z}_k=\boldsymbol{H}_k\delta \boldsymbol{X}_k+\boldsymbol{V}_k \end{cases} \tag{3-26}$$

当采样周期为小量时，有

$$\boldsymbol{\Phi}_{k,k-1}\approx \boldsymbol{I}+\boldsymbol{F}(t_{k-1})\cdot T \tag{3-27}$$

以及

$$\boldsymbol{H}_k=\left.\frac{\partial \boldsymbol{h}[\boldsymbol{X}(t_k),t_k]}{\partial \boldsymbol{X}(t_k)}\right|_{\boldsymbol{X}(t_k)=\hat{\boldsymbol{X}}_k^n=\hat{\boldsymbol{X}}_{k|k-1}}$$

离散后的系统噪声序列的方差阵可以表示为

$$\boldsymbol{Q}_k=\sum_{i=1}^{\infty}\boldsymbol{M}_i\frac{T^i}{i!}$$

其中

$$\begin{cases} \boldsymbol{M}_1=q \\ \boldsymbol{M}_{i+1}=\boldsymbol{F}_k\boldsymbol{M}_i+(\boldsymbol{F}_k\boldsymbol{M}_i^{\mathrm{T}}),i=1,2,\cdots \end{cases}$$

在离散型线性干扰方程的基础上，运用离散型卡尔曼滤波基本方程，即可求得 $\delta\boldsymbol{X}_k$ 的状态估计：

$$\begin{cases} \delta\hat{\boldsymbol{X}}_{k|k-1}=\boldsymbol{\Phi}_{k,k-1}\delta\hat{\boldsymbol{X}}_{k-1} \\ \delta\hat{\boldsymbol{X}}_k=\delta\hat{\boldsymbol{X}}_{k|k-1}+\boldsymbol{K}_k[\delta\boldsymbol{Z}_k-\boldsymbol{H}_k\delta\hat{\boldsymbol{X}}_{k|k-1}] \\ \boldsymbol{K}_k=\boldsymbol{P}_{k|k-1}\boldsymbol{H}_k^{\mathrm{T}}[\boldsymbol{H}_k\boldsymbol{P}_{k|k-1}\boldsymbol{H}_k+\boldsymbol{R}_k]-1 \\ \boldsymbol{P}_{k|k-1}=\boldsymbol{\Phi}_{k,k-1}\boldsymbol{P}_{k-1}\boldsymbol{\Phi}_{k,k-1}^{\mathrm{T}}+\boldsymbol{Q}_{k-1} \\ \boldsymbol{P}_k=(\boldsymbol{I}-\boldsymbol{K}_k\boldsymbol{H}_k)\boldsymbol{P}_{k|k-1}(\boldsymbol{I}-\boldsymbol{K}_k\boldsymbol{H}_k)\cdot T+\boldsymbol{K}_k\boldsymbol{R}_k\boldsymbol{K}_k^{\mathrm{T}} \end{cases} \tag{3-28}$$

其中

$$\delta \boldsymbol{Z}_k = \boldsymbol{Z}_k - \boldsymbol{h}[\hat{\boldsymbol{X}}_k^n, k] = \boldsymbol{Z}_k - \boldsymbol{h}[\hat{\boldsymbol{X}}_{k|k-1}, k] \tag{3-29}$$

由于在计算 $\hat{\boldsymbol{X}}_k$ 和 $\hat{\boldsymbol{X}}_k^n$ 时，初始值均采用状态最优估计的初始值，则

$$\delta \hat{\boldsymbol{X}}_{k-1} = \hat{\boldsymbol{X}}_{k-1} - \hat{\boldsymbol{X}}_{k-1}^n = 0 \tag{3-30}$$

在求得 $\delta \boldsymbol{X}_k$ 以后，可通过下式间接求解 $\hat{\boldsymbol{X}}_k$：

$$\hat{\boldsymbol{X}}_k = \hat{\boldsymbol{X}}_k^n + \delta \hat{\boldsymbol{X}}_k \tag{3-31}$$

将式（3-30）代入式（3-28），再结合式（3-31），即可求得离散型非线性扩展卡尔曼滤波方程：

$$\begin{cases} \hat{\boldsymbol{X}}_{k|k-1} = \hat{\boldsymbol{X}}_k^n = \hat{\boldsymbol{X}}_{k-1} + \boldsymbol{f}[\hat{\boldsymbol{X}}_{k-1}, t_{k-1}] \cdot T \\ \hat{\boldsymbol{X}}_k = \hat{\boldsymbol{X}}_{k|k-1} + \delta \hat{\boldsymbol{X}}_k \\ \delta \hat{\boldsymbol{X}}_k = \boldsymbol{K}_k \{ \boldsymbol{Z}_k - \boldsymbol{h}[\hat{\boldsymbol{X}}_{k|k-1}, k] \} \\ \boldsymbol{K}_k = \boldsymbol{P}_{k|k-1} \boldsymbol{H}_k^{\mathrm{T}} [\boldsymbol{H}_k \boldsymbol{P}_{k|k-1} + \boldsymbol{R}_k] - 1 \\ \boldsymbol{P}_{k|k-1} = \boldsymbol{\Phi}_{k,k-1} \boldsymbol{P}_{k-1} \boldsymbol{\Phi}_{k,k-1}^{\mathrm{T}} + \boldsymbol{Q}_{k-1} \\ \boldsymbol{P}_k = (\boldsymbol{I} - \boldsymbol{K}_k \boldsymbol{H}_k) \boldsymbol{P}_{k|k-1} (\boldsymbol{I} - \boldsymbol{K}_k \boldsymbol{H}_k) \cdot T + \boldsymbol{K}_k \boldsymbol{R}_k \boldsymbol{K}_k^{\mathrm{T}} \end{cases} \tag{3-32}$$

式（3-32）的初始条件为 $\hat{\boldsymbol{X}}_0 = E[\boldsymbol{X}_0] = \boldsymbol{m}_{X_0}$，$\boldsymbol{P}_0 = \boldsymbol{C}_{X_0}$，其中

$$\boldsymbol{\Phi}_{k,k-1} \approx \boldsymbol{I} + \boldsymbol{F}(t_{k-1}) \cdot T = \boldsymbol{I} + T \left. \frac{\partial \boldsymbol{f}[\boldsymbol{X}(t_{k-1}), t_{k-1}]}{\partial \boldsymbol{X}(t_{k-1})} \right|_{\boldsymbol{X}(t_{k-1}) = \hat{\boldsymbol{X}}_{k-1}}$$

$$\boldsymbol{H}_k = \left. \frac{\partial \boldsymbol{h}[\boldsymbol{X}(t_k), t_k]}{\partial \boldsymbol{X}(t_k)} \right|_{\boldsymbol{X}(t_k) = \hat{\boldsymbol{X}}_k^n = \hat{\boldsymbol{X}}_{k/k-1}}$$

扩展卡尔曼滤波利用泰勒展开并保留线性项的方式解决了非线性系统的滤波问题。但它也具有一定的不足，如必须求非线性函数的雅可比矩阵。对于复杂的系统，运算比较复杂且运算量大，容易出错。线性化的方式也产生了截断误差，对于非线性程度较高的系统，容易导致滤波效果下降甚至滤波发散。

3.3.4 无迹卡尔曼滤波

扩展卡尔曼滤波对非线性方程进行线性化，从而近似非线性函数。与扩展卡尔曼滤波相比，无迹卡尔曼滤波采用了一种完全不同的方法：利用加权样本点逼近系统状态的概率密度。无迹卡尔曼滤波的理论基础在于逼近任意函数的概率分布比直接逼近任何非线性函数更容易，其实现方式是无损（UT）变换。

3.3.4.1 无损变换

假设 $\boldsymbol{X}$ 为一个 n 维的随机向量，其均值和协方差分别为 $\bar{\boldsymbol{X}}$ 和 $\boldsymbol{P}$。$\boldsymbol{X}$ 经非线

性向量函数的变换后，得到 $\boldsymbol{Y}$，UT 变换的目的在于求取 $\boldsymbol{Y}$ 的均值 $\bar{\boldsymbol{Y}}$ 及协方差 $\boldsymbol{P}_y$。无损变换的步骤如下：

（1）构造离散样本点（sigma 点）并计算相应的权值。构造样本点的原则是保证样本点的均值和协方差与原变量一致。其核心问题是确定采样策略，并且关系到对非线性系统的近似精度。不同的采样策略会产生不同的变换采样点，计算得到的均值和方差等信息也不同。这里主要介绍采用比例对称采样策略的无损变换。

根据比例对称采样策略，得到的采样点为

$$\chi_i = \begin{cases} \bar{\boldsymbol{X}} + [\sqrt{(n+\kappa)\boldsymbol{P}}]_i, & i=1,2,\cdots,n \\ \bar{\boldsymbol{X}} - [\sqrt{(n+\kappa)\boldsymbol{P}}]_i, & i=n+1,n+2,\cdots,2n \\ \bar{\boldsymbol{X}}, & i=0 \end{cases} \tag{3-33}$$

式中：下标“i”表示矩阵 $\sqrt{(n+\kappa)\boldsymbol{P}}$的下三角分解的平方根的第 i 列。

用于计算均值和方差的样本权值分别为

$$W_i^{(m)} = \begin{cases} \kappa/(n+\kappa), & i=0 \\ 1/[2(n+\kappa)], & i=1,2,\cdots,2n \end{cases} \tag{3-34}$$

$$W_i^{(c)} = \begin{cases} \kappa/(n+\kappa)+(1-\alpha^2+\beta), & i=0 \\ 1/[2(n+\kappa)], & i=1,2,\cdots,2n \end{cases} \tag{3-35}$$

式中：n 为状态变量 $\boldsymbol{X}$ 的维数；α 控制采样点的状态分布，确定 sigma 点在 $\bar{\boldsymbol{X}}$ 周围分布，通常取一个小的正常数（$10^4 \leqslant \alpha \leqslant 1$）；$\kappa$ 为比例系数，用于调节采样点与 $\bar{\boldsymbol{X}}$ 之间的距离，一般取 0 或 $3-n$；β 为状态分布参数，对于高斯分布，β 取 2。

（2）将构造的 sigma 点集 $\{\chi_i\}$ 代入 $f(\cdot)$ 进行非线性变换，得到变换后的 sigma 点集：

$$\gamma_i = \boldsymbol{f}(\chi_i),\ i=0,1,\cdots,2n$$

$\{\gamma_i\}$ 即可近似地表示 $\boldsymbol{Y}=\boldsymbol{f}(\boldsymbol{X})$ 的分布。

（3）计算非线性变换后的 sigma 点集 $\{\gamma_i\}$ 的均值和方差。利用式（3-34）和式（3-35）对 $\{\gamma_i\}$ 进行加权处理，得到 $\boldsymbol{Y}$ 的均值和方差：

$$\bar{\boldsymbol{Y}} \approx \sum_{i=0}^{2n} W_i^{(m)} \gamma_i$$

$$\boldsymbol{P}_y \approx \sum_{i=0}^{2n} W_i^{(c)} (\gamma_i - \bar{\boldsymbol{Y}})(\gamma_i - \bar{\boldsymbol{Y}})^{\mathrm{T}}$$

3.3.4.2 无迹卡尔曼滤波算法

UT 变换避免了对非线性函数进行线性化近似，意味着即使系统的非线性程度比较高或者系统模型比较复杂，算法的复杂度也不会增加。同时，由于 UT 变换不需要计算导数，因此可用于系统模型存在不连续点的情况。UT 变换和 EKF 算法对非线性系统的近似原理如图 3－4 所示。

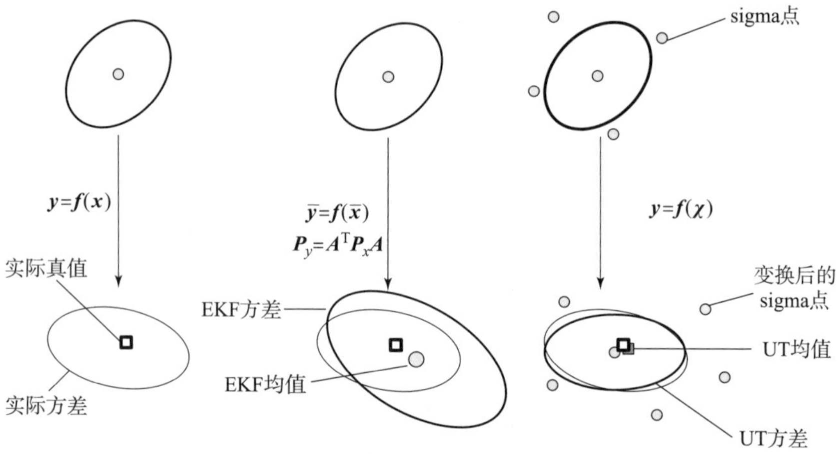

图 3－4 非线性变换原理

（a）真实情况；（b）EKF 原理；（c）UT 变换原理

下面介绍基于 UT 变换的无迹卡尔曼滤波算法。假设某系统由如下的非线性离散状态空间方程描述：

$$\begin{cases} \boldsymbol{X}_k = \boldsymbol{f}(\boldsymbol{X}_{k-1}) + \boldsymbol{W}_{k-1} \\ \boldsymbol{Z}_k = \boldsymbol{h}(\boldsymbol{X}_k) + \boldsymbol{V}_k \end{cases} \tag{3-36}$$

则利用无损变换对式（3－36）所示系统进行卡尔曼滤波的步骤如下：

（1）计算 sigma 点。采用比例对称采样，sigma 点的均值和协方差为前一时刻的估计值 $\hat{\boldsymbol{X}}_{k-1}$和前一个时刻的估计均方误差 $\boldsymbol{P}_{k-1}$，即得采样点为

$$\boldsymbol{\chi}_{i,k-1} = \begin{cases} \hat{\boldsymbol{X}}_{k-1} + [\sqrt{(n+\kappa)\boldsymbol{P}_{k-1}}]_i, & i=1,2,\cdots,n \\ \hat{\boldsymbol{X}}_{k-1} - [\sqrt{(n+\kappa)\boldsymbol{P}_{k-1}}]_i, & i=n+1,n+2,\cdots,2n \\ \hat{\boldsymbol{X}}_{k-1}, & i=0 \end{cases}$$

（2）对$\{\boldsymbol{\chi}_{i,k-1}\}$进行 $\boldsymbol{f}(\cdot)$ 非线性传播，并计算非线性变换后 sigma 点集$\{\boldsymbol{\chi}_{i,k|k-1}\}$的均值和协方差。均值即对应状态一步预测值，协方差对应一步预测

均方误差：

$$\boldsymbol{\chi}_{i,k|k-1}=\boldsymbol{f}(\boldsymbol{\chi}_{i,k-1}) \tag{3-37}$$

$$\hat{\boldsymbol{X}}_{k|k-1}\approx\sum_{i=0}^{2n}W_i^{(m)}\boldsymbol{\chi}_{i,k|k-1} \tag{3-38}$$

$$\boldsymbol{P}_{k|k-1}\approx\sum_{i=0}^{2n}W_i^{(c)}(\hat{\boldsymbol{X}}_{k|k-1}-\boldsymbol{\chi}_{i,k|k-1})(\hat{\boldsymbol{X}}_{k|k-1}-\boldsymbol{\chi}_{i,k|k-1})^{\mathrm{T}}+\boldsymbol{Q}_k \tag{3-39}$$

其中

$$W_i^{(m)}=\begin{cases}\kappa/(n+\kappa), & i=0\\ 1/[2(n+\kappa)], & i=1,2,\cdots,2n\end{cases}$$

$$W_i^{(c)}=\begin{cases}\kappa/(n+\kappa)+(1-\alpha^2+\beta), & i=0\\ 1/[2(n+\kappa)], & i=1,2,\cdots,2n\end{cases}$$

（3）对 $\{\boldsymbol{\chi}_{i,k|k-1}\}$ 点集进行 $\boldsymbol{h}(\cdot)$ 的非线性变换，并计算变换后点集 $\{\boldsymbol{\gamma}_{i,k|k-1}\}$ 的均值和协方差：

$$\boldsymbol{\gamma}_{i,k|k-1}=\boldsymbol{h}(\boldsymbol{\chi}_{i,k|k-1}) \tag{3-40}$$

$$\hat{\boldsymbol{Z}}_{k|k-1}\approx\sum_{i=0}^{2n}W_i^{(m)}\boldsymbol{\gamma}_{i,k|k-1} \tag{3-41}$$

$$\boldsymbol{P}_{ZZ_{k|k-1}}\approx\sum_{i=0}^{2n}\boldsymbol{W}_i^{(c)}(\boldsymbol{\gamma}_{i,k|k-1}-\hat{\boldsymbol{Z}}_{k|k-1})(\boldsymbol{\gamma}_{i,k|k-1}-\hat{\boldsymbol{Z}}_{k|k-1})^{\mathrm{T}}+\boldsymbol{R}_k \tag{3-42}$$

（4）量测更新。计算滤波增益：

$$\boldsymbol{K}_k=\boldsymbol{P}_{XZ_{k|k-1}}[\boldsymbol{P}_{ZZ_{k|k-1}}]^{-1}$$

其中

$$\boldsymbol{P}_{XZ_{k|k-1}}\approx\sum_{i=0}^{2n}W_i^{(c)}(\boldsymbol{\chi}_{i,k|k-1}-\hat{\boldsymbol{X}}_{k|k-1})(\boldsymbol{\gamma}_{i,k|k-1}-\hat{\boldsymbol{Z}}_{k|k-1})^{\mathrm{T}}$$

（5）输出状态估计信息。状态滤波方程为

$$\hat{\boldsymbol{X}}_k=\hat{\boldsymbol{X}}_{k|k-1}+\boldsymbol{K}_k(\boldsymbol{Z}_k-\hat{\boldsymbol{Z}}_{k|k-1})$$

状态滤波均方误差矩阵为

$$\boldsymbol{P}_k=\boldsymbol{P}_{k|k-1}-\boldsymbol{K}_k\boldsymbol{P}_{ZZ_{k|k-1}}\boldsymbol{K}_k^{\mathrm{T}}$$

上述 5 个步骤即 UKF 滤波算法的迭代流程，如图 3－5 所示。

从图 3－5 中可以看出，UKF 算法也分为时间更新和量测更新过程，具有和卡尔曼滤波相同的算法结构，因此不需要对卡尔曼滤波流程进行较大的改动。

UKF 直接使用系统的非线性模型，对其概率密度分布进行近似，至少能够达到二阶精度；UKF 避免了求取系统状态空间模型的雅克比矩阵，对于不可微的系统同样能够进行状态估计。

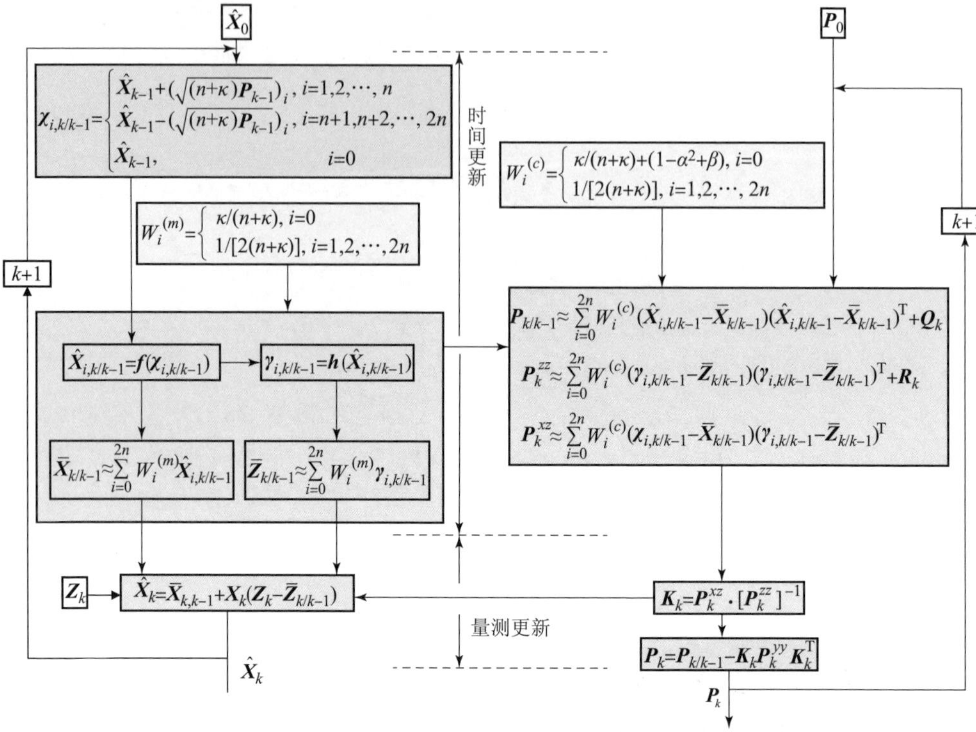

图 3-5　UKF 迭代流程

3.4　粒子滤波

EKF、UKF 等高斯滤波算法均建立在高斯假设的基础上，模型的非线性及噪声的非高斯特性均会使得系统状态不满足高斯分布，从而破坏高斯假设。若系统状态的真实后验密度与高斯分布差异较大，则高斯滤波难以接近最优解，通常会产生较大的估计误差。理想的高斯系统在实际中几乎不存在，这限制了高斯滤波器的性能。

粒子滤波是近年来随着计算能力的提升而兴起的一类滤波算法，它对系统模型的线性与否以及系统状态的后验密度不作任何假设，从理论上能够逼近任意形式的滤波最优解。本节将介绍粒子滤波的基本框架及几种典型的改进算法，并通过仿真算例深入地对比高斯滤波与粒子滤波的特点。

3.4.1　蒙特卡罗方法

粒子滤波的核心原理在于运用蒙特卡罗方法，通过一组加权样本点直接对贝叶斯估计给出的后验概率密度 $p(\boldsymbol{X}_k|\boldsymbol{Z}_{1:k})$ 进行近似，以样本均值代替积分运算，获得次优解。这些样本点即所谓的“粒子”，不同于 UKF，它们通过随机采样产生，并且数目可以自由选择。为了保证较高的估计精度，粒子滤波的粒子数通常远大于 UKF 的样本数。由于直接对后验密度进行近似，粒子滤波在理论上对非线性、非高斯等因素均不敏感。

若使用服从 $p(\boldsymbol{X}_k|\boldsymbol{Z}_{1:k})$ 的一组独立同分布样本点 $\boldsymbol{\chi}_k^{(i)}(i=1,2,\cdots,N)$ 来近似该密度函数，则各样本的权值均为 $1/N$，其中 N 为样本数量。根据蒙特卡罗方法，此时式（3－9）可近似为

$$\hat{\boldsymbol{\Omega}}_{X_k} \approx \int \boldsymbol{\Omega}(\boldsymbol{X}_k)\frac{1}{N}\sum_{i=1}^{N}\delta(\boldsymbol{X}_k-\boldsymbol{\chi}_k^{(i)})\mathrm{d}\boldsymbol{X}_k = \frac{1}{N}\sum_{i=1}^{N}\boldsymbol{\Omega}(\boldsymbol{\chi}_k^{(i)}) \tag{3-43}$$

当样本数 $N\to\infty$时，式（3－43）给出的估计是渐进无偏的，其收敛性由大数定律保证。

3.4.2　重要性采样

事实上，后验概率 $p(\boldsymbol{X}_k|\boldsymbol{Z}_{1:k})$ 正是待求的，直接从中采取样本点不甚现实。此时，常用的方法为重要性采样（Importance Sampling，IS）。重要性采样通过引入一个已知的、容易采样的重要性密度 $q(\boldsymbol{X}_k|\boldsymbol{X}_{0:k-1},\boldsymbol{Z}_{1:k})$，从中获取样本点，则后验概率密度 $p(\boldsymbol{X}_k|\boldsymbol{Z}_{1:k})$ 可近似为

$$\hat{p}(\boldsymbol{X}_k|\boldsymbol{Z}_{1:k}) = \sum_{i=1}^{N}\tilde{w}_k^{(i)}\delta(\boldsymbol{X}_k-\boldsymbol{\chi}_k^{(i)}) \tag{3-44}$$

因而式（3－43）可改写为

$$\hat{\boldsymbol{\Omega}}_{X_k} \approx \sum_{i=1}^{N}\tilde{w}_k^{(i)}\boldsymbol{\Omega}(\boldsymbol{\chi}_k^{(i)}) \tag{3-45}$$

其中

$$\tilde{w}_k^{(i)} = \frac{w_k^{(i)}}{\sum_{i=1}^{N}w_k^{(i)}} \tag{3-46}$$

$$w_k^{(i)} = \frac{p(\boldsymbol{Z}_{1:k}|\boldsymbol{\chi}_k^{(i)})p(\boldsymbol{\chi}_k^{(i)})}{q(\boldsymbol{\chi}_k^{(i)}|\boldsymbol{X}_{0:k-1},\boldsymbol{Z}_{1:k})} \tag{3-47}$$

式中：$w_k^{(i)}$ 为非归一化权重系数；$\tilde{w}_k^{(i)}$ 为归一化权重系数。

重要性密度越接近后验密度，式（3－44）和式（3－45）的近似效果就越好。

重要性采样初步解决了难以直接从后验概率密度中采样的问题，然而它尚不足以用于递推，这是因为在根据式（3－47）计算权重时，需要对量测序列作集中处理，计算量随着时间的推移逐渐增大。为此，人们提出了序列重要性采样（Sequential Importance Sampling，SIS）方法。序列重要性采样在每次获得 k 时刻的量测量 $\boldsymbol{Z}_k$ 后，将粒子集及权重系数从 $k-1$ 时刻递推到 k 时刻。若 $\boldsymbol{\chi}_k^{(i)} \sim q(\boldsymbol{\chi}_k | \boldsymbol{\chi}_{k-1}^{(i)}, \boldsymbol{Z}_k)$，则根据系统的一阶马尔可夫特性，权重系数的递推公式为

$$w_k^{(i)} = w_{k-1}^{(i)} \frac{p(\boldsymbol{\chi}_k^{(i)} | \boldsymbol{\chi}_{k-1}^{(i)}) p(\boldsymbol{Z}_k | \boldsymbol{\chi}_k^{(i)})}{q(\boldsymbol{\chi}_k^{(i)} | \boldsymbol{\chi}_{k-1}^{(i)}, \boldsymbol{Z}_k)} \tag{3-48}$$

式中：$p(\boldsymbol{\chi}_k^{(i)} | \boldsymbol{\chi}_{k-1}^{(i)})$ 为转移密度；$p(\boldsymbol{Z}_k | \boldsymbol{\chi}_k^{(i)})$ 为似然函数。

3.4.3 重采样步骤

尽管序列重要性采样实现了以递推的方式对后验密度进行近似，但它存在致命缺陷：经过数次迭代后，某一个粒子的归一化权重系数趋近于 1，而其他粒子的归一化权重系数均趋于 0，这正是权值退化（Weight Degeneracy）问题。权值退化问题使得大量的运算浪费在毫无意义的粒子上，也使得粒子集无法表征后验概率密度。Kong 等人提出以有效样本容量来表征权值退化的严重程度，在实际应用中，有效样本容量计算如下：

$$N_{\text{eff}} = \frac{1}{\sum_{i=1}^{N} (\tilde{w}_k^{(i)})^2} \tag{3-49}$$

设定阈值 N_{th}，通常取 $N_{\text{th}} = 2N/3$。当 $N_{\text{eff}} < N_{\text{th}}$ 时，权值退化较为严重，需要引入重采样步骤。

重采样的基本原理是根据粒子的权重大小决定其产生子代的多少，对权重大的粒子进行大量复制，产生较多的子代；对于权重小的粒子，则使其产生较少的子代。经过重采样步骤，共产生 N 个权重为 $1/N$ 的子代，由这些子代构成新的粒子集 $\boldsymbol{\chi}_k^{+(j)} (j = 1, 2, \cdots, N)$。目前，常用的重采样策略有多项式重采样、残差重采样以及最小方差采样。

重采样步骤在使样本权值均匀化之后，又引发了新的问题：权值较大的粒子复制产生的子代很多，而权值较小的粒子产生的子代很少，新粒子多样性减弱。上述问题称为样本匮乏，激励噪声方差越小，该问题就越容易出现，这是因为重采样产生的粒子集经状态方程传播后不易“分散”开。增加足够多的粒子便能够解决样本匮乏问题，但是会引起计算量的急剧上升。实际中克服样本匮乏的常用方法有马尔可夫蒙特卡罗（Markov Chain Monte Carlo，MCMC）

移动步骤和正则化粒子滤波等。

3.4.4　重要性密度的选择

粒子滤波的关键在于重要性密度 $q(\boldsymbol{\chi}_k \mid \boldsymbol{\chi}_{k-1}^{(i)}, \boldsymbol{Z}_k)$ 的选择。重要性密度越接近后验密度，滤波效果就越好。重要性密度选取的原则是使粒子权值的方差最小化，根据该原则，最优的重要性密度为

$$q_{\text{opt}}(\boldsymbol{\chi}_k \mid \boldsymbol{\chi}_{k-1}^{(i)}, \boldsymbol{Z}_k) = p(\boldsymbol{\chi}_k \mid \boldsymbol{\chi}_{k-1}^{(i)}, \boldsymbol{Z}_k) \tag{3-50}$$

在使用该重要性密度时会出现两个问题：第一，该分布可能是高维、非标准的，不易从中采样；第二，该重要性密度对应的权值递推公式不解析，难以计算。在实际应用中，常采用转移密度 $p(\boldsymbol{\chi}_k \mid \boldsymbol{\chi}_{k-1}^{(i)})$ 作为重要性密度，如自举粒子滤波（Bootstrap Particle Filter，BPF），其权值递推公式可简化为 $w_k^{(i)} = w_{k-1}^{(i)} p(\boldsymbol{Z}_k \mid \boldsymbol{\chi}_k^{(i)})$。该方法简单易行，但是由于未在重要性密度中引入当前时刻的量测，当出现量测野值或者似然函数比较尖锐时，容易发生严重的权值退化。出现该问题的原因在于，根据重要性密度产生的大多数粒子无法落在高似然比区域，归一化权重系数也就相应地十分小。基于这种原因，Pitt 等人提出了辅助变量粒子滤波（Auxiliary Variable Particle Filter，AVPF），结合当前量测值生成重要性密度；Merwe 等人提出了无迹粒子滤波（Unscented Particle Filter，UPF），通过对每个粒子进行一次 UKF 来生成重要性密度。类似的改进算法还有很多，其基本思想均为：根据当前量测值，使重要性密度尽可能接近后验密度，从而优化粒子的分布，减轻权值退化问题。

3.4.5　粒子滤波的基本框架

经过前述章节的介绍，可以给出如下的粒子滤波基本框架：

（1）初始化。根据初始状态 $\boldsymbol{X}_0$ 的概率密度 $p(\boldsymbol{X}_0)$ 生成初始粒子集 $\boldsymbol{\chi}_0^{(i)}$ $(i = 1, 2, \cdots, N)$，$\boldsymbol{\chi}_0^{(i)} \sim p(\boldsymbol{X}_0)$，$\tilde{w}_0^{(i)} = w_0^{(i)} = 1/N$。

对于 $k = 1, 2, \cdots$，执行以下步骤。

（2）重要性采样。选定重要性密度 $q(\boldsymbol{\chi}_k \mid \boldsymbol{\chi}_{k-1}^{(i)}, \boldsymbol{Z}_k)$，生成 k 时刻的粒子集 $\boldsymbol{\chi}_k^{(i)}$ $(i = 1, 2, \cdots, N)$，非归一化权重系数计算如下：

$$w_k^{(i)} = w_{k-1}^{(i)} \frac{p(\boldsymbol{\chi}_k^{(i)} \mid \boldsymbol{\chi}_{k-1}^{(i)}) p(\boldsymbol{Z}_k \mid \boldsymbol{\chi}_k^{(i)})}{q(\boldsymbol{\chi}_k^{(i)} \mid \boldsymbol{\chi}_{k-1}^{(i)}, \boldsymbol{Z}_k)} \tag{3-51}$$

对 $w_k^{(i)}$ 进行归一化，得到归一化权重系数 $\tilde{w}_k^{(i)}$。

（3）重采样。计算有效样本容量：

$$N_{\text{eff}} = \frac{1}{\sum_{i=1}^{N} (\tilde{w}_k^{(i)})^2} \tag{3-52}$$

若 $N_{\text{eff}} < N_{\text{th}}$，则进行重采样，生成新粒子集 $\boldsymbol{\chi}_k^{+(j)}(j=1,2,\cdots,N)$，$w_k^{+(j)} = \tilde{w}_k^{+(j)} = 1/N$；若 $N_{\text{eff}} \geqslant N_{\text{th}}$，则无须重采样，令 $\boldsymbol{\chi}_k^{+(j)} = \boldsymbol{\chi}_k^{(i)}$，$\tilde{w}_k^{+(j)} = \tilde{w}_k^{(i)}$。

（4）滤波输出。系统当前状态的均值和方差分别为

$$\hat{\boldsymbol{X}}_{k|k} = \sum_{j=1}^{N} \tilde{w}_k^{+(j)} \boldsymbol{\chi}_k^{+(j)} \tag{3-53}$$

和

$$\boldsymbol{P}_{k|k} = \sum_{j=1}^{N} \tilde{w}_k^{+(j)} (\boldsymbol{\chi}_k^{+(j)} - \hat{\boldsymbol{X}}_{k|k})(\boldsymbol{\chi}_k^{+(j)} - \hat{\boldsymbol{X}}_{k|k})^{\mathrm{T}} \tag{3-54}$$

为了避免重采样过程造成的误差，可在重采样之前进行滤波输出，即

$$\hat{\boldsymbol{X}}_{k|k} = \sum_{i=1}^{N} \tilde{w}_k^{(i)} \boldsymbol{\chi}_k^{(i)} \tag{3-55}$$

和

$$\boldsymbol{P}_{k|k} = \sum_{i=1}^{N} \tilde{w}_k^{(i)} (\boldsymbol{\chi}_k^{(i)} - \hat{\boldsymbol{X}}_{k|k})(\boldsymbol{\chi}_k^{(i)} - \hat{\boldsymbol{X}}_{k|k})^{\mathrm{T}} \tag{3-56}$$

3.5 粒子滤波的改进

3.5.1 马尔可夫蒙特卡罗移动步骤

为了解决样本匮乏问题，希望能够在重采样过程之后增加粒子集的多样性，同时又不影响其近似后验密度的准确性。MCMC 移动便是实现该目标的一种有效方法，它通过引入马尔可夫转移核获得相关性更低、更趋于平稳分布的新粒子集，新粒子集仍然服从原后验密度。下面给出以转移密度为重要性密度、通过 M－H（Metropolis－Hasting）方法选择粒子的 MCMC 移动步骤具体算法。

对粒子集 $\boldsymbol{\chi}_k^{(i)}(i=1,2,\cdots,N)$ 中的每个粒子执行：

（1）从［0，1］均匀分布中抽取样本 v，即 $v \sim U_{[0,1]}$。

（2）根据重要性密度生成候选粒子 $\boldsymbol{\chi}_k^{*(i)}$，$\boldsymbol{\chi}_k^{*(i)} \sim p(\boldsymbol{\chi}_k | \boldsymbol{\chi}_{k-1}^{(i)})$。

（3）计算接受概率 α：

$$\alpha = \min\left\{1, \frac{p(\boldsymbol{Z}_k | \boldsymbol{\chi}_k^{*(i)})}{p(\boldsymbol{Z}_k | \boldsymbol{\chi}_k^{(i)})}\right\}$$

（4）判断移动。如果 $\alpha \geqslant v$，则接受移动，$\boldsymbol{\chi}_k^{(i)} = \boldsymbol{\chi}_k^{*(i)}$；如果 $\alpha < v$，则拒绝移动。

3.5.2 辅助变量粒子滤波

BPF 以转移密度作为重要性密度，在生成粒子时没有考虑当前时刻的量测，因此在似然函数较尖锐或出现量测野值（似然函数落在转移密度的尾部）时，会发生严重的权值退化问题。作为对 BPF 的改进，Pitt 等提出了辅助变量粒子滤波（Auxiliary Variable Particle Filtering，AVPF）。不同于 BPF，辅助变量粒子滤波颠倒了基本粒子滤波框架中重要性采样和重采样步骤的顺序。在 k 时刻，AVPF 先结合量测量 $\boldsymbol{Z}_k$ 修正 $k-1$ 时刻粒子集的权值并对其进行重采样，再根据转移密度对重采样得到的新粒子集进行重要性采样。下面给出 AVPF 的执行步骤。

（1）初始化。根据初始状态 $\boldsymbol{X}_0$ 的概率密度 $p(\boldsymbol{X}_0)$ 生成初始粒子集 $\boldsymbol{\chi}_0^{(i)}(i=1,2,\cdots,N)$，$\boldsymbol{\chi}_0^{(i)} \sim p(\boldsymbol{X}_0)$，$\tilde{w}_0^{(i)} = w_0^{(i)} = 1/N$。

对于 $k=1, 2, \cdots$，执行以下步骤。

（2）权值修正。对于 $k-1$ 时刻粒子集 $\boldsymbol{\chi}_{k-1}^{(i)}(i=1,2,\cdots,N)$ 中的每个粒子，计算 $\boldsymbol{\mu}_{k|k-1}^{(i)}$ 以及修正后的权值 $\hat{w}_{k-1}^{(i)} = \tilde{w}_{k-1}^{(i)} \cdot p(\boldsymbol{Z}_k|\boldsymbol{\mu}_{k|k-1}^{(i)})$，对 $\hat{w}_{k-1}^{(i)}$ 进行归一化得到 $\tilde{\hat{w}}_{k-1}^{(i)}$。其中，$\boldsymbol{\mu}_{k|k-1}^{(i)}$ 是在给定粒子 $\boldsymbol{\chi}_{k-1}^{(i)}$ 的条件下关于 $\boldsymbol{\chi}_k^{(i)}$ 的某种统计信息，可以是均值 $E(\boldsymbol{\chi}_k)_{p(\boldsymbol{\chi}_k|\boldsymbol{\chi}_{k-1}^{(i)})}$，也可以是某个样本，即 $\boldsymbol{\mu}_{k|k-1}^{(i)} \sim p(\boldsymbol{\chi}_k|\boldsymbol{\chi}_{k-1}^{(i)})$。

（3）重采样。根据 $\tilde{\hat{w}}_{k-1}^{(i)}$ 对粒子集 $\boldsymbol{\chi}_{k-1}^{(i)}(i=1,2,\cdots,N)$ 进行重采样，但只需返回父代粒子的序号 $i^j(j=1,2,\cdots,N)$。

（4）重要性采样。采样粒子 $\boldsymbol{\chi}_k^{(j)} \sim p(\boldsymbol{\chi}_k|\boldsymbol{\chi}_{k-1}^{(i^j)})$，权值计算公式为

$$w_k^{(j)} = \frac{p(\boldsymbol{Z}_k|\boldsymbol{\chi}_k^{(j)})}{p(\boldsymbol{Z}_k|\boldsymbol{\mu}_{k|k-1}^{(i^j)})} \tag{3-57}$$

对 $w_k^{(j)}$ 进行归一化，得到 $\tilde{w}_k^{(j)}$。

（5）滤波输出。系统当前状态的均值和方差分别为

$$\hat{\boldsymbol{X}}_{k|k} = \sum_{j=1}^{N} \tilde{w}_k^{(j)} \boldsymbol{\chi}_k^{(j)} \tag{3-58}$$

和

$$\boldsymbol{P}_{k|k} = \sum_{j=1}^{N} \tilde{w}_k^{(j)} (\boldsymbol{\chi}_k^{(j)} - \hat{\boldsymbol{X}}_{k|k})(\boldsymbol{\chi}_k^{(j)} - \hat{\boldsymbol{X}}_{k|k})^{\mathrm{T}} \tag{3-59}$$

辅助变量粒子滤波实际上是在平滑后验密度 $p(\boldsymbol{X}_{k-1}|\boldsymbol{Z}_k)$ 的基础上进行重要性采样，它根据量测 $\boldsymbol{Z}_k$ 优化了 k 时刻的粒子分布，弥补了 BPF 对量测野值敏感的缺陷，使权值更为均匀。如果激励噪声较大，AVPF 的精度会下降，这

是因为此时$\boldsymbol{\mu}_{k|k-1}^{(i)}$已不足以表征$p(\boldsymbol{\chi}_k|\boldsymbol{\chi}_{k-1}^{(i)})$。当似然函数较为尖锐或位于转移密度尾部时，AVPF 能够取得比 BPF 更高的精度；然而当转移密度与后验密度基本相同时，BPF 具有更高的精度。此外，AVPF 对每个粒子进行了额外的权值修正，这使其计算量比 BPF 更大一些。

3.5.3 高斯粒子滤波和无迹高斯粒子滤波

重采样步骤在解决权值退化的同时又引入了样本匮乏的问题，如果能够不使粒子集随时间传播，那么便可免去重采样步骤。这不仅从根本上避免了样本匮乏，同时也有利于算法的并行实现。高斯粒子滤波（GPF）正是在这样的思想基础上产生的，它类似于高斯滤波器，假设$p(\boldsymbol{X}_k|\boldsymbol{Z}_{1:k})$和$p(\boldsymbol{X}_k|\boldsymbol{Z}_{1:k-1})$为高斯分布，因此只需要对状态的均值和方差进行递推，无须重采样步骤。只要高斯近似有效，GPF 仍然是渐进最优的。下面给出 GPF 的具体步骤。

（1）初始化。给定初始状态的均值$\hat{\boldsymbol{X}}_0$和方差$\boldsymbol{P}_0$。

对于$k=1$，2，…，执行以下步骤。

（2）计算状态的一步预测信息。根据$k-1$时刻的状态均值和方差，从$N(\hat{\boldsymbol{X}}_{k-1|k-1},\boldsymbol{P}_{k-1|k-1})$中采样，生成粒子集$\boldsymbol{\chi}_{k-1}^{(i)}(i=1,2,\cdots,N)$。对$\boldsymbol{\chi}_{k-1}^{(i)}$进行时间更新，得到$\boldsymbol{\chi}_{k|k-1}^{(i)}$，则状态的一步预测均值和方差分别为

$$\hat{\boldsymbol{X}}_{k|k-1}=\frac{1}{N}\sum_{i=1}^{N}\boldsymbol{\chi}_{k|k-1}^{(i)} \tag{3-60}$$

$$\boldsymbol{P}_{k|k-1}=\frac{1}{N}\sum_{i=1}^{N}(\boldsymbol{\chi}_{k|k-1}^{(i)}-\hat{\boldsymbol{X}}_{k|k-1})(\boldsymbol{\chi}_{k|k-1}^{(i)}-\hat{\boldsymbol{X}}_{k|k-1})^{\mathrm{T}} \tag{3-61}$$

（3）重要性采样。根据重要性密度$q(\boldsymbol{\chi}_k|\boldsymbol{Z}_{1:k})$生成粒子集$\boldsymbol{\chi}_k^{(i)}(i=1,2,\cdots,N)$，权值计算公式为

$$w_k^{(i)}=\frac{p(\boldsymbol{Z}_k|\boldsymbol{\chi}_k^{(i)})N(\boldsymbol{\chi}_k^{(i)};\hat{\boldsymbol{X}}_{k|k-1},\boldsymbol{P}_{k|k-1})}{q(\boldsymbol{\chi}_k^{(i)}|\boldsymbol{Z}_{1:k})} \tag{3-62}$$

进行归一化，得到$\tilde{w}_k^{(i)}$。

（4）滤波输出。当前时刻状态的均值和方差为

$$\hat{\boldsymbol{X}}_{k|k}=\sum_{i=1}^{N}\tilde{w}_k^{(i)}\boldsymbol{\chi}_k^{(i)} \tag{3-63}$$

$$\boldsymbol{P}_{k|k}=\sum_{i=1}^{N}\tilde{w}_k^{(i)}(\boldsymbol{\chi}_k^{(i)}-\hat{\boldsymbol{X}}_{k|k})(\boldsymbol{\chi}_k^{(i)}-\hat{\boldsymbol{X}}_{k|k})^{\mathrm{T}} \tag{3-64}$$

显然，在使用高斯粒子滤波时也需要选定具体的重要性密度。一种简单的方法是将$N(\hat{\boldsymbol{X}}_{k|k-1},\boldsymbol{P}_{k|k-1})$作为重要性密度，此时式（3-62）简化为$w_k^{(i)}=p(\boldsymbol{Z}_k|\boldsymbol{\chi}_k^{(i)})$，但这种重要性密度没有结合当前量测值。另一种思路是，根据

$k-1$ 时刻的 $\hat{\boldsymbol{X}}_{k-1}$、$\boldsymbol{P}_{k-1}$ 及 k 时刻的量测 $\boldsymbol{Z}_k$，利用 UKF 计算得到 $N(\hat{\boldsymbol{X}}_{k|k}^{(\mathrm{UKF})}, \boldsymbol{P}_{k|k}^{(\mathrm{UKF})})$，将其作为 k 时刻的重要性密度，这便是无迹高斯粒子滤波（Untracked Gaussian Particle Filtering，UGPF）。UGPF 与 AVPF 相似，在重要性采样时结合了当前的量测值，有利于粒子移向高似然区域。此外，还有利用扩展卡尔曼滤波产生重要性密度的 EKGPF（Extended Kalman Gaussian Particle Filtering）、利用中心差分滤波产生重要性密度的 CDGPF（Central Differential Gussian Particle Filtering）和利用高斯－厄米特滤波产生重要性密度的 GHGPF（Gussian－Hermite Gussian Particle Filtering）等。

3.5.4 滤波性能对比分析

假定某系统的状态方程和量测方程分别为

$$x_k = 0.5x_{k-1} + 25\frac{x_{k-1}}{1+x_{k-1}^2} + 8\cos[1.2(k-1)] + w_{k-1}$$

$$z_k = \frac{x_k^2}{20} + v_k$$

现根据该一维非线性算例比较并分析粒子滤波与高斯滤波的性能。假设零均值高斯白噪声 w_k 和 v_k 的方差分别为 10 和 1，初始状态真值为 0.1，滤波初值为 0.1，初始方差为 10。各粒子滤波的粒子数均取为 $N=100$，其中 BPF 含有 MCMC 步骤。由于粒子滤波存在着随机性，因此共进行 $N_{\mathrm{MC}}=50$ 次蒙特卡罗仿真，以获取各算法的统计信息。

仿真完毕后，使用均方根误差（Root Mean Square Error，RMSE）来量各滤波算法的精度。状态 x_k 处 RMSE 的计算公式为

$$\mathrm{RMSE}(x_k) = \left[\frac{1}{N_{\mathrm{MC}}}\sum_{i=1}^{N_{\mathrm{MC}}}(\hat{x}_k^{(i)} - x_k)^2\right]^{\frac{1}{2}} \tag{3-65}$$

式中：x_k 为状态真值；$\hat{x}_k^{(i)}$ 为滤波算法在第 i 次仿真中对该状态的估计值。

为了定量描述滤波算法在总体上的精度，定义平均 RMSE（Time－averaged Root Mean Square Error，TARMSE）为

$$\mathrm{TARMSE} = \left[\frac{1}{N_T N_{\mathrm{MC}}}\sum_{k=1}^{N_T}\sum_{i=1}^{N_{\mathrm{MC}}}(\hat{x}_k^{(i)} - x_k)^2\right]^{\frac{1}{2}} \tag{3-66}$$

式中：N_T 为一次蒙特卡罗仿真的步数。

为了衡量各算法的计算成本，定义平均运算时间为

$$t_{\mathrm{mean}} = \frac{1}{N_T N_{\mathrm{MC}}}\sum_{k=1}^{N_T}\sum_{i=1}^{N_{\mathrm{MC}}} t_k^{(i)} \tag{3-67}$$

式中：$t_k^{(i)}$ 为第 i 次蒙特卡罗仿真中在第 k 步的运算时长。

为了方便比较，再定义相对平均运算时间为各滤波算法与 UKF 的平均运算时间之比。

通过仿真，得到图 3－6 所示的 RMSE 曲线及表 3－1 给出的统计数据。由表 3－1 可知，在估计精度上，BPF 和 AVPF 优于 UKF，而 GPF 和 UGPF 反而不如 UKF。这是由于在给定的量测模型下，具有双峰特性的后验密度与高斯分布相差很大，故基于高斯假设的 UKF、GPF 和 UGPF 的估计精度较低。BPF 和 AVPF 没有类似的假设，在理论上能够逼近任意形式的后验密度，所以估计精度较高。此外，由于激励噪声较大，AVPF 相对于 BPF 的优势不明显。在时间成本上，粒子滤波的运算时间远大于 UKF，仅 100 个粒子便使得粒子滤波的计算量超出 UKF 近 30 倍。

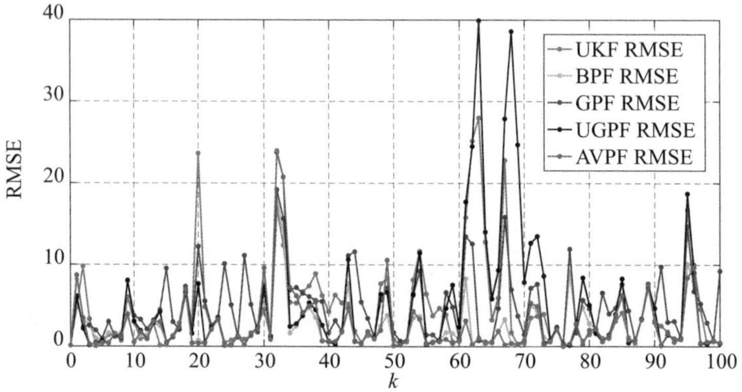

图 3－6　一维算例中各算法的 RMSE 曲线（见彩插）

表 3－1　一维算例中各算法的统计数据

算法名称	UKF	BPF	AVPF	GPF	UGPF
TARMSE	4.47	2.52	2.52	4.94	5.31
相对平均运行时间	1	28.29	29.16	28.97	35.55

取粒子数 $N = 10\ 000$，根据 BPF 绘制前 10 步滤波的粒子分布，如图 3－7 所示，图中竖轴代表某个区间段内的粒子数 $n(x)$ 与总粒子数 N 之比。取出第二个时刻的粒子分布，如图 3－8 所示。经过核平滑函数的拟合和归一化，可得到 $k = 2$ 时刻的后验概率密度近似曲线，即图中的粗实线。从图 3－7 和图 3－8 中可以很明显地观察到后验密度的双峰特性，这体现了粒子滤波逼近后验密度的能力，也验证了前面的分析。为了便于可视化，图 3－7 和图 3－8 中取了不同的组宽度。

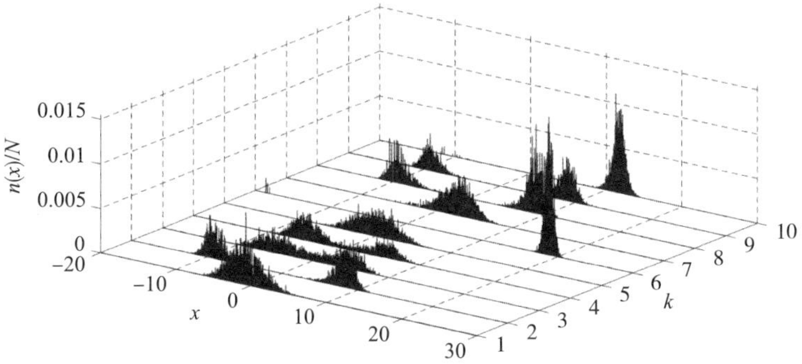

图 3－7　一维算例中前 10 步滤波的粒子分布

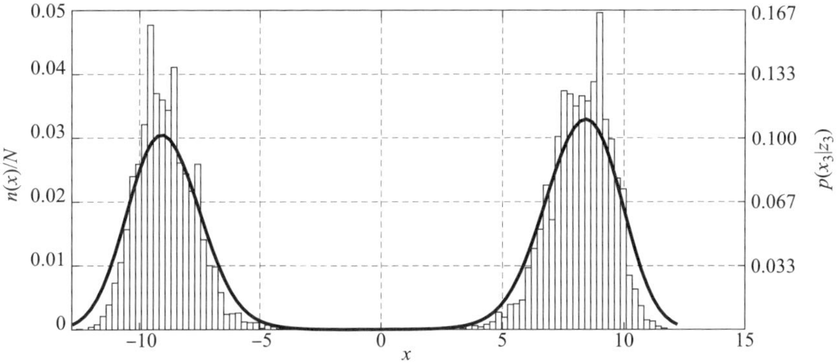

图 3－8　一维算例中 $k=2$ 时刻的粒子分布及后验密度曲线

若将算例中的量测方程修改为

$$z_k = \frac{x_k^3}{200} + v_k \tag{3-68}$$

在相同的条件下再次进行仿真试验，可得到如图 3－9 所示的 RMSE 曲线。为了体现各算法 RMSE 曲线的特点，将纵坐标截取在区间［0，20］内。各曲线的统计信息如表 3－2 所示。

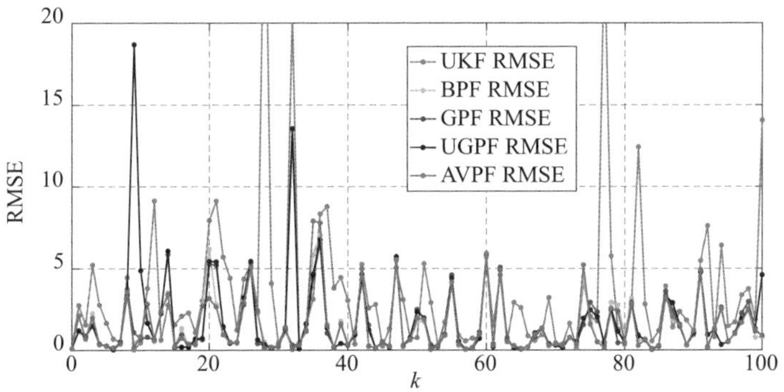

图 3－9　一维算例中各滤波算法的 RMSE 曲线（修改量测模型后）（见彩插）

表 3－2　一维算例中各滤波算法的统计信息（修改量测模型后）

算法名称	UKF	BPF	AVPF	GPF	UGPF
TARMSE	3.58	1.48	1.47	1.45	1.82
相对平均运行时间	1	30.45	31.56	30.96	38.30

式（3－68）中的量测方程虽然仍属于非线性模型，却使状态的后验密度由双峰变为了单峰。显然，在修改量测模型后，GPF 和 UGPF 的精度得到大幅度的提高，这是因为用高斯分布近似单峰分布比近似双峰分布更为有效。根据 BPF 作出前 10 步滤波中的粒子分布如图 3－10 所示，以验证后验密度的单峰特性。

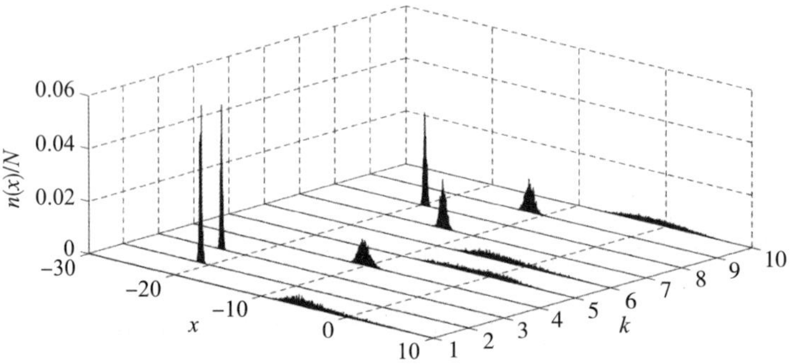

图 3－10　一维算例中前 10 步滤波的粒子分布（修改量测模型后）

3.6　空间相对导航算例仿真

导航滤波器由状态方程、量测方程和滤波算法三部分组成，导航滤波器的设计过程也正是选择这三者的过程。现在结合航天器相对轨道动力学模型以及雷达量测模型，对本章介绍的滤波算法从稳定性、精度及计算成本上进行对比与分析。现假定有一主一从两个航天器进行相对运动。相对轨道动力学模型选取为 C－W 方程，将两个航天器之间的相对位置和相对速度作为待估状态，摄动力和模型误差可视为激励噪声。在主航天器的轨道坐标系下，将 C－W 方程写为状态空间的形式。选取安装在主飞行器上的雷达作为测量敏感器，则经过离散化的量测方程可写为

$$Z_k=\begin{bmatrix}\sqrt{x_k^2+y_k^2+z_k^2}+v_{\rho,k}\\ \arcsin(-z_k/\sqrt{x_k^2+y_k^2+z_k^2})+v_{\alpha,k}\\ \arctan(y_k/x_k)+v_{\beta,k}\\ (x_k\dot{x}_k+y_k\dot{y}_k+z_k\dot{z}_k)/\sqrt{x_k^2+y_k^2+z_k^2}+v_{\dot{\rho},k}\end{bmatrix} \tag{3-69}$$

结合相对轨道动力学方程和雷达量测方程，选取具体的滤波算法，便可构成相对导航滤波器，对包含相对位置和相对速度的状态变量 $\boldsymbol{X}_k$ 进行估计。

3.6.1 高斯噪声算例仿真与分析

现假设雷达量测噪声服从高斯分布。仿真所使用的初值及噪声方差等条件如表 3－3 所示，其中激励噪声方差的大小是根据摄动力及控制力的不确定性选取的，量测噪声方差的大小则根据现阶段的雷达精度选取。

表 3－3 仿真条件

参数名称	参数值
目标飞行器轨道半径 a	7 200 km
状态初值 $\boldsymbol{X}_0$	$[-5\,000\ \text{m}, 1\,000\ \text{m}, 5\,000\ \text{m}, 10.355\ \text{m/s}, -30\ \text{m/s}, 10\ \text{m/s}]^{\text{T}}$
控制作用 $\boldsymbol{U}_k$	$[0.1\ \text{m/s}^2, 0.1\ \text{m/s}^2, 0.1\ \text{m/s}^2]^{\text{T}}$
激励噪声方差 $\boldsymbol{Q}$	$\text{diag}[(0.01\ \text{m/s}^2)^2, (0.01\ \text{m/s}^2)^2, (0.01\ \text{m/s}^2)^2]$
量测噪声方差 $\boldsymbol{R}$	$\text{diag}[(0.2\text{m})^2, (0.024°)^2, (0.024°)^2, (0.02\ \text{m/s})^2]$
滤波初值 $\hat{\boldsymbol{X}}_0$	$[-4\,990\ \text{m}, 1\,010\ \text{m}, 5\,010\ \text{m}, 10.455\ \text{m/s}, -29.9\ \text{m/s}, 10.1\ \text{m/s}]^{\text{T}}$
初始方差 $\boldsymbol{P}_0$	$\text{diag}[(10\ \text{m})^2, (10\ \text{m})^2, (10\ \text{m})^2, (0.1\ \text{m/s})^2, (0.1\ \text{m/s})^2, (0.1\ \text{m/s})^2]$

假设初始状态服从以 $\hat{\boldsymbol{X}}_0$ 为均值、以 $\boldsymbol{P}_0$ 为方差的高斯分布。取粒子数 $N=3\,000$，滤波步数 $N_T=300$，相对轨道动力学模型离散化的时间间隔为 $T=1$ s，仿真实验得到图 3－11 所示的 RMSE 曲线。其中 BPF 算法含有MCMC 步骤，位置和速度 RMSE 的单位分别为 m 和 m/s。由图 3－11 可知，UKF 的收敛结果与各粒子滤波一致，这说明航天器相对导航模型的非线性和非高斯特性并不强，4 种粒子滤波与 UKF 均能较好地收敛到最优解附近。

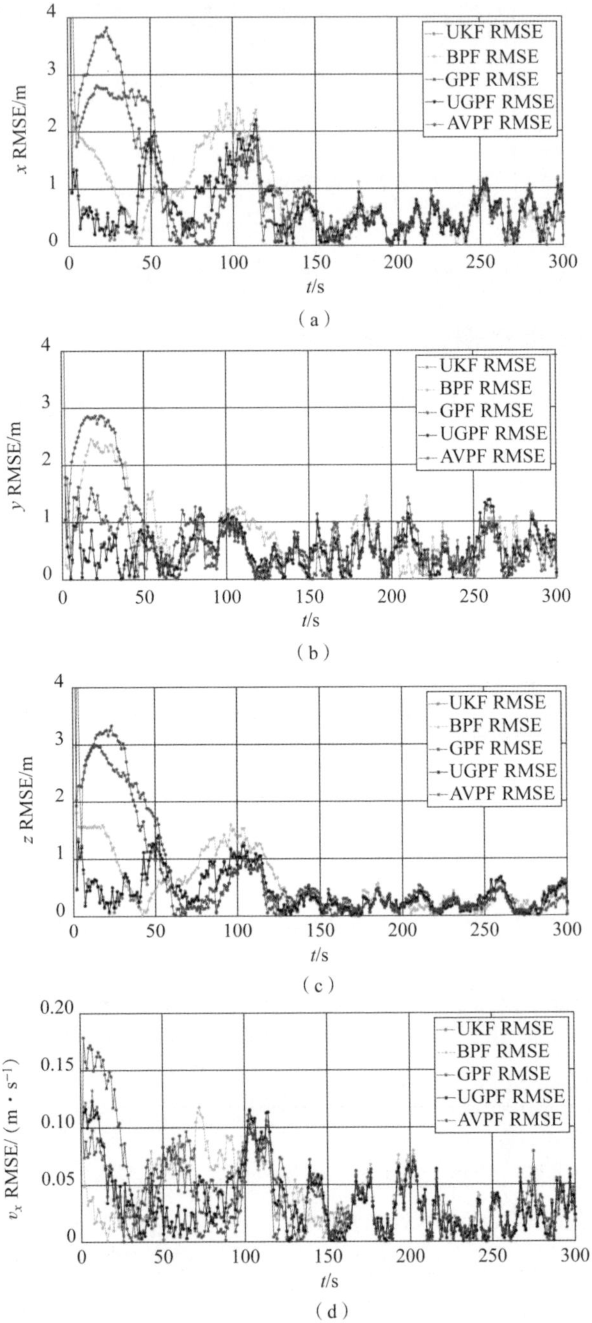

图 3－11 高斯量测噪声下的 RMSE 曲线（见彩插）

（a）x 轴位置的 RMSE 曲线；（b）y 轴位置的 RMSE 曲线；

（c）z 轴位置的 RMSE 曲线；（d）x 轴速度的 RMSE 曲线

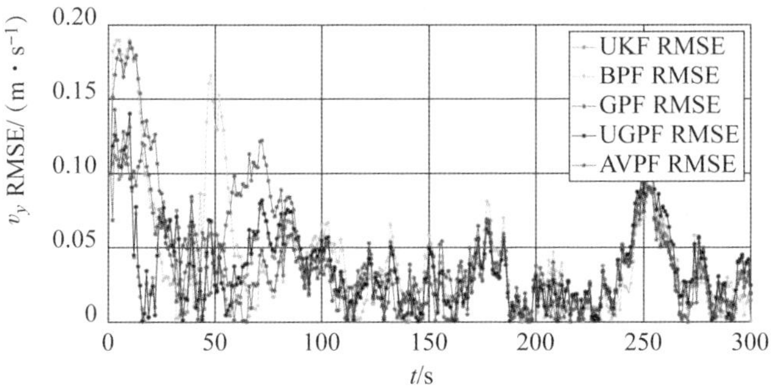

（e）

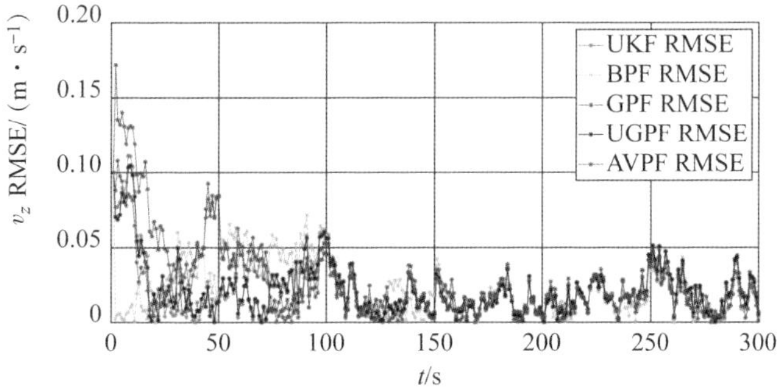

（f）

图 3 - 11　高斯量测噪声下的 RMSE 曲线（续）（见彩插）

（e）y 轴速度的 RMSE 曲线；（f）z 轴速度的 RMSE 曲线

尽管各滤波算法在收敛后有着相似的精度，但它们的收敛过程却是不同的：由图 3 - 11（a）、（b）、（c）可以明显发现，UKF 和 UGPF 有着最快的收敛速度，而 BPF、AVPF 和 GPF 的收敛速度却较慢。

现对上述现象的原因进行分析。在滤波的初始时刻，由于初始方差阵较大，因此先验密度比较宽阔，生成的粒子集较为分散。对于这些粒子而言，只有落在状态真值附近的才能够具有较大的似然比，从而获得较大的权重。然而在本例中，滤波初值与真实状态初值存在着一定的偏差，初始方差阵也较大，这使得初始的粒子集里只有极少数粒子落在状态真值附近。粒子集的权值方差较大，便出现了权值退化问题。滤波初始时刻的权值退化示意图如图 3 - 12 所示。

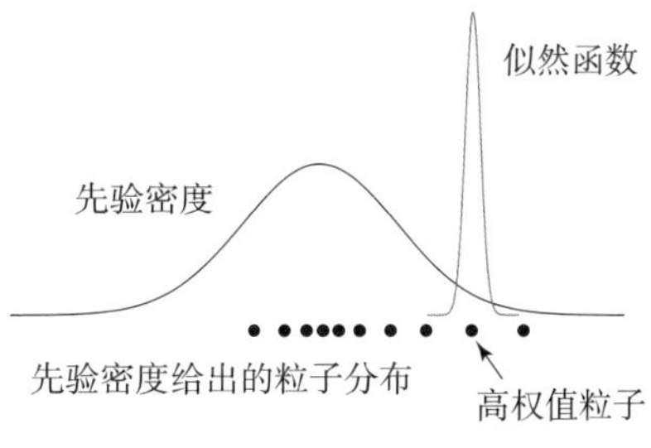

图 3 - 12　滤波初始时刻的权值退化示意图

显然，仅靠个别高权值粒子无法有效表征后验密度。BPF 和 AVPF 在重采样之后还会出现样本匮乏的问题，由于激励噪声的方差较小，只有经过若干次迭代才能够缓慢地收敛到最优解附近。粒子滤波稳定性的证明基于粒子数趋于无穷大的假设，但在实际应用中粒子数必然是有限的，滤波稳定性取决于初值条件及噪声大小。

通过仿真实验可以验证，在粒子数有限时，若减小滤波初值相对于状态真值的偏差，则 BPF、AVPF 和 GPF 的收敛会加快；若增大初始偏差，则 BPF、AVPF 和 GPF 的收敛会减慢，甚至导致滤波发散。UKF 作为确定性采样滤波器，其稳定性与初值无关，这建立在严格的数学证明的基础上。UGPF 利用 UKF 生成重要性密度，能够不受初始偏差的影响，使粒子集在 UKF 的指导下向高似然比区域移动，避免了权值退化的问题，滤波稳定性较好。

使滤波初值的偏差增大 1 倍，同时将初始方差阵设置为原来的 4 倍，进行仿真实验，得到如图 3－13 所示的 x 轴位置 RMSE 曲线。由图可以发现，GPF 收敛减慢，在第 80 s 左右才真正收敛，BPF 在第 100 s 时仍未收敛，AVPF 则呈现出发散的趋势。然而，UKF 和 UGPF 在增大初值偏差和初始方差后却仍然具有较快的收敛速度（图中 UKF 和 UGPF 的 RMSE 曲线几乎重合）。

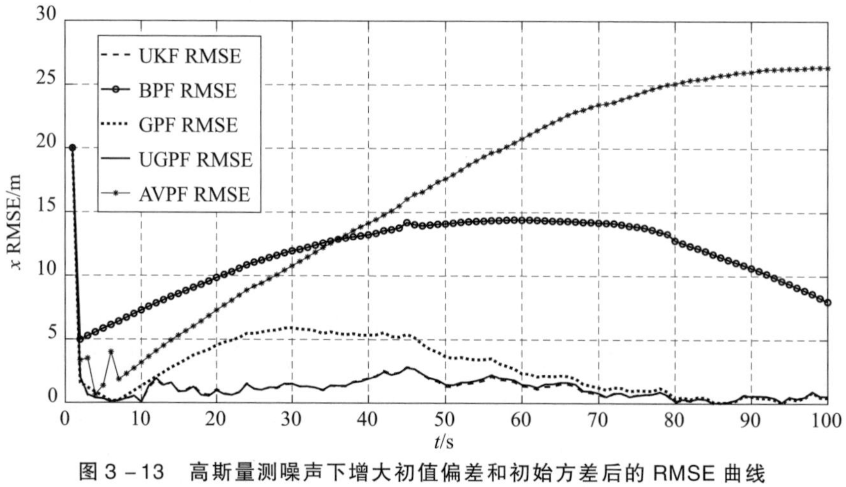

图 3－13　高斯量测噪声下增大初值偏差和初始方差后的 RMSE 曲线

滤波器的稳定性是其能够正常工作的前提，若滤波器不稳定，滤波精度也就无从谈起。在实际情况下，真实的状态初值往往无法准确得知。由于初值的不确定性，初始方差通常也选取得较大。对于 BPF、AVPF 和 GPF 而言，理论上增加足够多的粒子能够改善收敛慢的问题。但是，考虑到计算成本，这并非一种理想的方法。若在前几步使用 UKF 进行滤波，在状态估计值和方差略加收敛之后再使用 BPF、AVPF 和 GPF，则有望避免图 3－11 所示的收敛过慢的问题，这种做法称为“使用 UKF 引导”。初值和噪声条件仍按照表 3－3 选取，BPF、AVPF 和 GPF 的前三步使用 UKF 引导，蒙特卡罗仿真次数为 $N_{MC}=20$，得到如图 3－14 所示的 RMSE 曲线。

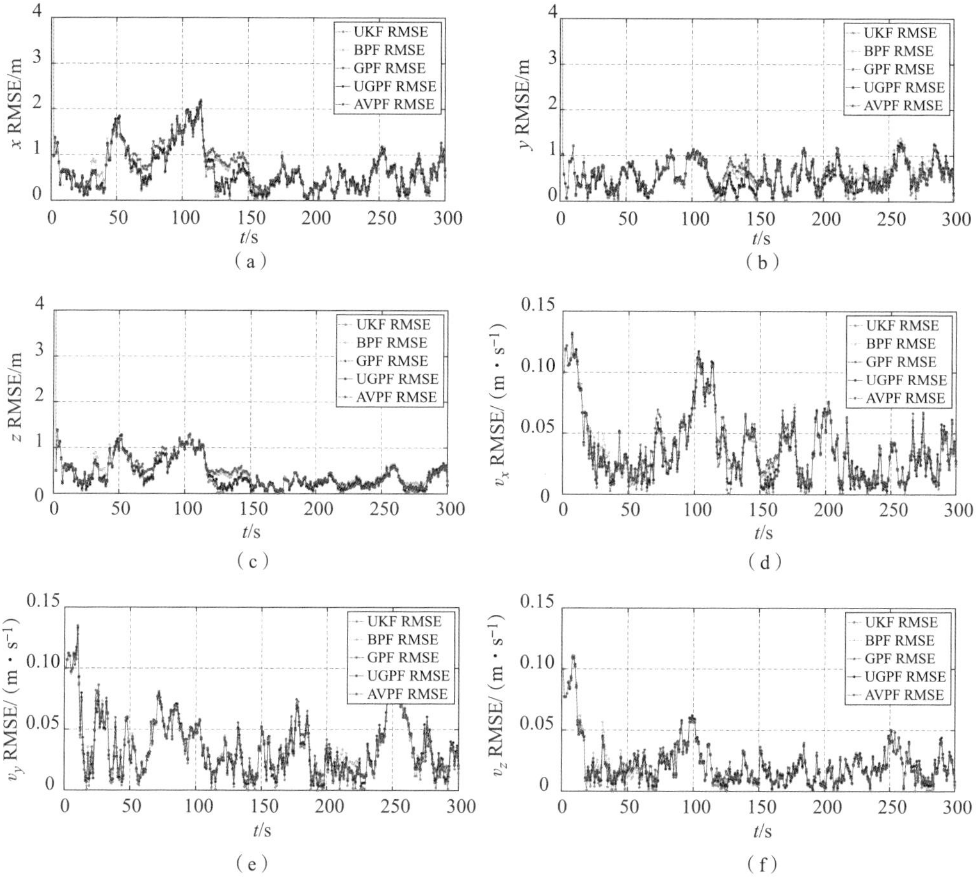

图 3－14　高斯量测噪声下的 RMSE 曲线（BPF、AVPF 和 GPF 经过 UKF 引导）（见彩插）

（a）x 轴位置的 RMSE 曲线；（b）y 轴位置的 RMSE 曲线；
（c）z 轴位置的 RMSE 曲线；（d）x 轴速度的 RMSE 曲线；
（e）y 轴速度的 RMSE 曲线；（f）z 轴速度的 RMSE 曲线

观察图 3－14 可发现，在前三步由 UKF 引导后，BPF、AVPF 和 GPF 收敛加快。为方便定量比较各滤波算法的精度，定义位置 TARMSE 可以表示为

$$\mathrm{TARMSE}_p=\sqrt{\mathrm{TARMSE}_x^2+\mathrm{TARMSE}_y^2+\mathrm{TARMSE}_z^2}$$

速度 TARMSE 可以表示为

$$\mathrm{TARMSE}_v=\sqrt{\mathrm{TARMSE}_{v_x}^2+\mathrm{TARMSE}_{v_y}^2+\mathrm{TARMSE}_{v_z}^2}$$

则可得到图 3－14 中 RMSE 曲线的统计数据，如表 3－4 所示。

表 3-4　高斯量测噪声下各滤波算法的统计信息

算法名称	UKF	BPF	AVPF	GPF	UGPF
位置 TARMSE/m	0.96	1.10	1.11	1.01	1.01
速度 TARMSE/($m \cdot s^{-1}$)	0.054	0.059	0.059	0.056	0.056
相对平均运行时间/s	1	312.51	365.26	180.50	244.93

由表 3-4 可知，由于相对导航模型的非线性、非高斯特性较弱，UKF 已经十分接近最优解，粒子滤波在精度上很难再比 UKF 有提高。限于粒子数，4 种粒子滤波的精度反而不如 UKF。GPF 和 UGPF 的高斯假设有效，由于彻底免去了重采样步骤及其带来的样本匮乏问题，因此与 BPF 和 AVPF 相比，GPF 和 UGPF 有着更高的精度和更低的计算量。UGPF 在每步滤波中均需要调用一次 UKF，并且权值计算较为复杂，故计算成本高于 GPF。

3.6.2　gamma 噪声算例仿真与分析

现考察在服从伽马（gamma）分布的量测噪声作用下各滤波器的性能。初值条件和激励噪声同表 3-3，假设量测噪声满足

$$\begin{cases} v_{\rho,k} \sim \Gamma(2, 0.2\ \mathrm{m}) \\ v_{\alpha,k} \sim \Gamma(2, 0.024^\circ) \\ v_{\beta,k} \sim \Gamma(2, 0.024^\circ) \\ v_{\dot{\rho},k} \sim \Gamma(2, 0.02\ \mathrm{m/s}) \end{cases}$$

取粒子数 $N=3\ 000$，蒙特卡罗仿真次数 $N_{MC}=20$，BPF、AVPF 和 GPF 的前三步由 UKF 引导，得到如图 3-15 所示的 RMSE 曲线，其统计信息如表 3-5 所示。

gamma 噪声的均值不为 0，使得 UKF 产生了较大的估计误差。粒子滤波直接对后验密度进行逼近，理论上对噪声类型不敏感，因此在精度上未受到太大影响。由于 gamma 概率密度函数的计算较为复杂，各粒子滤波的计算成本均大幅度上升。尽管 UKF 估计误差较大，UGPF 仍然在 4 种粒子滤波中以较低的计算量取得了最高的精度。若保持量测噪声的方差不变而将均值增大 1 倍，以图 3-16 所示的 x 轴位置 RMSE 曲线为例，可以明显地发现 UGPF 的精度降低到 GPF 以下。这是因为随着量测噪声均值的增大，UKF 的误差进一步加大，对 UGPF 的粒子分布起到了误导的作用。

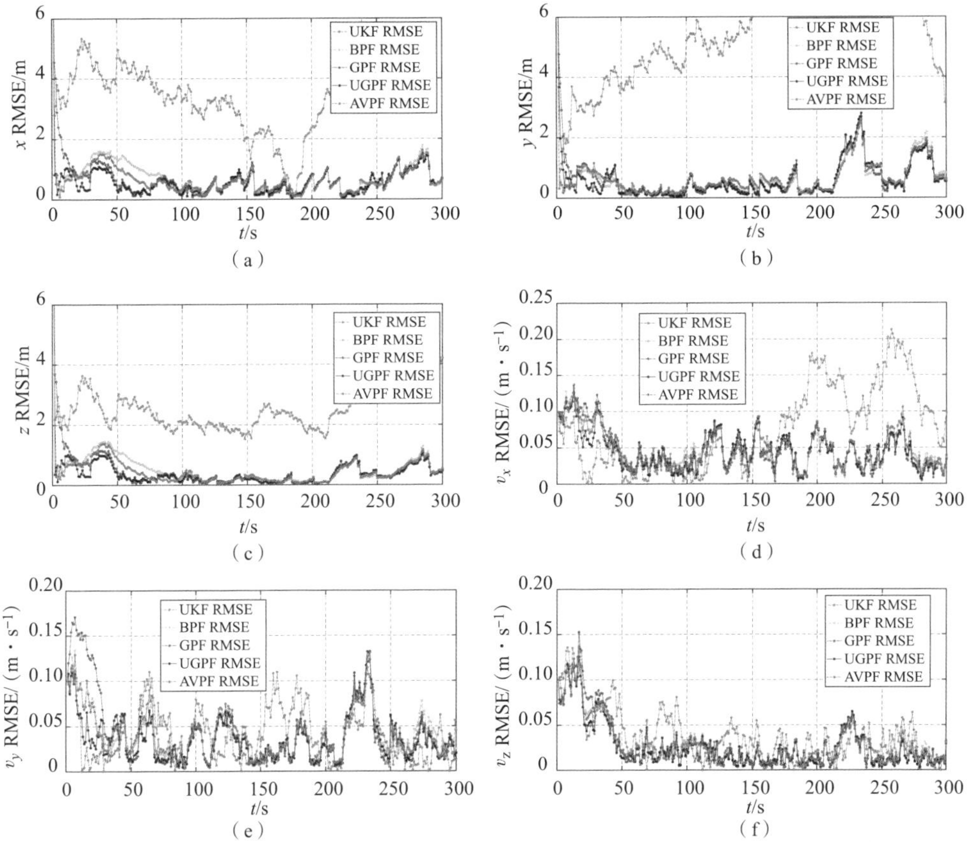

图 3-15　gamma 量测噪声下的 RMSE 曲线（见彩插）

（a）x 轴位置的 RMSE 曲线；（b）y 轴位置的 RMSE 曲线；
（c）z 轴位置的 RMSE 曲线；（d）x 轴速度的 RMSE 曲线；
（e）y 轴速度的 RMSE 曲线；（f）z 轴速度的 RMSE 曲线

表 3-5　gamma 量测噪声下各滤波算法的统计信息

算法名称	UKF	BPF	AVPF	GPF	UGPF
位置 TARMSE/m	8.02	1.10	1.05	1.04	0.93
速度 TARMSE/(m · s^{-1})	0.094	0.069	0.068	0.069	0.064
相对平均运行时间/s	1	1 043.02	1 339.39	505.50	609.38

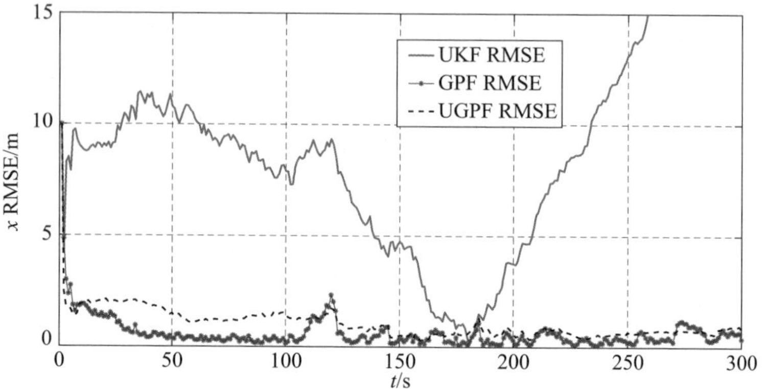

图 3－16　加大 gamma 噪声均值后的 RMSE 曲线

考虑到 gamma 噪声的有偏性，实际上 UKF 的误差中有相当一部分是由量测噪声的偏差引起的。若对 UKF 进行偏差补偿，即在量测一步预测值的基础上叠加噪声均值，则有望减小 UKF 的误差，从而提高 UGPF 的精度。在前面将量测噪声均值增大 1 倍的基础上，对 UKF 进行偏差补偿，经过仿真得到图 3－17 所示的 x 轴位置 RMSE 曲线。与图 3－16 相比，UKF 的 RMSE 大幅度降低，UGPF 的精度也相应得到了提高，其 TARMSE 小于 GPF。

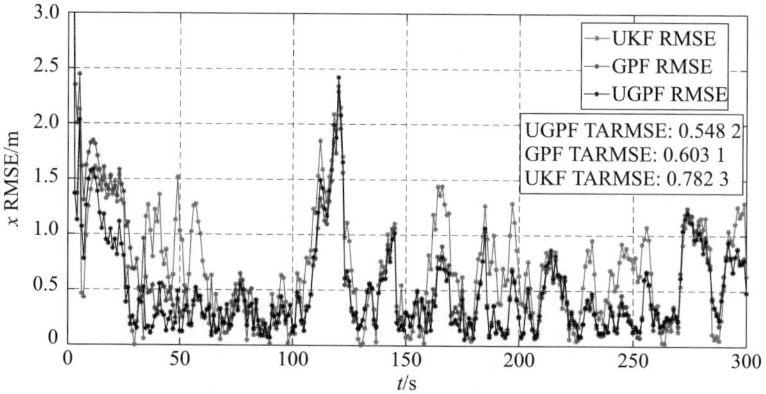

图 3－17　经过对 UKF 进行偏差补偿的 RMSE 曲线（见彩插）

3.6.3　闪烁噪声算例仿真与分析

闪烁噪声广泛地存在于雷达测量中。在复杂目标进行运动时，各个部位产生的回波在幅值和相位上发生起伏，引起回波波前畸变，由此产生的一类噪声称为闪烁噪声。闪烁噪声具有厚尾特性，其导致的问题在于量测野值的频繁出现。在建模时，可将闪烁噪声视为小方差高斯分布和大方差高斯分布的叠加，即

$$f(v_k) = (1-\varepsilon)f_g(v_k) + \varepsilon f_t(v_k) \tag{3-70}$$

式中：$f(v_k)$ 为闪烁噪声的概率密度；$f_g(v_k)$ 为小方差高斯分布的概率密度；$f_t(v_k)$ 为大方差高斯分布的概率密度；ε 为闪烁的强度。

若式（3-70）等号右侧的两个高斯分布均值为 0，则闪烁噪声的方差 $\mathrm{var}(v_k)$ 可计算如下：

$$\mathrm{var}(v_k) = (1-\varepsilon)\mathrm{var}_g(v_k) + \varepsilon \mathrm{var}_t(v_k)$$

式中：$\mathrm{var}_g(v_k)$ 和 $\mathrm{var}_t(v_k)$ 分别为两个高斯分布的方差。

假设 $f_g(v_k)$ 和 $f_t(v_k)$ 的均值为 0，方差分别为 1 和 50，$\varepsilon = 0.2$，与 $f(v_k)$ 等均值、等方差的高斯分布记为 $f'(v_k)$。根据 $f(v_k)$ 和 $f'(v_k)$ 产生两组随机数，如图 3-18 所示，由图中可以明显观察到闪烁噪声的野值。

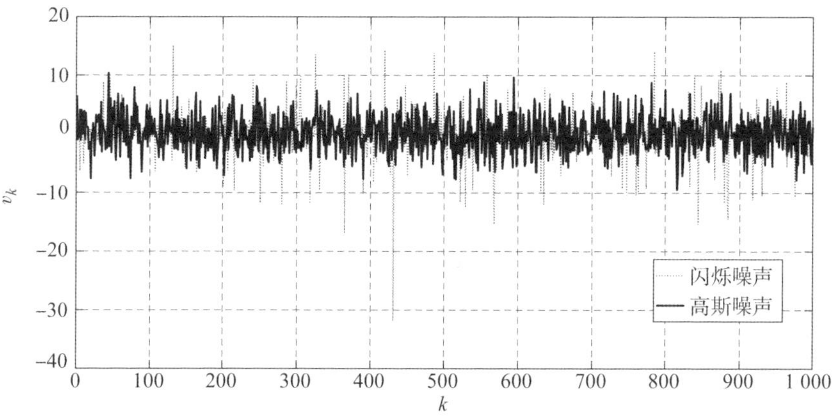

图 3-18　闪烁噪声和高斯噪声

UKF 属于高斯滤波器，在处理闪烁噪声时必然会产生较大的误差。量测野值会使似然函数落在转移密度的尾部，BPF 和 GPF 由于利用转移密度生成重要性密度，未考虑当前量测值。因此，在理论上会对量测野值敏感，发生权值退化，该问题同样可由图 3-12 来说明。AVPF 和 UGPF 结合当前量测值生成重要性密度，有望优化粒子分布，克服 BPF 和 GPF 对量测野值敏感的缺陷。假设相对测量雷达的闪烁噪声服从如下厚尾分布：

$$\begin{cases} v_{\rho,k} \sim (1-\varepsilon)N[0,(0.2\ \mathrm{m})^2] + \varepsilon N[0,(10\times 0.2\ \mathrm{m})^2] \\ v_{\alpha,k} \sim (1-\varepsilon)N[0,(0.024^\circ)^2] + \varepsilon N[0,(10\times 0.024^\circ)^2] \\ v_{\beta,k} \sim (1-\varepsilon)N[0,(0.024^\circ)^2] + \varepsilon N[0,(10\times 0.024^\circ)^2] \\ v_{\dot{\rho},k} \sim (1-\varepsilon)N[0,(0.02\ \mathrm{m/s})^2] + \varepsilon N[0,(10\times 0.02\ \mathrm{m/s})^2] \end{cases}$$

式中：$\varepsilon = 0.2$。取粒子数 $N = 3\ 000$，蒙特卡罗仿真实验次数 $N_{\mathrm{MC}} = 20$。

由于 UKF 精度较差，BPF、AVPF 和 GPF 改为前 10 步由 UGPF 引导。仿真实验得到图 3－19 所示的 RMSE 曲线，各滤波算法的统计信息如表 3－6 所示。

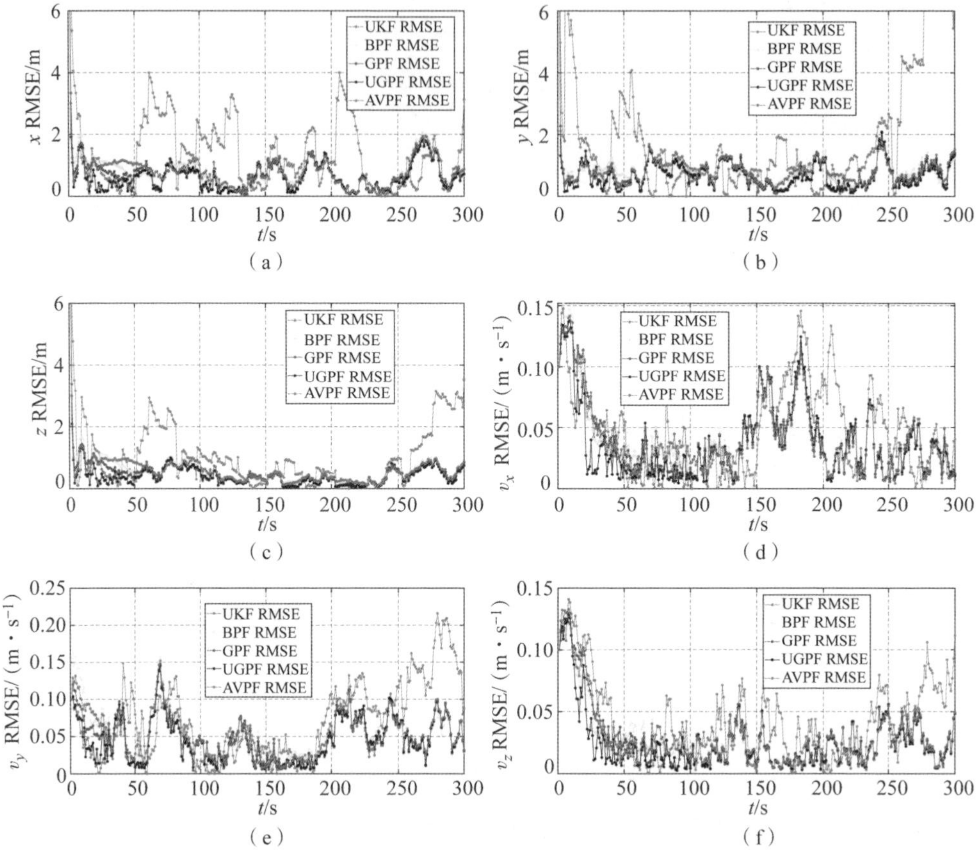

图 3－19　闪烁量测噪声下的 RMSE 曲线（见彩插）

（a）x 轴位置的 RMSE 曲线；（b）y 轴位置的 RMSE 曲线；
（c）z 轴位置的 RMSE 曲线；（d）x 轴速度的 RMSE 曲线；
（e）y 轴速度的 RMSE 曲线；（f）z 轴速度的 RMSE 曲线

表 3－6　闪烁量测噪声下各滤波算法的统计信息

算法名称	UKF	BPF	AVPF	GPF	UGPF
位置 TARMSE/m	3.95	1.38	1.40	1.24	1.20
速度 TARMSE/(m·s^{-1})	0.098	0.073	0.073	0.070	0.068
相对平均运行时间/s	1	520.87	632.12	299.38	382.53

在闪烁噪声的作用下，4种粒子滤波就精度而言依旧能够较大程度地优于UKF。然而与BPF相比，AVPF在精度上的优势不明显，这似乎与前面的理论分析相悖。实际上，航天器相对运动具有低激励噪声的特点，本例中激励噪声的方差比量测噪声小一个数量级，这意味着图3-16中的先验密度比似然函数更为尖锐。在这种情况下，先验密度已经十分接近后验密度，即便出现量测野值，根据转移密度（也就是先验密度）生成粒子集的BPF和GPF也不容易出现严重的权值退化。基于以上原因，AVPF相对于BPF的精度优势未能体现出来，UGPF在精度上也只是小幅度地优于GPF。

闪烁噪声的概率密度是单峰的，GPF和UGPF的高斯近似仍然有效，这是两者精度比BPF、AVPF更高的前提条件。其中UGPF在GPF的基础上优化了粒子的分布，因此取得了比GPF稍高的精度，在计算成本上也小于BPF和AVPF。

现在通过 ε 的取值改变量测噪声的闪烁强度。ε 分别取0.05、0.1和0.2，在同样的初值和噪声条件下进行蒙特卡罗仿真，得到的统计信息如表3-7所示。根据表3-7，可绘制图3-20所示的折线图。

表3-7 闪烁量测噪声下各滤波算法的统计信息

ε	精度指标	UKF	UGPF
0.05	位置 TARMSE/m	1.70	0.82
	速度 TARMSE/($m\cdot s^{-1}$)	0.069	0.048
0.10	位置 TARMSE/m	2.14	0.90
	速度 TARMSE/($m\cdot s^{-1}$)	0.074	0.053
0.20	位置 TARMSE/m	3.27	1.25
	速度 TARMSE/($m\cdot s^{-1}$)	0.095	0.066

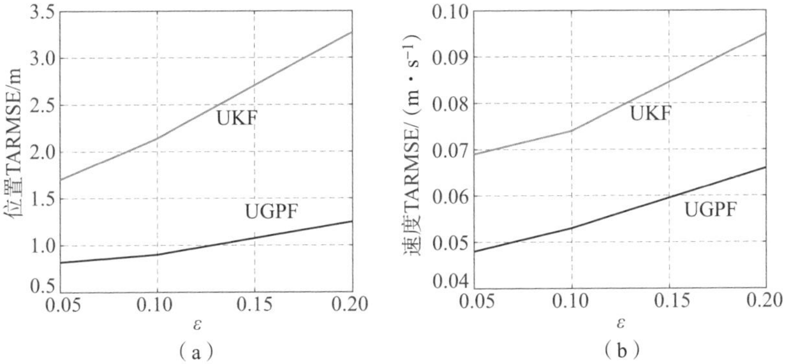

图3-20 UKF和UGPF的TARMSE随 ε 值的变化情况

（a）位置TARMSE；（b）速度TARMSE

显然，UGPF 的精度始终高于 UKF。此外，由图 3－20 可以发现，与 UGPF 相比，UKF 对闪烁强度更为敏感：在 ε 增大时，UKF 精度的下降幅度大于 UGPF。在一定的范围内，ε 越大，闪烁噪声就越偏离高斯分布，这使得 UKF 的精度严重依赖于闪烁强度；而 UGPF 始终能够较好地逼近后验密度，故精度不会随着 ε 的增大而严重降低。事实上，UGPF 的 TARMSE 也随着 ε 的增大而缓慢升高，这是因为 ε 的增大会使得闪烁噪声的方差增大，量测值随之变得不准确。

3.6.4 滤波算法的比较与分析

与确定性采样滤波相比，粒子滤波有着不可比拟的优势。当系统状态的高斯假设不能得到满足时，粒子滤波的精度高于高斯滤波的代表性算法 UKF。然而，粒子滤波的优势是以巨大的计算量为代价的。在滤波稳定性方面，粒子数有限时，BPF、AVPF、GPF 的稳定性和收敛快慢受初始条件的影响比较明显；UKF 和 UGPF 的稳定性较好，收敛快，受初始条件影响较小。

在精度方面，由于航天器相对导航模型具有弱非线性的特点，在高斯量测噪声的作用下，UKF 已经十分逼近最优解，粒子滤波在精度上很难再有提高。在高斯量测噪声、gamma 量测噪声和闪烁量测噪声的作用下，UGPF 的高斯近似均是有效的，同时又使用 UKF 优化了粒子分布，因此能够取得比 BPF、AVPF、GPF 更高的精度。在计算成本方面，4 种粒子滤波均远远大于 UKF。由于 AVPF 对每个粒子进行两次权值计算，因此其计算量大于 BPF；GPF 和 UGPF 由于免去了重采样过程，因此计算量小于 AVPF 和 BPF。

总体而言，UGPF 有着较好的稳定性、最高的精度及较小的计算量，若星载计算机拥有较强的计算能力，则 UGPF 在这里的背景下比 UKF、BPF、AVPF、GPF 更适合作为相对导航滤波算法。

参考文献

[1] 王小旭，潘泉，黄鹤，等．非线性系统确定采样型滤波算法综述 [J]．控制与决策，2012，27（06）：801－812.

[2] Hammersley J. M.，Morton K. W. Poor Man's Monte Carlo [J]. Journal of the Royal Statistical Society，1954，16（1）：23－38.

[3] Handschin J. E.，Mayne D. Q. Monte Carlo Techniques to Estimate the Conditional Expectation in Multi－stage Non－linear Filtering [J]. International Journal of Control，1969，9（5）：547－559.

[4] Gordon N. J., Salmond D. J., Smith A. F. M. Novel Approach to Nonlinear/Non - Gaussian Bayesian State Estimation [J]. Radar and Signal Processing, IEE Proceedings F, 1993, 140 (2): 107 - 113.
[5] Merwe R. V. D., Doucet A., Freitas N. D., et al. The Unscented Particle Filter [R]. Cambridge: Cambridge University Engineering Department, 2000.
[6] Spall J. C. Estimation Via Markov Chain Monte Carlo [J]. Control Systems IEEE, 2003, 23 (2): 34 - 45.
[7] Chen Z., Haykin S. On Different Facets of Regularization Theory [J]. Neural Computation, 2002, 14 (12): 2791 - 2846.
[8] Kotecha J. H., Djuric P. M. Gaussian Particle Filtering [J]. IEEE Transactions on Signal Processing, 2003, 51 (10): 2592 - 2601.
[9] Pitt M. K., Shephard N. Filtering Via Simulation: Auxiliary Particle Filters [J]. Journal of the American Statistical Association, 1999, 94 (446): 590 - 599.
[10] Koller D. Using Learning for Approximation in Stochastic Processes [C]. CML - 98, Wisconsin, 1998: 287 - 295.
[11] Li P., Goodall R., Kadirkamanathan V. Estimation of Parameters in A Linear State Space Model Using A Rao - Blackwellised Particle Filter [J]. IEE Proceedings - Control Theory and Applications, 2004, 151 (6): 727 - 738.
[12] Higuchi T. Monte Carlo Filter Using the Genetic Algorithm Operators [J]. Journal of Statistical Computation and Simulation, 1997, 59 (1): 1 - 23.
[13] Zhao J., Li Z. Particle Filter based on Particle Swarm Optimization Resampling for Vision Tracking [J]. Expert Systems with Applications, 2010, 37 (12): 8910 - 8914.
[14] 杨璐，李明，张鹏. 一种新的改进粒子滤波算法 [J]. 西安电子科技大学学报，2010，37 (05)：862 - 865 + 883.
[15] 邬春明，宫皓泉，王艳娇，等. 基于改进粒子滤波的无线传感器网络目标跟踪算法 [J]. 南京邮电大学学报（自然科学版），2017，37 (05)：1 - 6.
[16] 王尔申，李兴凯，庞涛. 基于 BP 神经网络的粒子滤波算法 [J]. 智能系统学报，2014，9 (06)：709 - 713.
[17] 张子夫. 基于卷积神经网络的目标跟踪算法研究与实现 [D]. 长春：吉林大学，2015.
[18] 程水英，张剑云. 粒子滤波评述 [J]. 宇航学报，2008，29 (04)：

1099 - 1111.

[19] Ito K. , Xiong K. Gaussian Filters for Nonlinear Filtering Problems [J]. IEEE Transactions on Automatic Control, 2000, 45 (5): 910 - 927.

[20] 程水英，邹继伟，汤鹏. 免微分非线性 Bayesian 滤波方法评述 [J]. 宇航学报，2009，30 (03)：843 - 857，876.

[21] 聂岚容. 基于粒子滤波的船舶非线性状态估计方法研究 [D]. 哈尔滨：哈尔滨工程大学，2017.

第4章

远程目标的天基光学探测

空间远程目标是指相对距离在百公里以上的目标。采用光学相机对远程目标进行识别跟踪，是远程目标天基探测的常用手段。在远距离的情况下，空间目标在光学相机上的成像特征蜕化为点或者光斑，因此如何对目标的成像特征进行准确识别并连续跟踪，是远程目标天基光学探测的主要问题。本章将以可见光相机为例，介绍空间目标光学成像的数学模型，在此基础上，设计远程目标成像特征的识别、提取和匹配跟踪等方法，同时引入 ROI 区域预测方法，在保证目标特征提取精度的条件下，大幅提高目标检测速度，降低对星载计算机的运算能力要求。

4.1 空间相机成像的数学模型

空间相机通过成像透镜将空间目标投影到摄像机二维像平面上，投影过程可用成像变换描述，即相机成像模型。采用针孔成像模型描述映射关系，相机针孔成像模型如图 4－1 所示。首先定义如下坐标系：

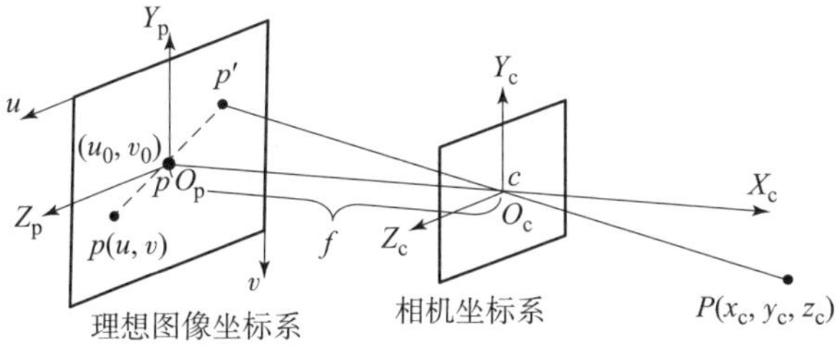

图 4－1 相机针孔成像模型

①数字图像坐标系 $o-uv$。数字图像坐标系以图像左上角为原点，描述像素位于数字图像的列数和行数。

②图像物理坐标系 $O-X_pY_pZ_p$。图像物理坐标系原点位于成像平面中心，X_p 轴垂直于成像平面指向镜头方向，Y_p 轴与数字图像坐标系 v 轴反向，Z_p 与 X_p、Y_p 构成右手笛卡儿坐标系。

③相机坐标系 $O_c-X_cY_cZ_c$。坐标系原点 O_c 为相机光心，Y_c、Z_c 分别与成像平面坐标系中的 Y、Z 轴平行，X_c 为摄像机的光轴，与图像平面垂直。

④世界坐标系 $O_w - X_wY_wZ_w$。为了便于分析，此处取世界坐标系与相机坐标系重合。

在图 4－1 中，f 为相机焦距。相机坐标系下三维空间上的点 $P(x_c, y_c, z_c)$ 线性映射到图像物理坐标系下的 p' 点。根据透镜成像原理，P 点在图像坐标系对应的点 p' 为倒立相反的，需要经过 180°旋转，才能得到人眼看到的图像。经过 180°旋转后，得到 p。在模拟目标图像时，假设相机不存在畸变。由比例关系，可得相机坐标系下目标位置 $P(x_c, y_c, z_c)$ 与理想图像坐标系下成像点 $p(y_p, z_p)$ 的对应关系为

$$\begin{cases} y_p = \dfrac{y_c}{x_c} \cdot f \\ z_p = \dfrac{z_c}{x_c} \cdot f \end{cases} \tag{4-1}$$

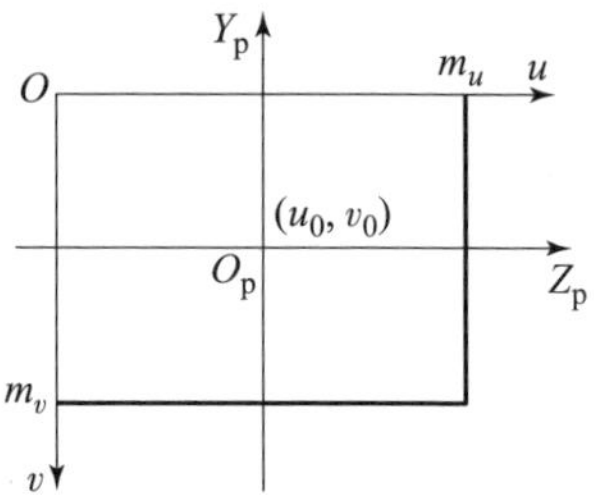

图 4－2　数字图像坐标系

记电荷耦合器体（CCD）面阵为 $m_u \times m_v$ 像素，每个像素点物理几何尺寸为 $\mathrm{d}Y \times \mathrm{d}Z$，取数字图像坐标系为 CCD 面阵中点，结合图 4－2 与式(4－1)，可得

$$\begin{cases} u = \dfrac{z_p}{\mathrm{d}Z} + u_0 = \dfrac{z_c}{x_c} \cdot \dfrac{f}{\mathrm{d}Z} + \dfrac{m_u}{2} + 0.5 \\ v = -\dfrac{y_p}{\mathrm{d}Y} + v_0 = -\dfrac{y_c}{x_c} \cdot \dfrac{f}{\mathrm{d}Y} + \dfrac{m_v}{2} + 0.5 \end{cases} \tag{4-2}$$

4.2　目标成像模型

4.2.1　目标亮度模型

空间目标的可见光波段辐射主要源于对太阳辐射的反射，目标辐射特性主要与目标、太阳和传感器三者之间观测几何、目标形状和尺寸、目标表面材质等因素有关。根据计算得到的目标照度，结合地球附近太阳的辐射照度，可以计算得到目标的视星等。恒星视星等计算公式为

$$m = 2.5\log\frac{E_s}{E} + m_s \tag{4-3}$$

式中：太阳视星等 $m_s = -26.7$；太阳在地球附近的辐射照度 $E_s = (1\,353 \pm 21)\,\mathrm{W/m^2}$。

假设目标为半径为 D 的球体，距航天器的距离为 R，太阳、目标、星载相机三者以目标为顶点形成的夹角为 θ，则相机接收到的辐射照度为

$$E = \frac{E_s \rho(\lambda) D^2}{4\pi R^2} \frac{\pi}{4} [\sin\theta + (\pi - \theta)\cos\theta] \tag{4-4}$$

式中：$\rho(\lambda)$为目标的漫反射率；λ 为波长。

在仿真模拟的过程中，通过式（4-4）所示的线性关系，表示不同星等的亮度：

$$b = B - b_k m \tag{4-5}$$

式中：m 为星等；b 为亮度度量，取值范围为［0,1］；参数 B、b_k 需要根据相机硬件的性能参数、实验要求等因素确定。

CCD 感光元件成像灰度值与目标亮度、曝光时间直接相关，在相机曝光时间内，假设 CCD 成像灰度与目标亮度、曝光时间（积分时间）成正比，则 CCD 像元灰度值可表示为

$$\text{gray} = t_{\text{pix}} \cdot \eta \cdot b \tag{4-6}$$

式中：gray 为取值为 0 ~ 255 的成像灰度；t_{pix}为像素驻留时间；η 为相机成像系数，由相机性能参数决定。

4.2.2　目标拖尾特征

由于目标与星载可见光相机存在相对运动，所以，在相机曝光时间内，目标相对于可见光相机的位置可能发生改变，从而导致 CCD 平面上的成像轨迹不是一个点，而是划过了多个 CCD 像元，形成一条类似于直线的拖尾。因此，CCD 平面上目标的拖尾轨迹与目标的相对角速度存在直接关系，其中包含了目标的方位角、方位角速度等信息。

本节针对远距离中小型空间目标进行研究，所以，目标在 CCD 平面上的投影尺寸仅为一个或几个像素大小。当目标在曝光时间内运动轨迹投影在 CCD 平面上的投影超过一个像素时，即认为产生拖尾。记 CCD 面阵为 $m_u \times m_v$ 像素，每个像素点物理几何尺寸为 $\mathrm{d}Y \times \mathrm{d}Z$，相机视场角为（$\theta_{\text{H}}$，$\theta_{\text{V}}$）。由于 CCD 像元为正方形，所以有 CCD 单像元对应的张角为

$$S = \theta_{\text{H}}/m_u = \theta_{\text{V}}/m_v \tag{4-7}$$

式中：S 的单位为(°)/pixel。

当目标在曝光时间 t_{ep}内相对于航天器运动角度超过 S，或者说当目标相对于航天器的相对角速度大于 S/t_{ep}时，目标在相机曝光时间内将在 CCD 成像平面上划过大于一个像元，形成拖尾。

由于相机曝光时间为毫秒级，在曝光时间内，可认为空间目标相对于探测

相机的运动为直线运动。在此假设前提下，首先根据空间目标与探测航天器在曝光开始时刻的轨道根数，通过一系列的转换，结合式（4－2）描述的相机坐标系与数字图像坐标系的对应关系，即可求解得出帧初时刻目标在数字图像坐标系下的位置（u_1，v_1）；然后根据空间目标轨道摄动方程并忽略摄动因素的影响，即可得到相机曝光时间 t_{ep}后，目标与航天器的轨道根数，从而求解得出帧末时刻目标在数字图像坐标系下的位置（u_2，v_2）。至此，得到了帧初时刻与帧末时刻目标在数字图像坐标系下的坐标，连接（u_1，v_1）与（u_2，v_2），即可得到目标拖尾轨迹。

得到目标拖尾轨迹后，可进一步计算目标在 CCD 平面上成像的灰度。由式（4－6）可知，灰度信息与目标在 CCD 像元上的驻留时间 t_{pix}成正比，因此，需计算出目标在各个像元的驻留时间。目标拖尾示意图如图 4－3 所示。

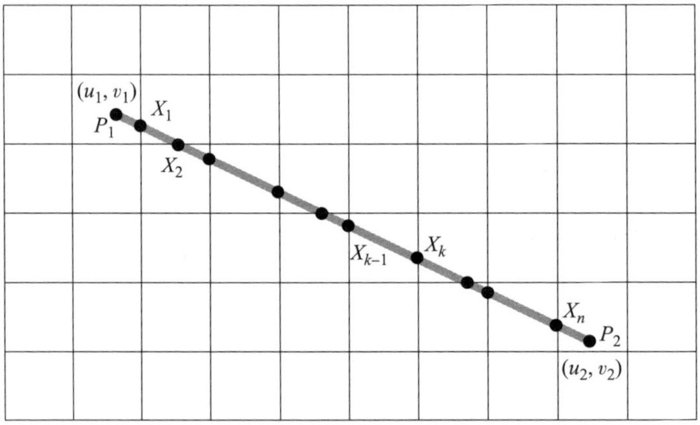

图 4－3　目标拖尾示意图

在图 4－3 中，P_1 为拖尾轨迹的起始点，其坐标为（u_1，v_1）；P_2 为拖尾轨迹的终点，其坐标为（u_2，v_2）。目标在 CCD 平面上成像轨迹与 CCD 像元网格相交于图 4－3 中的 $X_1 \sim X_n$。根据比例关系，可得目标在图示［X_{k-1}，X_k］段轨迹的驻留时间为

$$t_k = \frac{\| X_k - X_{k-1} \|}{\| P_2 - P_1 \|} \cdot t_{ep} \tag{4-8}$$

结合式（4－8）与式（4－6），即可求解出［X_{k-1}，X_k］段轨迹对应像元的灰度。

星载可见光相机在轨拍摄目标图像时，视场中除了目标、空间飞行器等各类目标以外，还包括由不同亮度的星体所构成的星空背景。因此，需要对星空背景进行模拟。

因为本节介绍的目标轨迹为模拟生成，所以恒星背景可采用随机生成的方法来模拟。参考星表数据库，确定相机市场内恒星数目、星等，并在图像中随

机分布。

4.2.3　目标点特征的扩散

光学系统在成像时，光子冲击在 CCD 平面的某些像元上，导致周围其他像元感光，这种情况可用点扩散函数描述。点扩散函数（Point Spread Function，PSF）是一个聚焦光学系统的冲击响应，在多数情况下，PSF 可认为是一个能表现未解析物体的图像中的一个扩展区块。对于本节的星载可见光相机成像系统而言，可用二维高斯（Gauss）点扩散模型描述点扩散现象。二维高斯点扩散模型函数表达式为

$$h(x,y)=\begin{cases}\dfrac{1}{2\pi\sigma^2}\displaystyle\int_{x-\frac{1}{2}}^{x+\frac{1}{2}}\int_{y-\frac{1}{2}}^{y+\frac{1}{2}}\exp\left[-\dfrac{(x-x_0)^2+(y-y_0)^2}{2\sigma^2}\right]\mathrm{d}x\mathrm{d}y, & (x,y)\in C\\ 0, & \text{其他}\end{cases}\tag{4-9}$$

式中：$h(x,y)$ 为 CCD 平面冲击函数的冲击响应；(x_0,y_0) 为冲击函数的输入位置。

本节将该点设为理想情况下目标在 CCD 平面上的映射；σ 为标准偏差，它反映了点扩散函数的宽度，标准偏差越小，表明可见光相机成像系统成像质量越高；C 是 $h(x,y)$ 的以 (x_0,y_0) 为圆心的圆形支持域。记点扩散前成像点 (x_0,y_0) 的灰度为 $\mathrm{gray}(x_0,y_0)$，根据式（4-9）所描述的点扩散模型，得圆形支持域 C 内的点 (x,y) 灰度为

$$\mathrm{gray}(x,y)=\mathrm{gray}(x_0,y_0)\cdot h(x,y),(x,y)\in C \tag{4-10}$$

4.2.4　成像噪声模型

为了更加真实地模拟星载可见光相机的成像过程，还需要考虑图像传感器的特性。图像传感器是可见光相机的重要组成部分，根据元件不同，可分为电荷耦合元件（CCD）和金属氧化物半导体元件（Complementary Metal - Oxide Semiconductor，CMOS）两大类。

CCD 传感器有解析度高、杂讯低、动态范围广、线性特性曲线良好、光子转换率高、感光面积大、光谱响应广、影响失真低、体积和质量小等优点，与 CMOS 传感器相比，CCD 传感器能提供更好的图像质量和抗噪能力。因此，在星载可见光相机中，可采用 CCD 传感器以提高图像传感器的性能。

天文 CCD 相机系统中的噪声来源有许多，例如由光子到达比率的变化所

引入的噪声、由复位电路所引入的噪声等，其中主要的噪声来源有三个：光子噪声、暗电流噪声和读出噪声。

信噪比（SNR）是决定系统最终性能的重要指标之一，可用来描述测量的品质，高的 SNR 在高精度的光测量系统中尤其重要。在 CCD 相机系统中，SNR 在广义上可认为是在某个像素点上相应的信号大小与信号不确定性的比值。从狭义上来说，它是在某一像素上的测量信号与全部测量噪声的比值。在短曝光条件下，读出噪声占主导地位，信噪比可以简单地表示为

$$\mathrm{SNR}_r = \frac{SQ_e}{N_r}t \tag{4-11}$$

式中：S 为 CCD 上的光子流，单位为光子数/(像素 · 秒) [photons/(pixel · s)]；Q_e 为 CCD 的量子效率；t 为曝光时间（积分时间），单位为 s；N_r 为读出噪声，单位为电子数均方根/像素。

根据信噪比，对模拟图像添加该信噪比的高斯噪声，模拟星载可见光相机工作时的噪声特性。

4.3 图像预处理

星载可见光相机在轨拍摄图像时，受到外部空间环境及相机内部各种因素的影响，导致最后得到的图像中存在噪声，使得图像的质量下降，增加了对空间目标成像轨迹的识别难度。因此，需要对图像进行降噪处理。通常采用的预处理方法有图像滤波、图像分割、领域平均法和小波去噪等。

对图像的降噪可采用线性滤波器对图像进行处理，滤波常导致某些空间频率的减弱或加强。图像滤波可通过将原始图像的傅立叶变换与可以改变某些频率分量的函数相乘，然后取傅立叶逆变换来实现。上述过程为原始图像 $f(x,y)$ 与单位采样响应 $h(x,y)$ 的卷积过程，滤波后的图像可以表示为

$$\begin{aligned} g(x,y) &= f(x,y) \otimes h(x,y) \\ &= \int_{-\infty}^{+\infty}\int_{-\infty}^{+\infty} f(x',y')h(x-x',y-y')\,\mathrm{d}x'\mathrm{d}y' \end{aligned} \tag{4-12}$$

由于数字图像 $f(x,y)$ 为离散的像素点，所以将式（4-12）离散化，可得

$$\begin{aligned} g(u,v) &= f(u,v) \otimes h(u,v) \\ &= \sum_{k=-n}^{n}\sum_{l=-m}^{m} f(u-k,v-l) \cdot h(u,v) \end{aligned} \tag{4-13}$$

式中：$h(u,v)$ 为根据 $h(x,y)$ 离散化得到的滤波卷积掩膜（Convolution Mask），其大小为（$2m+1, 2n+1$）。

目前，常用的图像滤波模板有均值卷积模板、中值卷积模板和高斯卷积模板等。

4.3.1　高斯平滑滤波

高斯平滑滤波（Gauss Filter）是一种线性滤波方法，能够有效抑制高频噪声。其原理是用高斯卷积核与输入图像的每个点进行卷积，相当于对整幅图像进行加权平均的过程，每一个像素点的值都由其本身和邻域内其他像素经过加权平均后得到。二维零均值离散高斯函数表达式为

$$h(u,v)=e^{-\frac{u^2+v^2}{2\sigma^2}} \tag{4-14}$$

式中：σ 为高斯函数的均方差，与高斯滤波模板的平滑效果有关，σ 越大，平滑程度越好，但也会造成图像的模糊。

如图4-4所示，σ 较小时，卷积掩膜取值更集中于原点。因此，在卷积过程中对噪声的平滑程度较低，但能够更好地保留原始图像的边缘。在生成高斯平滑滤波卷积掩膜的过程中，一般取模板长与宽相等，并且模板宽度为奇数。

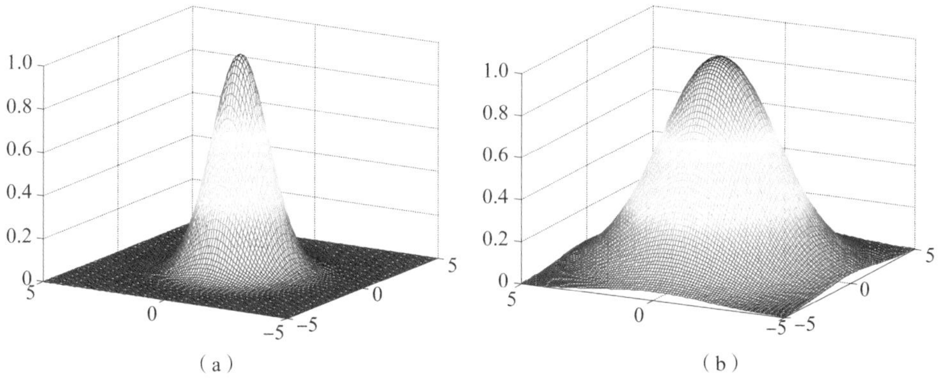

图4-4　不同均方差对应的高斯函数图形

(a) $\sigma=1.0$；(b) $\sigma=2.0$

如图4-5所示，图（a）为原始图像，图（b）为添加 SNR = 30 高斯噪声的图像，图（c）~（f）为采用不同均方误差的高斯滤波模板对图（b）进行高斯平滑滤波后的图像。从图中可以看出，当均方误差 σ 取值较小时，对图像的平滑效果相对较差，但能较好地保留图像的边缘特征；相反，当均方误差 σ 取值较大时，对图像的平滑效果较好，噪声得到较好的抑制，但与此同时，不

能很好地保留图像的边缘特征。

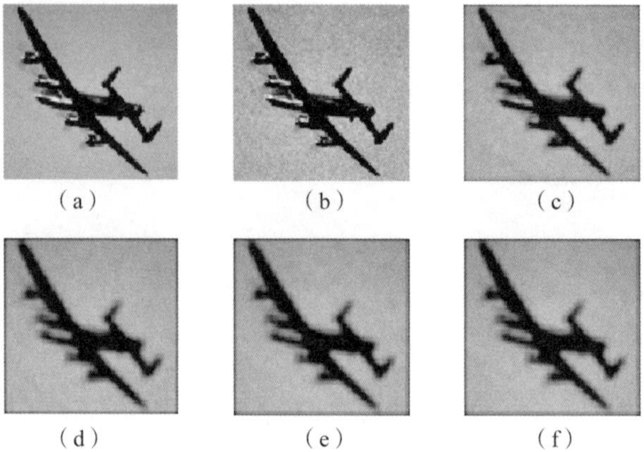

图 4 – 5　不同均方差的高斯模板对图像的影响

(a) 原始图像；(b) 图像加噪 (SNR = 30)；(c) 高斯滤波 ($\sigma = 1$)；
(d) 高斯滤波 ($\sigma = 5$)；(e) 高斯滤波 ($\sigma = 10$)；(f) 高斯滤波 ($\sigma = 20$)

4.3.2　中值滤波

对于椒盐噪声，常采用中值滤波算法。中值滤波的基本思想是：①在要排序的元素集合中任意选取一个元素，并将它与其他元素进行比较，将所有比这个元素小的元素都放在它之前，将所有比它大的元素放在它之后；②经过一次排序后，可按该元素所在的位置分界，将集合分成两个部分；③对分成的两个部分重复上述过程进行排序，直到每一部分只剩下一个元素为止；④当所有排序完成后，取排序后的集合中位于中间位置的元素的值（所谓的中值）作为输出值，即

$$y = \text{med}\{x_1, x_2 \cdots, x_n\} = \begin{cases} x_{t(n+1)/2}, & n \text{ 为奇数} \\ \dfrac{1}{2}[x_{t(n/2)} + x_{t(n/2+1)}], & n \text{ 为偶数} \end{cases} \quad (4-15)$$

中值滤波技术在去除噪声时，能够较好地保留图像边缘。但是，其只考虑滤波窗口内的数据排序信息，没有考虑数据的时序信息，容易删除图像的细节，在图像处理中产生边缘抖动现象（图 4 – 6）。

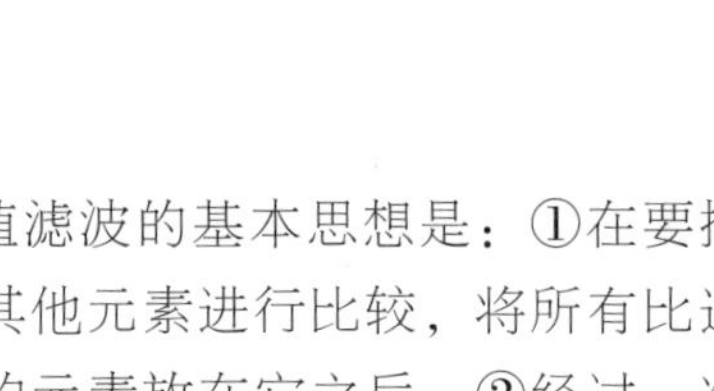

图 4 – 6　中值滤波示意图

值得注意的是，中值滤波方法虽然能较好地保留图像边缘，但是不适用于远程空间目标的图像处理。因为远程空间目标在图像中成像面积很小，可能仅有 1 ~ 2

个像素，若采用中值滤波，则可能导致目标成像轨迹直接被去除。

4.3.3　去除恒星背景

经过图像滤波后，图像中的噪声得到了抑制，但图像中还存在恒星背景。对于航天器近距离探测任务，恒星尺寸相对于目标很小，可以将恒星背景视为椒盐噪声，采用中值滤波进行处理。但是对于远程空间目标探测定位任务，由于空间目标成像在图像中所占像元数可能很小，若采用处理椒盐噪声的方法对恒星背景进行去除，则可能导致在去除恒星背景的同时，空间目标成像轨迹也同时被去除了。因此，需要采用其他方法去除远程探测定位任务中的恒星背景。

由于空间目标相对于航天器可能存在相对运动，所以目标在 CCD 平面的成像轨迹可能出现拖尾的情况。因此，可以通过在一帧图像中寻找拖尾特征，从而识别出目标轨迹。然而，对于拖尾不明显的目标，该方法可能失效。考虑到恒星与航天器距离很远，短时间内恒星在 CCD 平面成像的位置基本不变。因此，可以用帧叠加法，将连续 N 帧图像进行叠加，从中识别出运动的目标，由此实现目标成像轨迹的提取。然而，该方法需要比较 N 帧图像，对星上计算资源消耗较大。

如图 4－7 所示，虚线框内的轨迹为目标成像轨迹，在图 4－7（a）~（c）中，目标相对于航天器的角速度较大，成像轨迹形成拖尾。由于相对角速度较大，所以在连续几帧图像中，目标成像轨迹的位置变化较大，通过帧叠加法，比较连续几帧图像，可以依据目标的相对运动，将目标轨迹从图像中提取出来。而在图 4－7（d）~（f）所示的图像中，空间目标相对于航天器的运动角速度很小，在连续几帧图像中，目标成像轨迹的位置变化很小，此时若采用帧叠加法，则目标轨迹很可能被剔除。

另一种去除恒星背景的思路是恒星反匹配法。通过对星图数据库的检索，提取出相机视场内会出现的恒星以及恒星的位置。再结合先验的星图数据库以及采集到的图像进行匹配，将匹配成功的目标剔除，剩下的即疑似空间目标。这种方法规避了对目标运动特性的要求，适用于对空间慢速目标的识别和捕获。

如图 4－8 所示，图（a）为星图数据库中检索出的出现在相机视场中的恒星位置；图（b）为通过可见光相机采集到的图像，虚线框内为空间目标成像轨迹。通过将图 4－8（a）与图 4－8（b）进行匹配，即可剔除图像中的恒星。

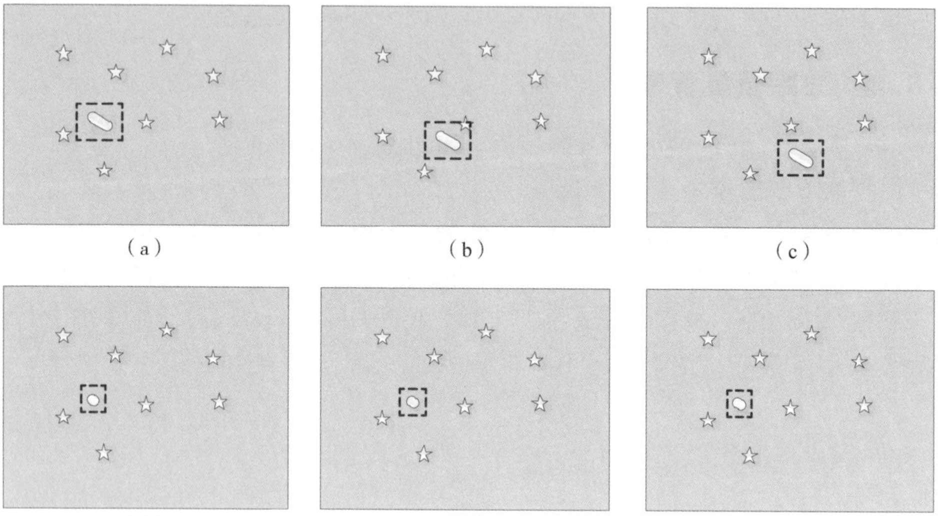

(a)　(b)　(c)　(d)　(e)　(f)

图 4-7　帧叠加法提取目标轨迹

(a) 大角速度成像轨迹；(b) 大角速度成像轨迹；(c) 大角速度成像轨迹；
(d) 小角速度成像轨迹；(e) 小角速度成像轨迹；(f) 小角速度成像轨迹

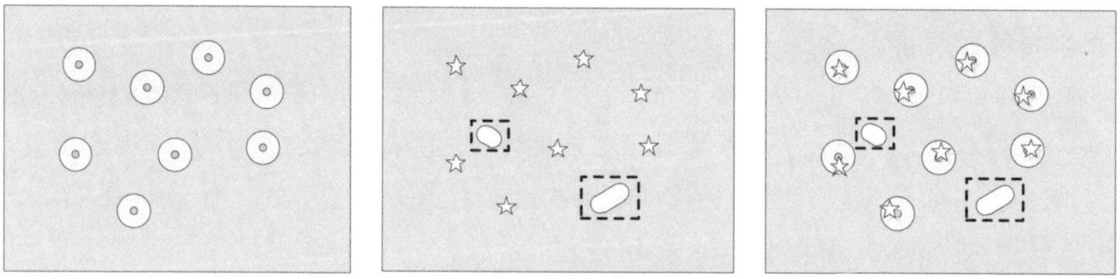

(a)　(b)　(c)

图 4-8　星图匹配示意图

(a) 数据库中相机视场中恒星位置；(b) 可见光相机采集图像；(c) (a) 与 (b) 匹配后图像

4.4　目标特征提取

空间目标识别方法多种多样，一般需要根据目标的形态、运动特性等特征条件，采取具有针对性的特征提取方法。我们假设任务中 5 ~ 30 cm 的空间目标为球体。目标具有不同的运动特性，所以其在二维成像平面上所形成的几何构型也有所区别。假设目标的成像构型为两种：一种是相对角速度较大时存在拖尾；另一种是相对角速度较小时目标近似于点目标。

为了充分考虑空间中各种潜在威胁，应该同时考虑相对角速度较大和相对角速度较小两种情况。假设空间中同时存在两个球形目标：一个具有较大的相对角速度，其成像结果具有拖尾特性；另一个相对角速度较小，其成像结果近似于点目标，而且在较短的曝光时间内，相邻几帧之内目标在成像平面上的位移很小，在一定阈值范围之内。

此外，由于目标运动是变化的，其相对角速度并非固定不变，所以随着相对运动的改变，目标在相机固定的曝光时间内的成像结果也可能发生变化。于是，存在由于目标加速，点目标逐渐形成拖尾目标，或者目标减速，拖尾目标变成点目标的情况。因此，根据点目标和拖尾目标同时存在的情况，需要制定一种综合检测策略，以兼顾两种极端情况下目标检测的任务需求。

4.4.1　边缘检测

边缘检测算子（Edge Detectors）是一组用于在灰度函数中定位变化的局部图像处理方法，边缘是灰度函数发生剧烈变化的位置，在图像中一般表现为阶跃边缘、屋顶边缘和线条边缘。在微积分中，用导数描述连续函数的变化，图像函数依赖于两个变量，即图像平面的坐标。因此，描述边缘的检测算子使用在两个坐标上的偏导数。边缘是一个具有幅值和方向的向量，边缘幅值是梯度的幅值，边缘方向是梯度方向旋转 $-90°$ 的方向。

常用的微分边缘检测算子有 Roberts、Prewitt、Sobel、LoG、Canny 算子等。其中，Canny 边缘检测算子是 John F. Canny 于 1986 年提出的一个多级边缘检测算法，是当前广泛使用的图像边缘检测算法。

使用 Canny 边缘检测算子检测边缘时，首先采用二维的高斯函数沿任意一个方向的一阶方向导数与图像像素进行卷积滤波；继而在滤波后的图像中寻觅图像梯度变化的部分最大值，最大值处便是边缘，这就是 Canny 边缘检测算子的工作原理。其具体步骤是：首先定义二维高斯函数为

$$G(x,y)=\frac{1}{2\pi\delta^2}\exp\left(-\frac{x^2+y^2}{2\delta^2}\right) \tag{4-16}$$

记 G_n 为 $G(x,y)$ 沿 $\boldsymbol{n}$ 方向的一阶方向导数：

$$G_n=\frac{\partial G}{\partial \boldsymbol{n}}=\boldsymbol{n}\cdot\nabla G \tag{4-17}$$

式中：$\boldsymbol{n}=(\cos\theta,\sin\theta)$ 为边缘的法向向量，该方向应与边缘方向垂直；$\nabla G=(\partial G/\partial x,\partial G/\partial y)$ 为梯度向量。

用 G_n 与图像 $f(x,y)$ 作卷积运算，同时持续改变方向，$G_n * f(x,y)$ 取最大值时对应的 $\boldsymbol{n}$ 是正交于检测边缘的方向。

记图像在点 (x,y) 处的边缘强度为 $A(x,y)$，图像在点 (x,y) 处沿边缘法线方向的向量为 $\boldsymbol{\theta}$，有

$$\begin{cases} E_x = \dfrac{\partial G}{\partial x} * f(x,y) \\ E_y = \dfrac{\partial G}{\partial y} * f(x,y) \end{cases} \tag{4-18}$$

$$\begin{cases} A(x,y) = \sqrt{E_x^2 + E_y^2} \\ \theta = \arctan\left(\dfrac{E_x}{E_y}\right) \end{cases} \tag{4-19}$$

为了剔除伪边缘，需要对梯度幅值进行非极大值抑制。非极大值抑制方式如下：检测每一个幅角偏向的绝对值极大的点（边缘点），对每一个极大值点的 8 个方向上图像的像素进行检测，对比每一个极大值点的偏导值和相邻点的绝对值，获得的最大值处为边缘点，最后将边缘点的灰度值置为 0。

同时，还需要使用双阈值算法检测和连接边缘。对 $G(x,y)$ 使用阈值能够减少边缘检测的计算数量。阈值大小直接影响检测结果，相比较于采用单阈值处理，采用一大一小的双阈值检测边缘，能够降低阈值影响。双阈值检测过程中，分别使用两个阈值对同一幅图像进行检测得到图像 1 和图像 2，较大阈值检测得到的图像 2 能去除噪声干扰信号。但是同时还会去除部分有用的边缘信息，这部分有用信息需要较小阈值检测图像来保留得到结果图像 1，两个阈值结合，可以弥补不足之处使检测结果更加可靠。

边缘连接是 Canny 算子的最后步骤。扫描图像 2，非零灰度像素 $p(x,y)$ 为轮廓线的起始点，对其进行跟踪检测，直到找到其结束点 $q(x,y)$。对图像 1 中与 $q(x,y)$ 点位置相对应的点 $s(x,y)$ 的 8 个邻近区域进行扫描，如果非零像素存在于点 $s(x,y)$ 的 8 邻近区域中，则将其包含到图像 2 中，当作 $r(x,y)$ 点。继续从点 $r(x,y)$ 开始跟踪检测，直到两个图像中都无法继续跟踪。

连接完包括 $p(x,y)$ 的轮廓线后，首先需要将这条轮廓线标记为已经检测，以避免重复跟踪扫描；然后选择其他轮廓起始点重新进行跟踪检测，直到图像 2 中找不到新轮廓线，Canny 算子的边缘检测就算结束。边缘检测结果如图 4－9 所示。

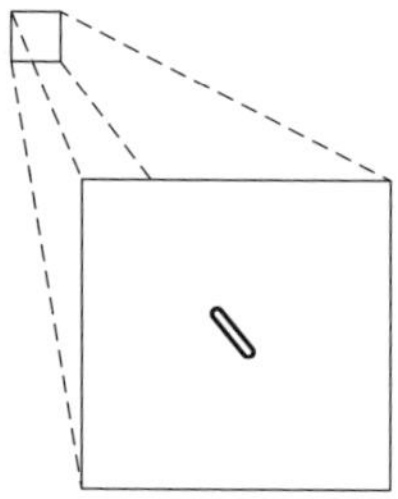

图 4－9　边缘检测示意图

4.2.2　Hough 变换检测拖尾目标

当空间目标相对于航天器相对运动角速度较大时，目标成像轨迹近似于一

条直线。因此，对拖尾目标的检测转变为在图像中检测直线的问题。解决直线检测问题的一种方法是在图像中移动一个合适形状和大小的掩膜，寻找图像与掩膜间的相关性。然而，由于形状变形、旋转、缩放等原因，掩膜常常与待处理的数据中物体的表示相差太大。

另一种非常有效的解决该问题的方法是 Hough 变换。Hough 变换于 1962 年由 Paul Hough 提出，其基本思想是运用参数空间进行坐标转换，并且通过累计投票的方法得到最终检测结果。最初的 Hough 变换是设计用来检测直线和曲线的。

下面以直线检测为例，说明 Hough 变换方法的基本思想。二维平面上的一条直线可以用两点 $A=(x_a, y_a)$，$B=(x_b, y_b)$ 定义，如图 4－10（a）所示。过点 A 的所有直线可由 $y_a = k_1 x_a + b_1$ 表示，这意味着同一个方程可以解释为参数空间（k_1, b_1）的方程，过点 A 的所有直线可以表示为方程 $b_a = -x_a k_a + y_a$，如图 4－10（b）所示。同理，过点 B 的直线可以表示为 $b_b = -x_b k_b + y_b$。在参数空间（k, b）中，两条直线唯一的公共点是在原图像空间中表示连接点 A 和 B 的唯一存在的直线。

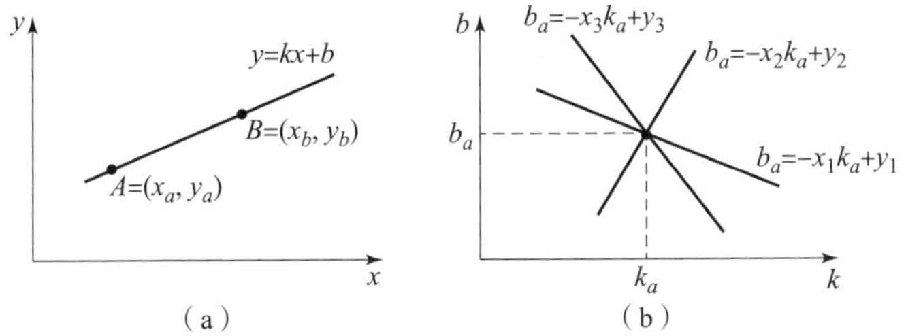

图 4－10　Hough 变换直线检测

这意味着图像中的每条直线在参数空间（k, b）中由单独一个点表示，直线的任何一部分都变换为同一个点。直线检测的主要思想是确定图像中所有的直线像素，将通过这些像素的所有直线变换到参数空间的对应点，在参数空间检测点（k, b），该点是由图像中频繁出现的直线 $y = kx + b$ 的 Hough 变换的结果。

考虑到直线存在斜率无穷大的情况，因此常采用极坐标表示直线，但是其转换原理与上述方式基本相同。在 Hough 变换中，直线的极坐标表示形式为

$$\rho = x\cos\theta + y\sin\theta \tag{4-20}$$

此时，直线参数空间变为（ρ, θ），ρ 为直线到原点的距离，θ 决定直线的斜率。

定义二维参数空间 $H(\rho, \theta)$，用如下表达式将 ρ、θ 离散化：

$$\begin{cases} \theta_n = n \cdot \Delta\theta, n = 1, 2, \cdots, N_\theta \\ \rho_n = n \cdot \Delta\rho, n = 1, 2, \cdots, N_\rho \end{cases} \tag{4-21}$$

式中：N_θ 为参数 θ 的分割段数，$\Delta\theta = \pi/N_\theta$；$N_\rho$ 为参数 ρ 的分割段数；L 为图像中距原点距离的最大值，$\Delta\rho = L/N_\rho$。

基于此，对模拟的目标拖尾轨迹进行 Hough 变换直线检测，其检测结果如图 4－11 所示。

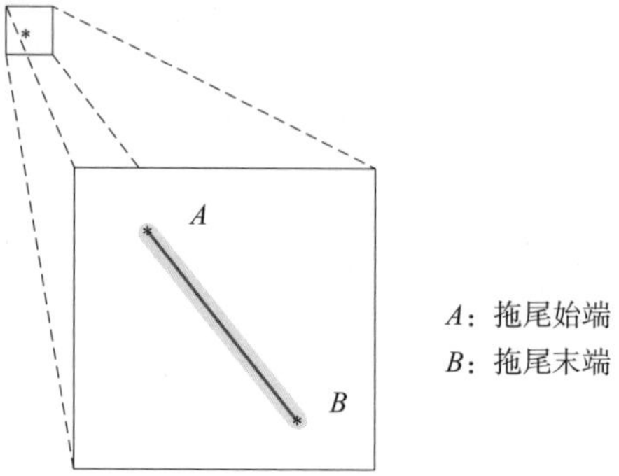

图 4－11　Hough 变换检测目标拖尾轨迹

4.5　基于二阶中心矩的特征提取

在 4.4 节中，介绍了对点状目标和拖尾目标的特征提取方法，该方法能够对空间目标成像轨迹的特征进行提取。经实验与分析，该方法存在局限性：首先，点目标与拖尾目标难以界定，并且人为地设置阈值可能导致目标特征提取失败，从而导致帧间匹配的失效。如图 4－12 所示，两个目标轨迹面积相同，但是二者几何特征明显不同，轨迹（1）难以界定是点目标还是拖尾目标，轨迹（2）可明显界定为拖尾目标。其次，Hough 变换检测直线计算量较大，且 Hough 变换也需要人为设定阈值，判断直线是否存在。因此，对同一个目标成像轨迹可能会解算出多条直线，或者解算不出直线。综合考虑，该方法虽能提取出目标成像轨迹的特征，但稳定性不高，并且计算量较大。

观察目标成像轨迹特征，其轨迹近似于椭圆。为此，本章提出用目标成像轨迹的二阶中心矩对目标特征进行描述。二阶中心矩满足平移不变性，而由于空间目标相对于航天器存在相对运动，在不同帧图像中目标成像轨迹的位置必然存在差异。因此，适用于提取不同帧图像中目标成像轨迹的特征。本章分别采用 Canny 算子解算的边缘的二阶中心矩与连通域的二阶中心矩两种方法，求解具有等价二阶中心矩的椭圆的特征。

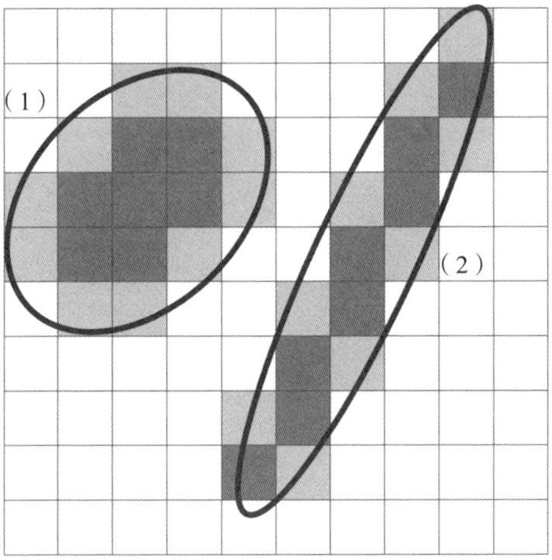

图4-12 两种目标轨迹

4.5.1 边缘二阶中心矩

为了便于描述轨迹特征，将目标成像轨迹近似为具有等价二阶中心矩的椭圆域。为此，需要首先计算目标成像轨迹的二阶中心矩。对连续有界二维函数 $f(x,y)$，其 (p,q) 阶原点矩 m_{pq} 的计算公式为

$$m_{pq} = \int_{-\infty}^{+\infty}\int_{-\infty}^{+\infty} x^p y^q f(x,y)\,\mathrm{d}x\mathrm{d}y, p,q \in \{0,1,2,\cdots,n\} \tag{4-22}$$

对于离散的图像像素点，其 (p,q) 阶原点矩为

$$m_{pq} = \sum_{u=1}^{n1}\sum_{v=1}^{n2} u^p v^q f(u,v), p,q \in \{0,1,2,\cdots,n\} \tag{4-23}$$

式中：$f(u,v)$ 为该像素点的灰度值。

若不考虑灰度值的变化，可将其值设为常值1。此处，由于仅考虑边缘的二阶中心矩，所以将边缘取值置1，其他值置0。令 $p=0$，$q=0$，即得边缘面积 m_{00}；由形心定义，得边缘的形心坐标为

$$u_0 = \frac{m_{10}}{m_{00}}, v_0 = \frac{m_{01}}{m_{00}} \tag{4-24}$$

结合（4-23）和式（4-24），可得边缘的 (p,q) 阶中心矩为

$$\mu_{pq} = \sum_{u=1}^{n1}\sum_{v=1}^{n2} (u-u_0)^p (v-v_0)^q, p,q \in \{0,1,2,\cdots,n\} \tag{4-25}$$

在数字图像坐标系 $O-uv$ 中定义椭圆与坐标系的关系，如图4-13所示。将 $O-uv$ 平移到椭圆形心 (u_0,v_0) 处，得坐标系 $O'-u'v'$，椭圆在 $O-uv$ 坐标系中的二阶中心矩即在 $O'-u'v'$ 坐标系中的二阶原点矩。u'' 与 v'' 分别过椭圆

长轴与短轴，u''与u'的夹角为θ。

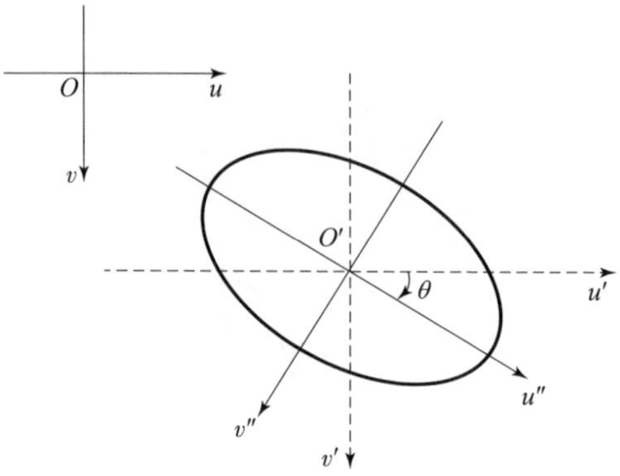

图 4－13　椭圆与数字图像坐标系的几何关系

对椭圆边缘积分，计算其二阶中心矩，经求解得椭圆的长半轴a、短半轴b、长轴与横轴的夹角θ为

$$\begin{cases} a = \left\{2\left[\mu_{20}+\mu_{02}+\sqrt{(\mu_{20}-\mu_{02})^2+4\mu_{11}^2}\right]/\mu_{00}\right\}^{1/2} \\ b = \left\{2\left[\mu_{20}+\mu_{02}-\sqrt{(\mu_{20}-\mu_{02})^2+4\mu_{11}^2}\right]/\mu_{00}\right\}^{1/2} \\ \theta = \dfrac{1}{2}\tan^{-1}\left[2u_{11}/(u_{20}-u_{02})\right] \end{cases} \tag{4-26}$$

根据式（4－26），与边缘具有相同二阶中心矩的椭圆离心率$e=\sqrt{a^2-b^2}/a$。至此，可以根据目标成像轨迹边缘计算得到具有等价二阶中心矩的椭圆的边缘面积m_{00}、形心(u_0, v_0)、椭圆长半轴a、椭圆短半轴b、椭圆离心率e及椭圆长轴与横轴的正向夹角θ。

4.5.2　基于连通域的二阶中心矩描述

在4.5.1节中，介绍了根据目标边缘计算与之具有等价二阶中心矩椭圆的特征。考虑到目标成像面积较小，若仅依据目标边缘进行二阶中心矩的计算，可能会在相邻帧的图像中导致二阶中心矩的抖动。因此，考虑用整个轨迹计算与轨迹具有等价二阶中心矩的椭圆域。首先，对目标成像轨迹进行连通域检测，并编号。

如图4－14所示，图（a）为原始图像，图（b）为满足灰度阈值的像素点，图（c）为连通域检测后的标记结果。八连通域检测方法是指遍历灰度矩阵$\boldsymbol{A}$中像素点$A(i,j)$周围的8个像素点$A(i-1,j-1)$、$A(i-1,j)$、$A(i-1,j+1)$、$A(i,j-1)$、$A(i,j+1)$、$A(i+1,j-1)$、$A(i+1,j)$、$A(i+1,j+1)$，

若周围的 8 个像素点中存在满足灰度阈值的像素点，则认为该像素点与 $A(i, j)$ 连通。遍历图像中每个像素，进行八连通域检测，并对每个连通区域进行编号。

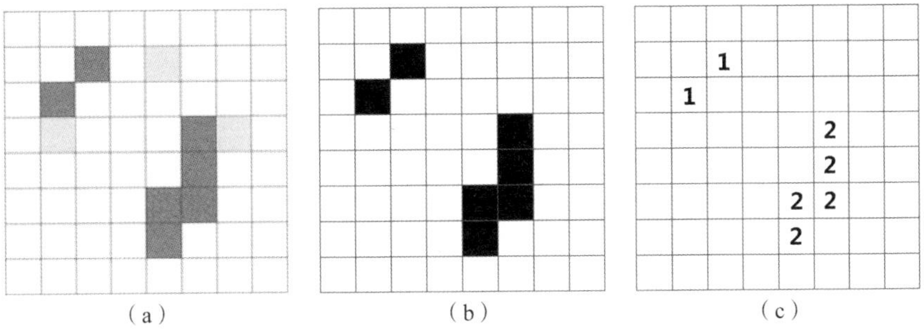

图 4-14　八连通域检测示意图

(a) 原始图像；(b) 满足灰度阈值像素点；(c) 连通域检测后标记结果

根据式 (4-25)，分别令 $p=2$，$q=0$，$p=0$，$q=2$，$p=1$，$q=1$，得椭圆在 $O'-u'v'$ 坐标系下的二阶原点矩为

$$\begin{cases} m_{20} = \int_{-\infty}^{+\infty}\int_{-\infty}^{+\infty} u^2 \mathrm{d}u\mathrm{d}v \\ m_{02} = \int_{-\infty}^{+\infty}\int_{-\infty}^{+\infty} v^2 \mathrm{d}u\mathrm{d}v \\ m_{11} = \int_{-\infty}^{+\infty}\int_{-\infty}^{+\infty} uv \mathrm{d}u\mathrm{d}v \end{cases} \tag{4-27}$$

因此，椭圆在 $O-uv$ 坐标系下的二阶中心矩 $\mu_{20}=m_{20}$，$\mu_{02}=m_{02}$，$\mu_{11}=m_{11}$。为了便于描述椭圆域的二阶中心矩与椭圆长半轴、短半轴及长轴与横轴夹角的关系，令 $u=r\cdot\cos\alpha$，$v=r\cdot\sin\alpha$，在椭圆域内积分，式 (4-27) 可以变换为

$$\begin{cases} l = \sqrt{\dfrac{a^2b^2}{a^2-(a^2-b^2)\cos^2(\alpha-\theta)}} \\ \mu_{20} = \int_0^{2\pi}\int_0^{l} (r\cdot\cos\alpha)^2 r\cdot \mathrm{d}r\mathrm{d}\alpha = \dfrac{1}{8}\pi ab[a^2+b^2+(a-b)(a+b)\cos(2\theta)] \\ \mu_{02} = \int_0^{2\pi}\int_0^{l} (r\cdot\sin\alpha)^2 r\cdot \mathrm{d}r\mathrm{d}\alpha = \dfrac{1}{8}\pi ab[a^2+b^2-(a-b)(a+b)\cos(2\theta)] \\ \mu_{11} = \int_0^{2\pi}\int_0^{l} (r\cdot\cos\alpha)(r\cdot\sin\alpha) r\cdot \mathrm{d}r\mathrm{d}\alpha = \dfrac{1}{8}\pi ab(a-b)(a+b)\sin(2\theta) \end{cases}$$

(4-28)

由式 (4-28) 可得

$$
\begin{cases}
a = \{[(1/(-\mu_{11}^2+\mu_{02}\mu_{20})(\mu_{02}^4+4\mu_{02}^2\mu_{11}^2+2\mu_{11}^4+ \\
\quad 4\mu_{02}\mu_{11}^2\mu_{20}+4\mu_{11}^2\mu_{20}^2+\mu_{20}^4-\lambda))^{5/8}]\cdot \\
\quad [\mu_{02}{}^6+\mu_{02}{}^5\mu_{20}+6\mu_{11}^4\mu_{20}^2+\mu_{02}^4(5\mu_{11}^2+\mu_{20}^2)+ \\
\quad 2\mu_{02}{}^3(4\mu_{11}^2\mu_{20}+\mu_{20}{}^3)+\mu_{20}^2(\mu_{20}^4+\lambda)+ \\
\quad \mu_{02}^2(6\mu_{11}^4+6\mu_{11}^2\mu_{20}^2+\mu_{20}^4+\lambda)+\mu_{02}\mu_{20}(12\mu_{11}^4+8\mu_{11}^2\mu_{20}^2+\mu_{20}^4+\lambda)+ \\
\quad \mu_{11}^2(5\mu_{20}^4+\lambda)]\}/[2^{9/8}\pi^{1/4}(\mu_{02}+\mu_{20})(\mu_{11}^2-\mu_{02}\mu_{20})^2(\mu_{02}^2+2\mu_{11}^2+\mu_{20}^2)] \\
b = \dfrac{2^{3/8}}{\pi^{1/4}}\left(\dfrac{\mu_{02}^4+4\mu_{02}^2\mu_{11}^2+2\mu_{11}^4+4\mu_{02}\mu_{11}^2u_{20}+4\mu_{11}^2\mu_{20}^2+\mu_{20}^4-\lambda}{-\mu_{11}^2+\mu_{02}\mu_{20}}\right)^{1/8} \\
\cos(2\theta) = \dfrac{8\mu_{20}/(\pi ab)-a^2-b^2}{(a-b)(a+b)} \\
\sin(2\theta) = \dfrac{8\mu_{11}/(\pi ab)}{(a-b)(a+b)} \\
e = \dfrac{\sqrt{a^2-b^2}}{a}
\end{cases}
\tag{4-29}
$$

其中

$$
\lambda = \sqrt{[4\mu_{11}^2+(\mu_{02}-\mu_{20})^2](\mu_{02}+\mu_{20})^2\ (\mu_{02}^2+2\mu_{11}^2+\mu_{20}^2)^2} \tag{4-30}
$$

由式（4－29）可得，椭圆长轴与横轴正向夹角为

$$
\theta = \begin{cases}
\dfrac{\pi}{2}-\dfrac{1}{2}\arcsin[8\mu_{11}/(\pi a^3b-\pi ab^3)], & [\cos(2\theta)<0,\sin(2\theta)>0] \\
-\dfrac{\pi}{2}-\dfrac{1}{2}\arcsin[8\mu_{11}/(\pi a^3b-\pi ab^3)], & [\cos(2\theta)<0,\sin(2\theta)\leqslant 0] \\
\dfrac{1}{2}\arcsin[8\mu_{11}/(\pi a^3b-\pi ab^3)], & \text{其他}
\end{cases}
\tag{4-31}
$$

至此，可以根据目标成像轨迹计算得到具有等价二阶中心矩的椭圆的成像面积 m_{00}、形心（u_0, v_0）、椭圆长半轴 a、椭圆短半轴 b、椭圆离心率 e、椭圆长轴与横轴正向夹角 θ。这些参数可用于指定帧间匹配准则，从而计算出目标的位置。

4.5.3 帧间匹配

星载可见光相机在采集图像时，视场内可能出现多个目标，如图 4－15 所示。因此，需对采集到的图像进行帧间匹配，使不同帧中的轨迹相互对应。除此之外，帧间匹配还可以提供目标运动的方向信息，根据几何特征，还可剔除

视场中出现的虚假目标。

由于目标与相机存在相对运动，导致目标成像在不同帧中的位置不同，所以在选择匹配特征时，选择在短时间内几乎不发生变化的特征作为匹配特征。在计算得到的 6 个特征中，短时间内几乎不变的特征包括：成像面积 m_{00}、椭圆长半轴 a、椭圆短半轴 b、椭圆离心率 e、椭圆长轴与横轴正向夹角 θ。上述 5 个特征中，选取成像面积 m_{00}、椭圆长半轴 a、椭圆长轴与横轴正向夹角 θ 三个特征作为选取的帧间匹配特征。

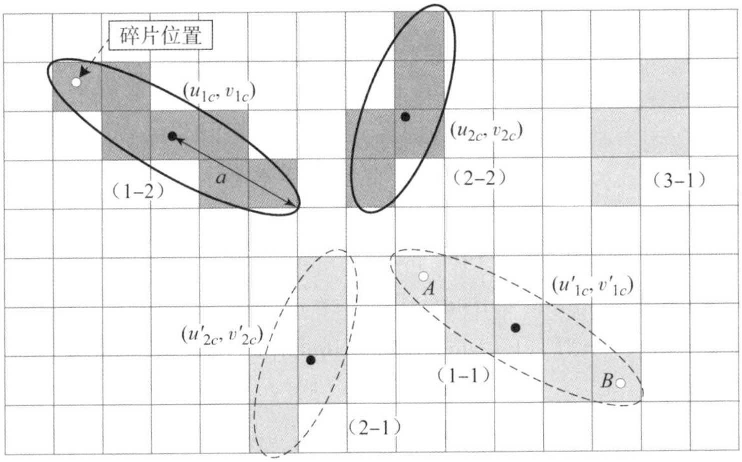

图 4 - 15　帧间匹配示意图

为了对目标成像位置进行约束，结合形心 (u_0, v_0)、椭圆半长轴 a、椭圆长轴与横轴正向夹角 θ 三个特征计算相邻帧同一目标成像轨迹的形心偏移距离阈值。结合提取到的特征，阈值包括：相邻帧目标轨迹形心偏移距离阈值 l_{thr}、面积变化阈值 s_{thr}、椭圆长轴与横轴正向夹角变化阈值 θ_{thr}、半长轴变化阈值 a_{thr}。

记相机曝光时间为 t_{ep}，相机拍照间隔时间为 t_{in}，目标在 CCD 平面的投影在曝光时间内移动的距离可用椭圆长轴 $2a$ 近似，如图 4 - 15 中目标（1 - 2）所示。基于此，可以对相邻帧目标形心的移动距离 Δl 做出估算：

$$\Delta l \approx \frac{2a}{t_{\text{ep}}} \cdot (t_{\text{ep}} + t_{\text{in}}) \tag{4-32}$$

因此，设定相邻帧之间目标成像形心偏移距离阈值为

$$l_{\text{thr}} = \Delta l + \delta_l \tag{4-33}$$

式中：δ_l 为形心偏移阈值的冗余量。

对于面积变化阈值 s_{thr}、椭圆长轴与横轴正向夹角变化阈值 θ_{thr}、椭圆半长轴变化阈值 a_{thr}，由于在短时间内目标成像的几何特征变化很小，所以，可近

似取相邻两帧 s_{thr}、θ_{thr}和 a_{thr}分别为

$$s_{\mathrm{str}} = \delta_s \tag{4-34}$$

$$\theta_{\mathrm{thr}} = \delta_\theta \tag{4-35}$$

$$a_{\mathrm{thr}} = \delta_a \tag{4-36}$$

式中：δ_s、δ_θ、δ_a 分别为面积、夹角、半长轴冗余量。

根据设定的阈值，按影响程度进行排序。首先满足形心偏移阈值 l_{thr}是匹配的先决条件。对于满足该条件的，根据面积阈值 s_{thr}、椭圆半长轴阈值 a_{thr}、椭圆长轴与横轴夹角阈值进行匹配 θ_{thr}。

因为不同的特征对匹配的影响程度不同，所以引入匹配度的概念。对于各个特征分配不同的匹配权重 k_i，在满足特征阈值的前提下，根据当前帧目标成像特征与前一帧图像特征的误差，确定特征匹配度 m_{ch_i}。最后，计算得到所有特征的匹配度：

$$M_{\mathrm{ch}} = \sum_{i=1}^{N} k_i \cdot m_{\mathrm{ch}_i} \tag{4-37}$$

若匹配度 M_{ch}大于设定的阈值，则认为相邻两帧中两个轨迹为同一个目标。

因为目标在短时间内的相对运动可视为匀速直线运动，所以根据相邻帧图像中同一个目标所成像的形心计算目标在曝光结束时刻所在（u,v）坐标。上一帧目标形心为（u'_c,v'_c），当前帧目标形心为（u_c,v_c），相机曝光时间为 t_{ep}、拍照间隔为 t_{in}，得拍照结束时刻目标坐标为

$$\begin{cases} u_t = u_c + \dfrac{u_c - u'_c}{t_{\mathrm{in}} + t_{\mathrm{ep}}} \cdot \left(\dfrac{1}{2} t_{\mathrm{ep}}\right) \\ v_t = v_c + \dfrac{v_c - v'_c}{t_{\mathrm{in}} + t_{\mathrm{ep}}} \cdot \left(\dfrac{1}{2} t_{\mathrm{ep}}\right) \end{cases} \tag{4-38}$$

4.6 ROI 预测提速

4.6.1 ROI 区域预测方法

星载相机采集到的图像中，目标成像轨迹仅占整张图像的一小部分，若对每张图像都整张处理，将直接影响处理速度。根据帧间匹配的结果，可以获得目标轨迹的运动方向、轨迹的大小等信息。因此，本节设计了 ROI（Region of

Interest）检测方法对目标轨迹的识别和匹配进行提速。ROI 区域是一个包含目标的矩形轮廓区域。因此，ROI 区域实际为一个数字图像坐标系中矩形的大小和位置。如图 4－16 所示，根据 $P_{\mathrm{begin}}^{\mathrm{ROI}}$ 与 $P_{\mathrm{end}}^{\mathrm{ROI}}$，即可确定 ROI 区域。

由于 ROI 区域的确定需依据目标的运动速度信息，所以，对于前几帧图像，需要进行全局的目标轨迹特征提取，并匹配。如图 4－15 所示，轨迹（1－1）、（1－2）分别为相邻帧的同一个目标在图像中的成像轨迹。轨迹（1－1）的质心坐标为（u'_{1c}, v'_{1c}），轨迹（1－2）的质心坐标为（u_{1c}, v_{1c}），结合相机曝光时间 t_{ep} 与拍照间隔 t_{in}，目标在数字图像坐标系中的投影速度可表示为

$$\begin{bmatrix} \dot{u}_1 \\ \dot{v}_1 \end{bmatrix} = \frac{[u_{1c} \quad v_{1c}]^{\mathrm{T}} - [u'_{1c} \quad v'_{1c}]^{\mathrm{T}}}{t_{\mathrm{ep}} + t_{\mathrm{in}}} \tag{4-39}$$

根据目标的运动速度信息，计算并预测 ROI 区域。后续的检测过程，仅需要在 ROI 区域内进行检测。这样，一方面减小了计算量；另一方面，对于视场内有多个目标的情况，由于各个 ROI 区域相互独立，所以可以采用并行计算的方法进行提速。

通过前几帧图像的检测匹配结果，得出当前帧目标成像在数字图像坐标系中的速度（$\dot{u}_0$，$\dot{v}_0$），以及包含目标成像的最小矩形的左右边界 u_l、u_r 和上下边界 v_u、v_d，根据当前帧目标成像速度，确定矩形起点 $P_{\mathrm{begin}}(u_1, v_1)$ 和终点 $P_{\mathrm{end}}(u_2, v_2)$，如图 4－16 所示。

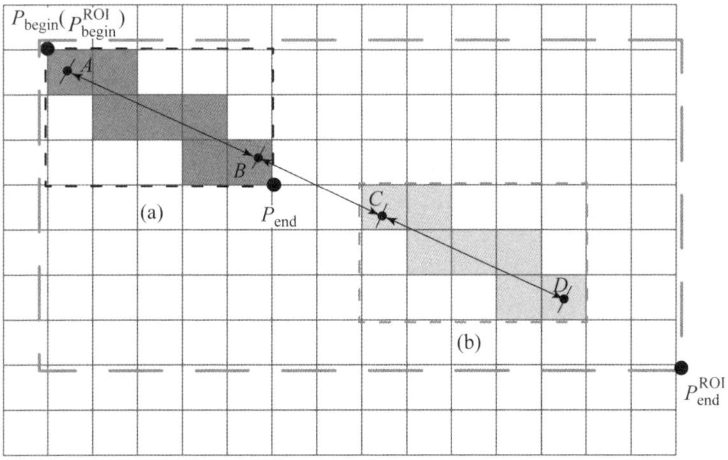

图 4－16　ROI 区域预测示意图

结合目标成像轨迹速度（$\dot{u}_0$，$\dot{v}_0$）、目标轨迹信息，可以得到包含目标成

像轨迹的最小矩形的起点 $P_{\text{begin}}(u_1, v_1)$ 和终点 $P_{\text{end}}(u_2, v_2)$ 分别为

$$P_{\text{begin}}(u_1, v_1): u_1 = \begin{cases} u_l, & \dot{u}_0 > 0 \\ u_r, & \dot{u}_0 \leqslant 0 \end{cases}, \quad v_1 = \begin{cases} v_u, & \dot{v}_0 > 0 \\ v_d, & \dot{v}_0 \leqslant 0 \end{cases} \tag{4-40}$$

$$P_{\text{end}}(u_2, v_2): u_2 = \begin{cases} u_r, & \dot{u}_0 > 0 \\ u_l, & \dot{u}_0 \leqslant 0 \end{cases}, v_2 = \begin{cases} v_d, & \dot{v}_0 > 0 \\ v_u, & \dot{v}_0 \leqslant 0 \end{cases} \tag{4-41}$$

根据该矩形对下一帧图像的 ROI 区域进行预测。下一帧图像将在相机拍照间隔 t_{in} 后开始拍摄，经曝光时间 t_{ep} 后完成。取 ROI 区域起点为 $P_{\text{begin}}^{\text{ROI}} = P_{\text{begin}}(u_1, v_1)$，终点为

$$\begin{aligned} P_{\text{end}}^{\text{ROI}} = [& u_1 + (u_2 - u_1) \cdot (2 + k) + \delta_u, \\ & v_1 + (v_2 - v_1) \cdot (2 + k) + \delta_v], k = \frac{t_{\text{in}}}{t_{\text{ep}}} \end{aligned} \tag{4-42}$$

式中：δ_u、δ_v 分别为在 u、v 方向 ROI 区域的冗余量，以确保下一帧目标成像能完全落在 ROI 区域中。

4.6.2 ROI 提速方法验证

为了验证 ROI 检测提速方法的有效性，模拟生成目标的成像轨迹，并采用前述方法对目标轨迹进行识别、特征提取、匹配。相机基本参数如表 4-1 所示，初始时刻目标相对于航天器在相机坐标系下的运动状态及目标半径 r 如表 4-2 所示，航天器运行在地球同步圆轨道上。

表 4-1 相机基本参数

分辨率	视场角/(°)	焦距/mm	单像元尺寸/μm	曝光时间/ms	拍照间隔/ms
2 048×2 048	15×15	50	6.4×6.4	15	10

表 4-2 目标相对运动初始状态

序号	x_c/m	y_c/m	z_c/m	$\dot{x}_c/(\text{m}\cdot\text{s}^{-1})$	$\dot{y}_c/(\text{m}\cdot\text{s}^{-1})$	$\dot{z}_c/(\text{m}\cdot\text{s}^{-1})$	r/m
1	10 000	1 200	-800	100	-700	1 000	0.2
2	8 000	600	-700	-200	-500	1 000	0.1
3	5 000	300	600	-100	-200	-300	0.1
4	7 000	-400	-200	-150	500	300	0.1

根据相机基本参数与目标相对运动初始状态，模拟生成目标图像。模拟生成的第一帧图像如图 4-17 所示。采用 4.5.2 节的方法，求解得到第一帧图像

中目标轨迹的几何特征如表 4 - 3 所示。

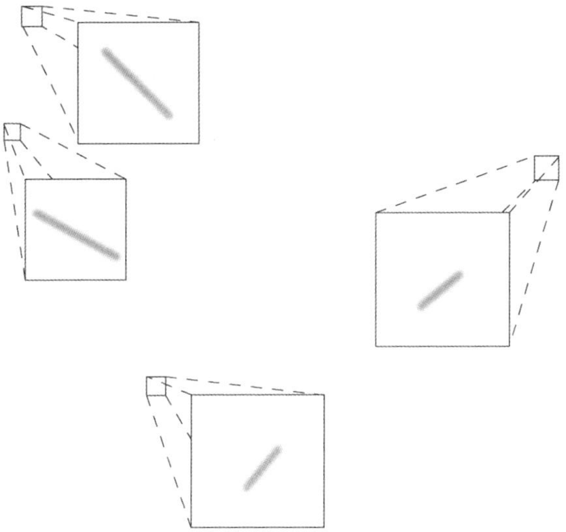

图 4 - 17　模拟生成的目标图像

表 4 - 3　第一帧图像目标轨迹几何特征计算结果

序号	面积/m^2	形心(u_0, v_0)/mm	长半轴 a/mm	短半轴 b/mm	偏心率 e/mm	夹角 θ/(°)
1	72	(404.8, 93.2)	9.58	2.43	0.967	34.2
2	72	(348.0, 441.5)	10.34	2.23	0.977	26.3
3	44	(1 954.5, 556.9)	5.91	2.37	0.916	-30.4
4	49	(802.6, 1 466.0)	6.73	2.32	0.939	-58.1

在表 4 - 1、表 4 - 2 所示的仿真条件下，仿真 5 次，仿真计算机配置信息如表 4 - 4 所示，仿真时间如表 4 - 5 所示。根据前两帧预测的第三帧图像中 ROI 区域如图 4 - 18 所示。目标 1 的 ROI 区域如图 4 - 18 (a) 所示，分辨率为 42 × 31，左上角坐标为 (417, 102)；目标 2 的 ROI 区域如图 4 - 18 (b) 所示，分辨率为 47 × 29，左上角坐标为 (364, 449)；目标 3 的 ROI 区域如图 4 - 18 (c) 所示，分辨率为 30 × 23，左上角坐标为 (1 918, 561)；目标 4 的 ROI 区域如图 4 - 18 (d) 所示，分辨率为 23 × 32，左上角坐标为 (807, 1 425)。相比于对整个分辨率为 2 048 × 2 048 的图像进行处理，经 ROI 区域预测后，图像处理的计算量大幅下降。

表 4－4　仿真计算机基本配置信息

处理器（CPU）	安装内存（RAM）	操作系统（OS）	仿真语言
Intel（R）CPU @ 3. 3GHz	4. 00 GB	Ubuntu 14. 04 LTS 64 bit	C ++

表 4－5　仿真时间统计

拍照时间/s	仿真 1/μs	仿真 2/μs	仿真 3/μs	仿真 4/μs	仿真 5/μs
0. 015	23 632	23 795	30 701	21 600	26 127
0. 04	20 097	20 737	27 159	21 366	23 262
0. 065	8 547	8 717	11 084	8 557	9 542
0. 09	8 088	8 098	10 194	8 043	8 846
0. 115	8 025	8 041	9 910	8 127	8 708
0. 14	8 061	8 034	9 619	8 049	8 483
0. 165	7 994	8 053	9 354	8 007	8 280
0. 19	8 023	8 039	9 179	8 033	8 164
0. 215	8 298	7 960	8 923	7 990	8 006
0. 24	8 039	8 230	8 735	8 004	7 992
0. 265	7 988	8 029	8 569	8 184	8 027
0. 29	7 985	8 000	8 408	8 057	7 989
0. 315	7 988	7 996	8 217	8 085	8 032
0. 34	7 990	8 018	8 062	8 069	8 004
0. 365	8 001	8 004	8 006	8 020	8 043
0. 39	7 990	8 049	8 020	8 013	8 015
0. 415	7 990	8 007	7 989	7 982	8 031
0. 44	8 002	8 016	8 014	8 039	8 014
0. 465	7 992	8 002	7 995	8 016	8 037
0. 49	7 971	7 979	7 984	7 986	7 986
0. 515	7 994	8 010	7 992	8 012	8 031
0. 54	8 001	8 012	8 020	8 050	8 030
0. 565	8 001	8 010	8 002	8 005	8 038
0. 59	7 990	8 018	8 013	8 003	8 016
0. 615	7 980	7 987	7 984	7 979	8 022
0. 64	7 975	8 058	7 992	7 996	8 008

续表

拍照时间/s	仿真 1/μs	仿真 2/μs	仿真 3/μs	仿真 4/μs	仿真 5/μs
0.665	7 970	7 985	7 983	7 969	8 012
0.69	7 960	7 967	7 966	7 984	7 985
0.715	7 982	7 997	7 989	7 981	8 011
0.74	7 995	8 008	8 003	8 023	8 019
0.765	7 997	8 009	8 006	8 030	8 035
0.79	7 992	7 997	7 998	7 998	8 014
0.815	8 000	8 012	8 013	8 015	8 044
0.84	8 019	8 023	8 029	8 031	8 074
0.865	8 006	8 017	8 015	8 020	8 049
0.89	8 027	8 037	8 038	8 045	8 056
0.915	8 018	8 040	8 044	8 088	8 069
0.94	8 016	8 053	8 020	8 022	8 037
0.965	7 988	8 013	8 011	8 004	8 040
0.99	7 970	7 959	7 961	7 968	7 990
总耗时	348 582	350 016	376 201	348 450	358 168
平均耗时	8 714	8 750	9 405	8 711	8 954

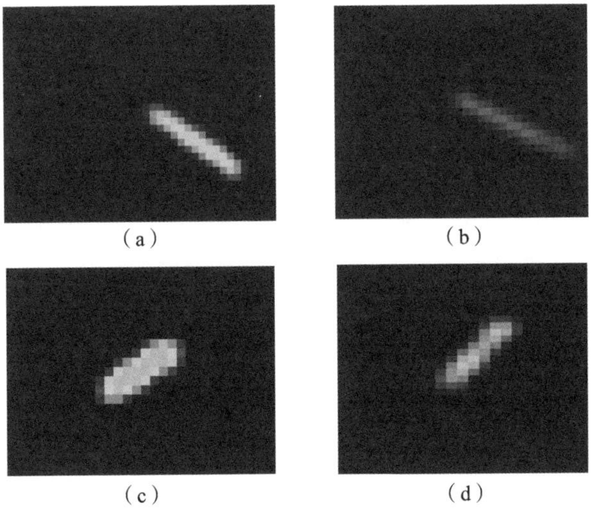

图 4－18　ROI 区域预测

（a）目标 1；（b）目标 2；（c）目标 3；（d）目标 4

仿真时间包含模拟图像的文件读取以及目标检测定位的全过程。对于帧率为40、分辨率为2 048×2 048的图像，该方法能达到实时处理的要求。仿真结果表明，对于表4-1所示参数的相机，时间消耗较多的为前两帧图像，其原因主要是前两帧图像需要进行全局检测。检测第一帧图像的时间稍长于第二帧图像，其原因主要是程序在读取第一帧图像时申请内存空间耗时较多。1 s采集到的图像处理时间不到0.4 s，平均处理一帧图像时间约为9 ms，每秒能处理约100帧图像，图像处理速度快，匹配准确，总体效果较好。

参考文献

[1] 赵琪. 基于星载可见光相机的空间碎片探测与定位方法 [D]. 北京：北京理工大学，2016.

[2] 龚自正，徐坤博，牟永强，等. 空间碎片环境现状与主动移除技术 [J]. 航天器环境工程，2014，31 (2)：129-135.

[3] Liou J. C. An Active Debris Removal Parametric Study for LEO Environment Remediation [J]. Advances in Space Research，2011，47 (11)：1865-1876.

[4] 庞宝君，许可. 空间碎片数据形式及轨道演化算法 [J]. 上海航天，2011，28 (1)：50-55.

[5] 龚建村，刘四清，师立勤，等. 空间环境天基探测现状与需求分析 [J]. 空间科学学报，2009，29 (3)：346-352.

[6] Anz-Meador P. D.，Matney M. J.，Liou J. C.，et al. Updating the NASA Debris Engineering Model：A Review of Source Data and Analytical Techniques [J]. Advances in Space Research，2001，28 (9)：1391-1395.

[7] 刘晓东. 基于探测数据获取空间碎片轨道参数方法研究 [D]. 哈尔滨：哈尔滨工业大学，2014.

[8] 韩蕾. 低轨空间监视的天地协同轨道确定与误差分析 [D]. 长沙：国防科学技术大学，2008.

[9] McCall G. H. Space Surveillance [R]. Air Force Space Command，2001.

[10] 李淼，康开华. 美国空间监视系统最新发展及趋势分析 [J]. 航天器工程，2008，17 (2)：76-82.

[11] 龚建村，韩蕾，马志昊，等. 载人飞船碰撞检测解析方法研究 [J]. 飞行器测控学报，2007，26 (2)：11-14.

[12] 马云. 空间目标光电阵实时信息处理技术研究 [D]. 长沙：国防科技大学，2006.

[13] 李骏. 空间目标天基光学监视跟踪关键技术研究 [D]. 长沙：国防科学技术大学，2009.

[14] 李强. 单星对卫星目标的被动定轨与跟踪关键技术研究 [D]. 长沙：国防科学技术大学，2007.

[15] 李雁斌，江利中，黄勇. 天基目标探测与监视系统发展研究 [J]. 制导与引信，2012，03：50－60.

[16] 崔潇潇. 美国天基空间目标监视系统概况 [J]. 国际太空，2011 (7)：37－43.

[17] 刘磊. 基于天基监视的空间目标测向初轨确定研究 [D]. 长沙：国防科技大学，2009.

[18] 潘晓刚，李济生，段晓君，等. 天基空间目标监视与跟踪系统轨道确定技术研究 [J]. 自然科学进展，2008，80 (11)：1226－1239.

[19] 张伟. 空间目标探测与识别方法研究 [D]. 北京：北京邮电大学，2011.

[20] 李宇海，王锴. 针对 1～10 cm 空间碎片的红外与可见光融合探测技术 [J]. 光电技术应用，2016，(06)：15－19.

[21] Fitzgibbon A., Pilu M., Fisher R. B. Direct Least Square Fitting of Ellipses [J]. Pattern Analysis and Machine Intelligence, IEEE Transactions on, 1999, 21 (5): 476－480.

[22] Whittle P. Prediction and Regulation by Linear Least－Square Methods [M]. English Universities Press, 1963.

[23] 蔡晗. 基于双目视觉的非合作目标相对测量实验研究 [D]. 北京：北京理工大学，2015.

[24] 李骏，高源，安玮，等. 天基光学空间目标监视图像仿真研究 [J]. 系统仿真学报，2008，20 (15)：3951－3954.

[25] 高源，林再平，李骏，等. 基于 CCD 点扩散和拖尾特性的星空模拟方法研究 [J]. 电子信息对抗技术，2008，2：58－62.

[26] 庄诚. 基于太阳赤纬角的地球同步轨道 (GEO) 空间碎片光度测量标定方法的研究 [D]. 杭州：浙江工业大学，2011.

[27] 欧阳桦. 基于 CCD 星敏感器的星图模拟和导航星提取的方法研究 [D]. 长沙：华中科技大学，2005.

[28] 王书宏，胡谋法，陈曾平. 天文 CCD 相机的噪声分析与信噪比模型的研究 [J]. 半导体光电，2007，28 (5)：731－734.

[29] 吕哲，王福利，常玉清. 一种改进的 Canny 边缘检测算法 [J]. 东北大学

学报：自然科学版，2008，28（12）：1681 – 1684.

[30] Hu M. K. Visual Pattern Recognition by Moment Invariants [C]. IRE Transactions on Information Theory，1962：179 – 187.

[31] 李秀明，石照耀．基于不变矩的椭圆（圆）识别方法 [J]．北京工业大学学报，2007（11）：1136 – 1140.

[32] 胡海涛，平子良，吴斌．具有旋转不变性的图像矩的快速算法 [J]．光学学报，2010（2）：394 – 398.

[33] 翟光，张景瑞．空间非合作目标快速姿态跟踪导航方法研究 [J]．宇航学报，2013（3）：362 – 368.

第 5 章

轨道非合作机动目标追踪

对空间非合作机动目标进行跟踪是空间态势感知的重要组成部分，也是维护太空安全的核心。因为非合作机动目标的机动特性如机动始末时间、机动加速度的大小及方向均为未知量，所以难以对目标进行准确的动力学建模，因此对非合作在轨机动目标的跟踪仍是空间态势感知领域的研究重点和难点。在现有的机动目标跟踪算法中，卡尔曼滤波算法及其改进算法依旧是跟踪领域应用最为广泛且有效的算法。

因此，本章将介绍4种滤波算法：标准卡尔曼滤波算法、扩展卡尔曼滤波算法、衰减记忆滤波算法及扩维卡尔曼滤波算法，分析这4种算法的优缺点及适用的目标类型，并考虑将扩维卡尔曼滤波算法与衰减记忆滤波算法结合，设计合适的机动检测器，形成基于机动检测的扩维参数自适应卡尔曼滤波跟踪算法。

5.1　未知机动及其影响分析

5.1.1　非合作机动目标的数学模型

空间非合作目标在执行轨道机动任务时，其机动加速度的大小、方向及发动机开关机时间均未知，在 t_k 时刻系统的状态方程和量测方程可分别表示为

$$x_k = \boldsymbol{\Phi}_{k/k-1}\boldsymbol{x}_{k-1} + \boldsymbol{B}_{k-1}\boldsymbol{u}_{k-1} + \boldsymbol{G}_{k-1}\boldsymbol{w}_{k-1} \tag{5-1}$$

$$\boldsymbol{Z}_k = \boldsymbol{f}(\boldsymbol{x}_k) + \boldsymbol{v}_k \tag{5-2}$$

式中：$\boldsymbol{\Phi}_{k/k-1}$为 t_{k-1}时刻到 t_k 时刻的状态转移矩阵；$\boldsymbol{x}_k$ 为 t_k 时刻的状态向量；$\boldsymbol{Z}_k$ 为量测向量；$\boldsymbol{B}_{k-1}$为控制输入矩阵；$\boldsymbol{G}_{k-1}$为噪声输入矩阵；$\boldsymbol{f}(\boldsymbol{x}_k)$为非线性观测方程；$\boldsymbol{u}_{k-1}$为机动加速度向量，其幅值、方向和开始 - 结束时间未知。

在标准卡尔曼滤波估计算法中，机动加速度 $\boldsymbol{u}_{k-1}$为已知量，$\boldsymbol{w}_k$ 和 $\boldsymbol{v}_k$ 分别表示系统的过程噪声和量测噪声，并且 $\boldsymbol{w}_k$ 和 $\boldsymbol{v}_k$ 是均值为 0，互不相关的高斯白噪声，并满足如下方程：

$$E(\boldsymbol{w}_k) = \boldsymbol{0}, E(\boldsymbol{v}_k) = \boldsymbol{0} \tag{5-3}$$

$$E(\boldsymbol{w}_k\boldsymbol{w}_j^{\mathrm{T}}) = \boldsymbol{Q}_k\delta_{kj}, E(\boldsymbol{v}_k\boldsymbol{v}_j^{\mathrm{T}}) = \boldsymbol{R}_k\delta_{kj} \tag{5-4}$$

$$E(\boldsymbol{w}_k\boldsymbol{v}_j) = \boldsymbol{0} \tag{5-5}$$

式中：$\boldsymbol{Q}_k$ 和 $\boldsymbol{R}_k$ 分别为过程噪声和量测噪声的方差矩阵，过程噪声方差矩阵 $\boldsymbol{Q}_k$ 为非负定矩阵，量测噪声方差矩阵 $\boldsymbol{R}_k$ 为正定阵；δ_{ij}为克罗内克函数，则

$$\delta_{ij}=\begin{cases}0, & i\neq j\\ 1, & i=j\end{cases} \tag{5-6}$$

在对空间非合作目标进行观测时，天基监视系统常采用可见光相机和激光测距仪的组合测量方式。可见光相机可以测得目标的方位角 α、ε，激光测距仪可以测得目标的相对距离 ρ，量测量均在观测航天器质心轨道坐标系下测得。量测量与相对位置坐标之间满足如下方程：

$$\begin{cases}\alpha=\arctan\dfrac{y}{x}+v_{\alpha}\\ \varepsilon=-\arctan\dfrac{z}{x}+v_{\varepsilon}\\ \rho=\sqrt{x^2+y^2+z^2}+v_{\rho}\end{cases} \tag{5-7}$$

式中：v_{α}、v_{ε}、v_{ρ} 分别为可见光相机的角度测量误差和激光测距仪的测距误差。

令量测向量为 $\boldsymbol{Z}_k=[\alpha\quad\varepsilon\quad\rho]^{\mathrm{T}}$，$\boldsymbol{v}_k=[v_{\alpha}\quad v_{\varepsilon}\quad v_{\rho}]^{\mathrm{T}}$，式（5-7）可以写为

$$\boldsymbol{Z}_k=\boldsymbol{h}(\boldsymbol{X}_k)+\boldsymbol{v}_k \tag{5-8}$$

则非线性量测函数 $\boldsymbol{h}(\boldsymbol{X}_k)$ 的雅可比矩阵为

$$\begin{aligned}\boldsymbol{H}_k&=\left.\frac{\partial\boldsymbol{h}[\boldsymbol{X}_k,k]}{\partial\boldsymbol{X}}\right|_{\boldsymbol{X}_k=\hat{\boldsymbol{X}}_k}\\&=\begin{bmatrix}-\dfrac{y}{x^2+y^2} & \dfrac{x}{x^2+y^2} & 0 & 0 & 0 & 0\\ \dfrac{z}{x^2+z^2} & 0 & -\dfrac{x}{x^2+z^2} & 0 & 0 & 0\\ \dfrac{x}{\sqrt{x^2+y^2+z^2}} & \dfrac{y}{\sqrt{x^2+y^2+z^2}} & \dfrac{z}{\sqrt{x^2+y^2+z^2}} & 0 & 0 & 0\end{bmatrix}\end{aligned} \tag{5-9}$$

5.1.2 未知机动的影响分析

在目标发生轨道机动的情况下，如果机动信息是已知的，则卡尔曼滤波能够实现对目标动力学状态的最优无偏估计。然而，对于非合作目标，其机动信息完全未知，当机动发生时，卡尔曼滤波无法对机动信息做出响应并调整滤波迭代过程，因此会导致滤波的发散。事实上，卡尔曼滤波在迭代过程中，其滤波增益矩阵和协方差矩阵的预测和更新是独立于残差信息的，并且随着时间的推移，滤波增益矩阵趋近于常值，该常值滤波增益矩阵可以通过黎卡提方程求解获得。在这种情况下，即便是由于目标机动导致残差增大，滤波增益矩阵也无法自主做出调整，因此最终会导致滤波性能的退化，甚至导致滤波的发散。

5.2 稳健性相对导航滤波

在工程中，常用协方差矩阵膨胀法来降低未知机动对滤波过程的影响，协方差矩阵可以在一定程度上抑制滤波过程的发散。协方差矩阵膨胀法的主要思想是当探测到机动发生时，协方差矩阵即按照一定的规则增大，从而在滤波修正过程中增大对当前观测信息的利用权重，协方差矩阵一旦增大，则将重新启动滤波增益矩阵的收敛过程。

5.2.1 衰减记忆滤波

在对非合作机动目标进行跟踪时，由于机动特性未知，因此难以得到系统动力学特性的准确数学模型和噪声统计模型。模型不能真实地反映实际的物理过程，导致模型与所获得的量测值不匹配。并且，在滤波计算过程中，随着时间不断积累，按照滤波方程计算的估计均方误差阵会逐渐趋于零或趋于某一稳态值，滤波增益也随之下降，使得当前系统的量测值对滤波值的修正作用逐渐消失。估计值相对于实际的被估计值的偏差却越来越大，使滤波器逐渐失去估计作用，导致滤波发散。

因此，当滤波模型描述不准确时，可以考虑通过加大当前量测值的加权系数，相应地降低早期量测值的加权系数，即减少滤波器中验前信息的影响。更多地利用新数据，来补偿模型不准确所带来的误差，从而抑制滤波的发散，即衰减记忆滤波的核心思想。下面建立衰减记忆滤波算法的方程组。

由标准型卡尔曼滤波算法可知，量测噪声的方差阵 $\boldsymbol{R}_k$ 及估计均方误差矩阵 $\boldsymbol{P}_k$ 能够定量描述量测值 $\boldsymbol{Z}_k$ 和状态估计值 $\hat{\boldsymbol{X}}_{k-1}$ 中有用信息的量。为了增大新鲜量测值的权重，可增大 $\boldsymbol{R}_k$ 和 $\boldsymbol{P}_k$ 的值，首先对噪声统计模型进行修改：

$$\boldsymbol{X}_k^N = \boldsymbol{\Phi}_{k/k-1}\boldsymbol{X}_{k-1}^N + \boldsymbol{W}_{k-1}^N \tag{5-10}$$

$$\boldsymbol{Z}_k = \boldsymbol{H}_k\boldsymbol{X}_k^N + \boldsymbol{V}_k^N, (k \leqslant N) \tag{5-11}$$

式中：量测噪声 $\boldsymbol{V}_k^N$ 的统计特性取为

$$E[\boldsymbol{V}_k^N] = \boldsymbol{0} \tag{5-12}$$

$$E[\boldsymbol{V}_k^N(\boldsymbol{V}_k^N)^{\mathrm{T}}] = \boldsymbol{R}_k^N = \boldsymbol{R}_k s^{N-k}, (s > 1) \tag{5-13}$$

过程噪声 $\boldsymbol{W}_{k-1}^N$ 的统计特性取为

$$E[\boldsymbol{W}_{k-1}^N] = \boldsymbol{0} \tag{5-14}$$

$$E[\boldsymbol{W}_{k-1}^N(\boldsymbol{W}_{k-1}^N)^{\mathrm{T}}] = \boldsymbol{Q}_{k-1}^N = \boldsymbol{Q}_{k-1}s^{N-k} \tag{5-15}$$

初始状态 $\boldsymbol{X}_0^N$ 的统计特性取为

$$E[\boldsymbol{X}_0^N] = \boldsymbol{m}_{X_0} \tag{5-16}$$

$$\mathrm{Var}[\boldsymbol{X}_0^N] = \boldsymbol{P}_0^N = \boldsymbol{P}_0 s^N \tag{5-17}$$

并且，$\boldsymbol{V}_k^N$、$\boldsymbol{W}_{k-1}^N$和 $\boldsymbol{X}_0^N$ 不互相关，因此修改后的滤波方程为

$$\hat{\boldsymbol{X}}_k^N = \boldsymbol{\Phi}_{k/k-1}\hat{\boldsymbol{X}}_{k-1}^N + \boldsymbol{K}_k^N[\boldsymbol{Z}_k - \boldsymbol{H}_k\boldsymbol{\Phi}_{k/k-1}\hat{\boldsymbol{X}}_{k-1}^N] \tag{5-18}$$

$$\boldsymbol{K}_k^N = \boldsymbol{P}_{k/k-1}^N\boldsymbol{H}_k^{\mathrm{T}}[\boldsymbol{H}_k\boldsymbol{P}_{k/k-1}^N\boldsymbol{H}_k^{\mathrm{T}} + \boldsymbol{R}_k^N]^{-1} \tag{5-19}$$

$$\boldsymbol{P}_{k/k-1}^N = \boldsymbol{\Phi}_{k/k-1}\boldsymbol{P}_{k-1}^N\boldsymbol{\Phi}_{k/k-1}^{\mathrm{T}} + \boldsymbol{Q}_{k-1}^N \tag{5-20}$$

$$\boldsymbol{P}_k^N = (\boldsymbol{I} - \boldsymbol{K}_k^N\boldsymbol{H}_k)\boldsymbol{P}_{k/k-1}^N \tag{5-21}$$

滤波初值为

$$\hat{\boldsymbol{X}}_0^N = E[\boldsymbol{X}_0^N] = \boldsymbol{m}_{X_0} \tag{5-22}$$

$$\boldsymbol{P}_0^N = \boldsymbol{P}_0 s^N \tag{5-23}$$

式（5－20）两边同乘 $s^{-(N-k)}$，可得

$$s^{-(N-k)}\boldsymbol{P}_{k/k-1}^N = \boldsymbol{\Phi}_{k/k-1}s^{-[N-(k-1)]+1}\boldsymbol{P}_{k-1}^N\boldsymbol{\Phi}_{k/k-1}^{\mathrm{T}} + s^{-(N-k)}\boldsymbol{Q}_{k-1}^N \tag{5-24}$$

记 $\boldsymbol{P}_{k/k-1}^* = s^{-(N-k)}\boldsymbol{P}_{k/k-1}^N$，$\boldsymbol{P}_k^* = \boldsymbol{P}_k^N s^{-(N-k)}$，$\hat{\boldsymbol{X}}_{k-1}^* = \hat{\boldsymbol{X}}_{k-1}^N$，则式（5－24）可以写为

$$\boldsymbol{P}_{k/k-1}^* = \boldsymbol{\Phi}_{k/k-1}(\boldsymbol{P}_{k-1}^* \cdot s)\boldsymbol{\Phi}_{k/k-1}^{\mathrm{T}} + \boldsymbol{Q}_{k-1} \tag{5-25}$$

式（5－19）可以写为

$$\begin{aligned}\boldsymbol{K}_k^N &= s^{-(N-k)}\boldsymbol{P}_{k/k-1}^N\boldsymbol{H}_k^{\mathrm{T}}[\boldsymbol{H}_k s^{-(N-k)}\boldsymbol{P}_{k/k-1}^N\boldsymbol{H}_k^{\mathrm{T}} + \boldsymbol{R}_k^N s^{-(N-k)}] - 1 \\ &= \boldsymbol{P}_{k/k-1}^*\boldsymbol{H}_k^{\mathrm{T}}[\boldsymbol{H}_k\boldsymbol{P}_{k/k-1}^*\boldsymbol{H}_k^{\mathrm{T}} + \boldsymbol{R}_k]^{-1} \triangleq \boldsymbol{K}_k^*\end{aligned} \tag{5-26}$$

式（5－21）两边同乘 $s^{-(N-k)}$，可得

$$s^{-(N-k)}\boldsymbol{P}_k^N = (\boldsymbol{I} - \boldsymbol{K}_k^N\boldsymbol{H}_k)\boldsymbol{P}_{k/k-1}^N s^{-(N-k)} \tag{5-27}$$

即

$$\boldsymbol{P}_k^* = (\boldsymbol{I} - \boldsymbol{K}_k^*\boldsymbol{H}_k)\boldsymbol{P}_{k/k-1}^* \tag{5-28}$$

故式（5－18）可以写为

$$\hat{\boldsymbol{X}}_k^* = \boldsymbol{\Phi}_{k/k-1}\hat{\boldsymbol{X}}_{k-1}^* + \boldsymbol{K}_k^*[\boldsymbol{Z}_k - \boldsymbol{H}_k\boldsymbol{\Phi}_{k/k-1}\hat{\boldsymbol{X}}_{k-1}^*] \tag{5-29}$$

滤波初值为 $\hat{\boldsymbol{X}}_0^* = \boldsymbol{m}_{X_0}$，$\boldsymbol{P}_0^* = \boldsymbol{P}_0^N s^{-N} = \boldsymbol{P}_0$。衰减记忆滤波基本方程由式（5－25）、式（5－26）、式（5－28）和式（5－29）组成，与卡尔曼滤波方程相比，不同的地方仅在于式（5－25）多了一个标量的衰减记忆因子 $s(s>1)$。由于 $s>1$，$\boldsymbol{P}_{k+1/k}^*$总比 $\boldsymbol{P}_{k+1/k}$大，所以总有 $\boldsymbol{K}_{k+1}^* > \boldsymbol{K}_{k+1}$。说明采用衰减记忆滤波算法时，对新量测值的利用权重比采用基本方程时的权重大，又由于

$$\hat{\boldsymbol{X}}_k^* = (\boldsymbol{I} - \boldsymbol{K}_k^*\boldsymbol{H}_k)\boldsymbol{\Phi}_{k,k-1}\hat{\boldsymbol{X}}_{k-1}^* + \boldsymbol{K}_k^*\boldsymbol{Z}_k \tag{5-30}$$

$\boldsymbol{K}_k^* > \boldsymbol{K}_k$ 说明对 $\hat{\boldsymbol{X}}_{k-1}^*$的利用权重降低，即降低了旧量测值对估计值的影响。因

此，衰减记忆滤波算法较扩展卡尔曼滤波算法抗干扰能力增强。

5.2.2　扩维卡尔曼滤波算法

扩维卡尔曼滤波算法的核心思想是将机动加速度变量增广至原有的状态向量中，使得原卡尔曼滤波算法中由位置和速度构成的6维状态向量变为由位置、速度和加速度构成的9维状态向量，扩维后的状态向量可表示为

$$\boldsymbol{x}_k^a = [x_k \quad y_k \quad z_k \quad \dot{x}_k \quad \dot{y}_k \quad \dot{z}_k \quad u_{xk},\ u_{yk},\ u_{zk}]^{\mathrm{T}} \tag{5-31}$$

式中：u 为估计的机动推力加速度信息；$\boldsymbol{x}_k^a$ 的上标"a"表示扩维后的状态向量。

扩维后的状态方程可改写为

$$\boldsymbol{x}_k^a = \begin{bmatrix} \boldsymbol{\Phi}_{k/k-1} & \boldsymbol{M} \\ \boldsymbol{0}_{3\times3} & \boldsymbol{0}_{3\times3} \end{bmatrix} \boldsymbol{x}_{k-1}^a + \boldsymbol{G}_{k-1}^a \boldsymbol{w}_{k-1} = \boldsymbol{\Phi}_{k/k-1}^a \boldsymbol{x}_{k-1}^a + \boldsymbol{G}_{k-1}^a \boldsymbol{w}_{k-1} \tag{5-32}$$

式中：$\boldsymbol{M} = [\boldsymbol{0}_{3\times3} \quad \boldsymbol{I}_{3\times3}]^{\mathrm{T}}$，当状态向量维度增加后，协方差矩阵的维度也随之增加，即

$$\boldsymbol{P}_k^a = \begin{bmatrix} \boldsymbol{P}_k & 0 \\ 0 & \boldsymbol{P}_k^{\mathrm{th}} \end{bmatrix} \tag{5-33}$$

式中：$\boldsymbol{P}_k^{\mathrm{th}}$ 为 3×3 维的矩阵，包含了加速度估计误差的信息。

滤波增益矩阵变为

$$\boldsymbol{K}_k^a = [\boldsymbol{K}_k \quad \boldsymbol{K}_k^{\mathrm{th}}]^{\mathrm{T}} \tag{5-34}$$

式中：$\boldsymbol{K}_k^{\mathrm{th}}$ 为 3×3 维的矩阵。

扩维卡尔曼滤波算法的方程与卡尔曼滤波算法的基本方程一致。该算法将扰动项作为系统的状态变量进行估计，并将估计的扰动项通过滤波算法对模型误差进行补偿，可有效提高滤波算法的抗干扰能力。该算法有一个隐藏的假设，即设扰动或者机动引起的加速度变化率为0，这可能会导致扩维卡尔曼滤波算法在具有时变的干扰加速度的情况下估计精度大大降低，严重时会导致滤波发散。

5.2.3　卡尔曼滤波算法的仿真对比分析

假设观测星和非合作目标均运行在高为700 km的圆轨道上，并且两者之间的距离远小于轨道半径，初始相对位置向量为 $\boldsymbol{r} = [500\ \mathrm{m}, 300\ \mathrm{m}, 200\ \mathrm{m}]^{\mathrm{T}}$，相对速度向量为 $\boldsymbol{v} = [10\ \mathrm{m/s}, 10\ \mathrm{m/s}, 5\ \mathrm{m/s}]^{\mathrm{T}}$，滤波采样周期为0.1 s，总时长为1 000 s，初始位置和速度偏差为 $\boldsymbol{x}_{\mathrm{error}} = [300\ \mathrm{m}, 200\ \mathrm{m}, 100\ \mathrm{m}, 10\ \mathrm{m/s}, 15\ \mathrm{m/s}, 20\ \mathrm{m/s}]^{\mathrm{T}}$。选取C－W方程作为系统的动力学模型，将位置和速度作为系统的状态变量 $\boldsymbol{x} = [x, y, z, \dot{x}, \dot{y}, \dot{z}]^{\mathrm{T}}$，控制驱动矩阵和过程噪声驱动矩阵分别为

$\boldsymbol{B}_k=[\boldsymbol{0}_{3\times3}\quad \boldsymbol{I}_{3\times3}]^{\mathrm{T}}$ 和 $\boldsymbol{G}_k=\boldsymbol{I}_{6\times6}$。观测星采取可见光相机与激光测距仪的组合测量方式，获得测角和测距信息。其中，相机测量精度为1″，激光测距仪测距精度为0.1 m（3σ）。

非合作机动目标的机动加速度模型可分为三类：第一类是目标不发生未知机动，即机动加速度为0，称为无机动模型；第二类是目标的机动加速度为常值，即机动加速度变化率为0，称为常值机动模型；第三类是目标的机动加速度为时变量，即机动加速度变化率不为0，称为非常值机动模型。表5－1给出了本算例的三种机动加速度模型的具体值。

表5－1　机动加速度模型

机动加速度模型	机动始末时刻	加速度/(m·s⁻²)
无机动模型	无	0
常值机动模型	0～1 000 s	$[0.1\ 0.1\ 0.1]^{\mathrm{T}}$
非常值机动模型	0～1 000 s	u_{VA}

表5－1中非常值机动模型中 u_{VA} 的表达式为

$$u_{\mathrm{VA}}=\begin{cases}0.1\sin(0.02\pi t)\\0.2\sin(0.04\pi t+100)\\0.3\sin(0.06\pi t+300)\end{cases}\tag{5-35}$$

下面分别采用扩展卡尔曼滤波算法、衰减记忆滤波算法以及扩维卡尔曼滤波算法对表5－1中三种具有不同机动加速度的系统进行数值仿真，仿真结果如图5－1～图5－10所示。

1. 无机动模型仿真对比

当机动加速度模型为无机动模型时，即非合作目标未发生机动时，使用扩展卡尔曼滤波算法、衰减记忆滤波算法（$\alpha=1.05$）以及扩维卡尔曼滤波算法进行目标跟踪时的位置误差和速度误差分别如图5－1～图5－3所示。

由图5－1～图5－3可以看出，扩展卡尔曼滤波算法在目标未发生机动时的位置估计误差不大于0.015 m，速度估计误差不大于 5×10^{-5} m/s；衰减记忆滤波算法在目标未发生机动时的位置估计误差不大于0.3 m，速度估计误差不大于0.05 m/s，并且有逐渐发散的趋势；扩维卡尔曼滤波算法的位置误差不大于0.04 m，速度误差不大于0.002 m/s。综上所述，当非合作目标不发生机动时，这三种滤波算法在目标跟踪时的跟踪精度最高的是扩展卡尔曼滤波算法，其次是扩维卡尔曼滤波算法，最低的是衰减记忆滤波算法。

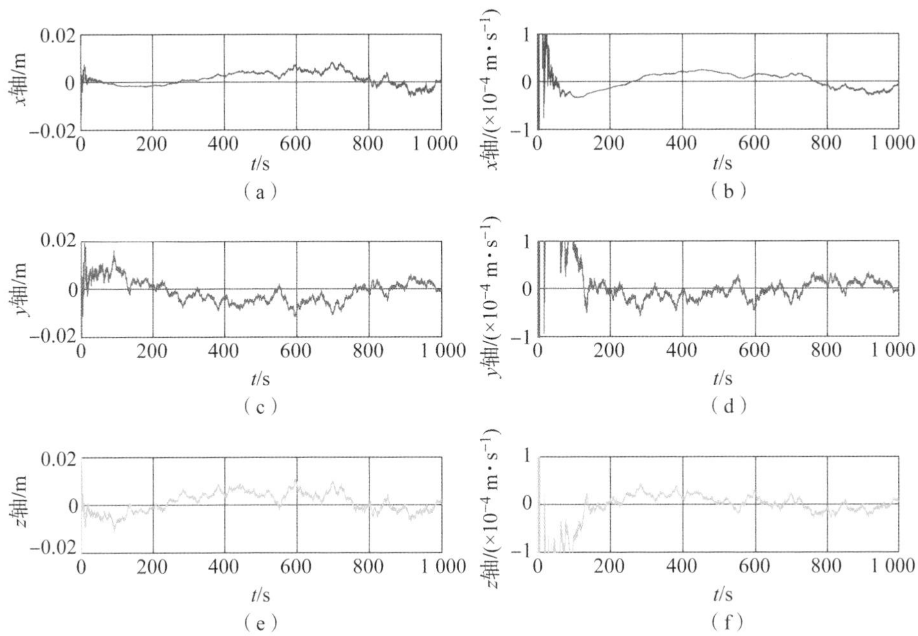

图 5－1　扩展卡尔曼滤波算法的位置和速度跟踪误差（无机动）

（a）x 轴位置误差；（b）x 轴速度误差；（c）y 轴位置误差；

（d）y 轴速度误差；（e）z 轴位置误差；（f）z 轴速度误差

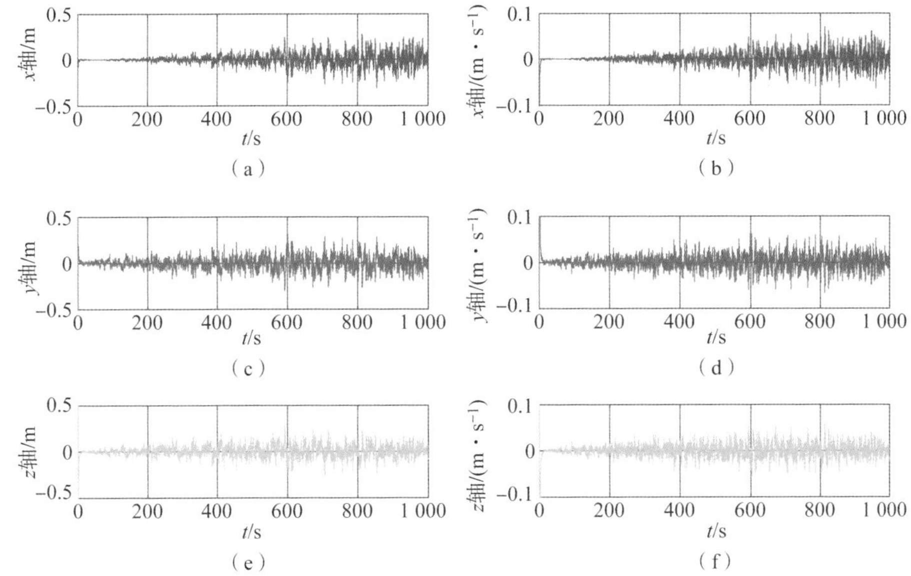

图 5－2　衰减记忆滤波算法的位置和速度跟踪误差（无机动，α＝1.05°）

（a）x 轴位置误差；（b）x 轴速度误差；（c）y 轴位置误差；

（d）y 轴速度误差；（e）z 轴位置误差；（f）z 轴速度误差

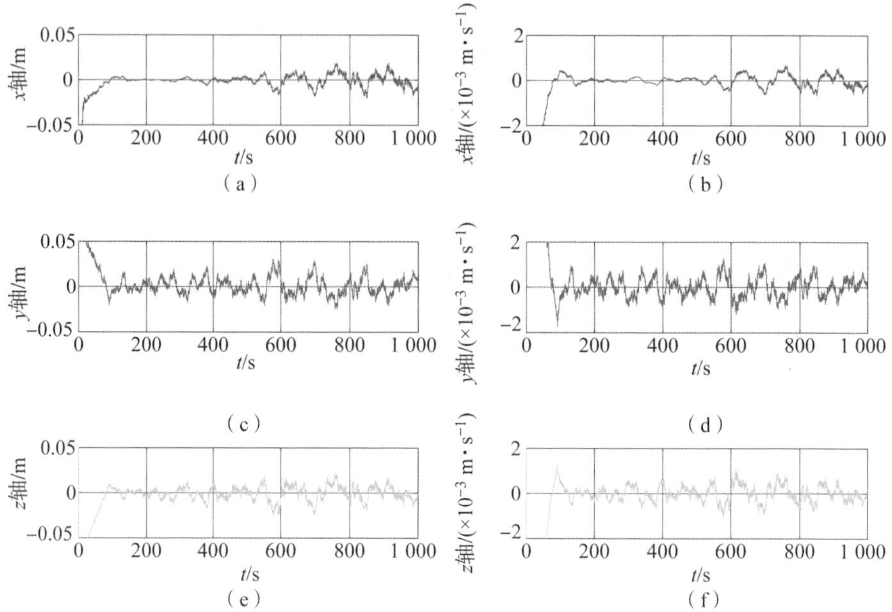

图 5－3　扩维卡尔曼滤波算法的位置和速度跟踪误差（无机动）

（a）x 轴位置误差；（b）x 轴速度误差；（c）y 轴位置误差；
（d）y 轴速度误差；（e）z 轴位置误差；（f）z 轴速度误差

当目标不发生机动时，由于系统的动力学模型与实际运动状态相符，此时扩展卡尔曼滤波算法为最优估计，因此估计误差最小，跟踪精度最高。扩维卡尔曼滤波算法与扩展卡尔曼滤波算法相比精度略低，这是由于算法将系统中的噪声信息当作机动加速度信息进行了估计，即实际机动加速度为 0 时，估计的机动加速度不为 0。但是却将估计的伪加速度值作为系统动力学补偿量，所以导致扩维卡尔曼滤波算法的精度较扩展卡尔曼滤波算法低。衰减记忆滤波算法与扩展卡尔曼滤波算法相比精度变低是由于衰减记忆因子的引入，因为记忆因子的增大会使在估计中量测数据的使用权重增大，引入了比扩展卡尔曼滤波算法更多的量测噪声，并且会随时间积累。因此，会出现图 5－2 中相对位置和速度误差开始较小，随着时间的增长，误差逐渐增大的现象。

2. 常值机动模型仿真对比

当机动加速度模型为常值机动模型时，即非合作目标的机动加速度为常值时，使用扩展卡尔曼滤波算法、衰减记忆滤波算法（$\alpha = 1.05$，$\alpha = 1.08$）以及扩维卡尔曼滤波算法进行目标跟踪时的位置误差和速度误差分别如图 5－4 ~ 图 5－7 所示。

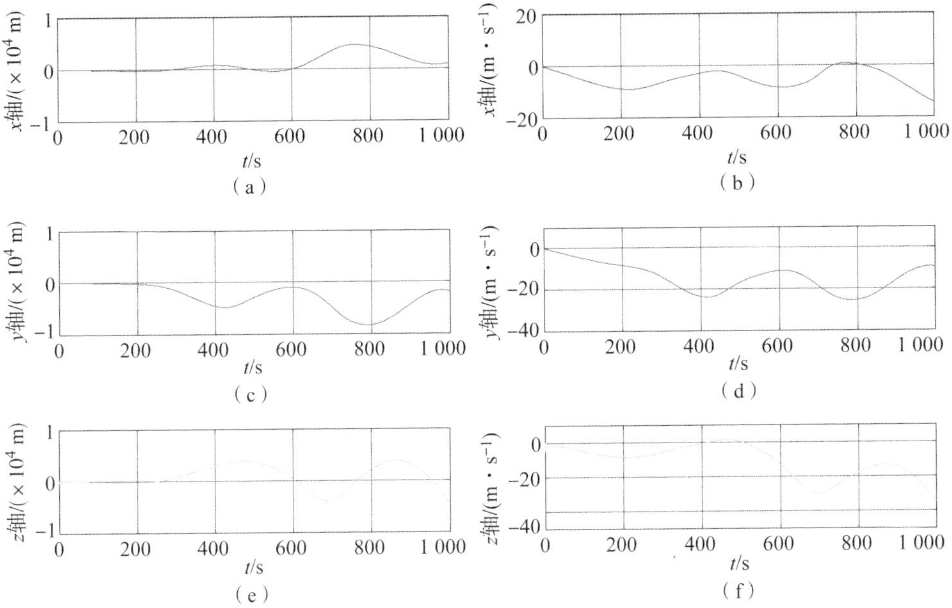

图 5－4　扩展卡尔曼滤波算法的位置和速度跟踪误差（常值机动）

（a）x 轴位置误差；（b）x 轴速度误差；（c）y 轴位置误差；

（d）y 轴速度误差；（e）z 轴位置误差；（f）z 轴速度误差

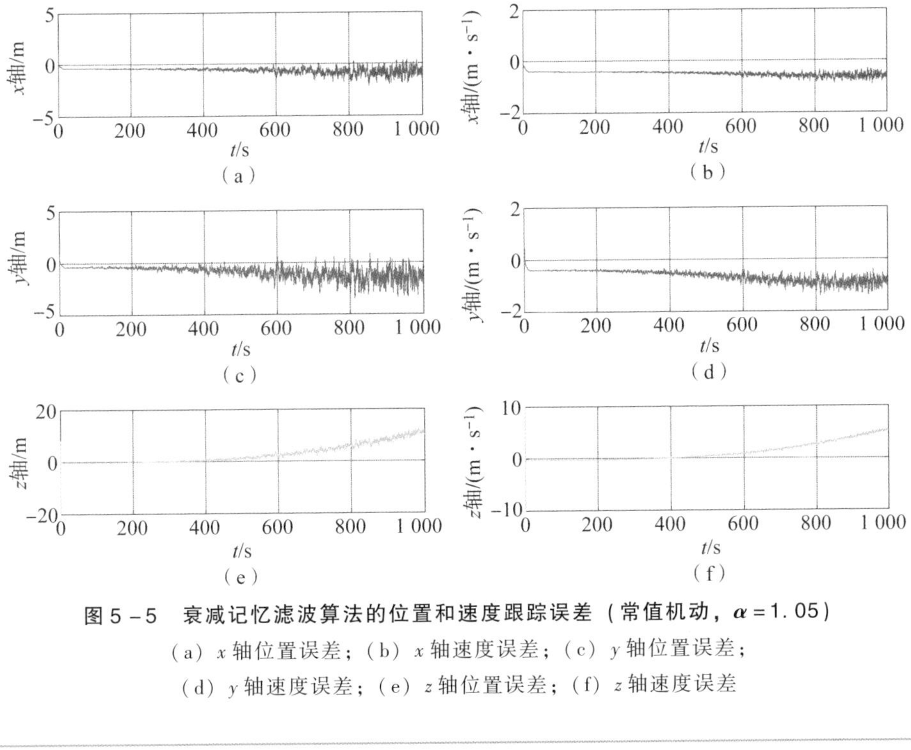

图 5－5　衰减记忆滤波算法的位置和速度跟踪误差（常值机动，$\alpha=1.05$）

（a）x 轴位置误差；（b）x 轴速度误差；（c）y 轴位置误差；

（d）y 轴速度误差；（e）z 轴位置误差；（f）z 轴速度误差

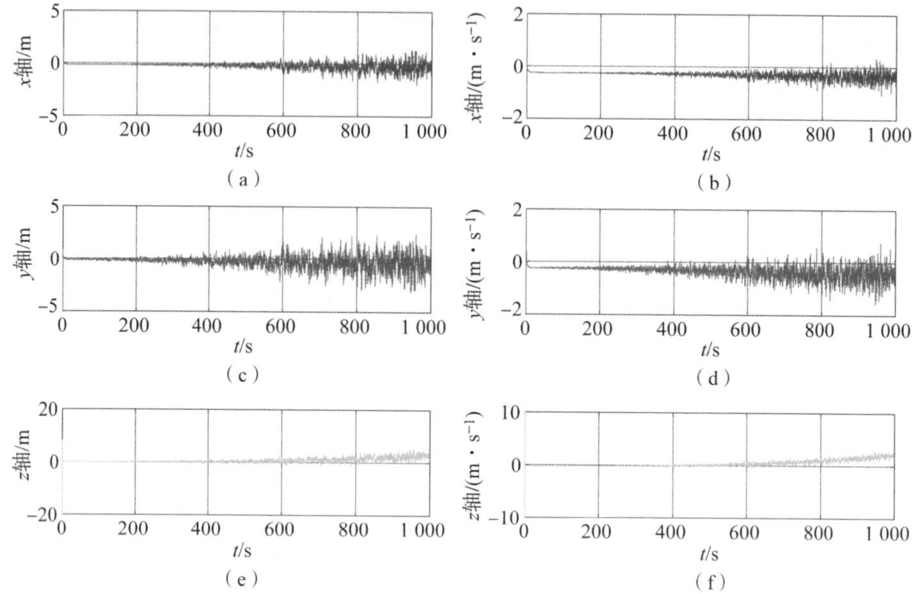

图 5-6　衰减记忆滤波算法的位置和速度跟踪误差（常值机动，α=1.08）

(a) x 轴位置误差；(b) x 轴速度误差；(c) y 轴位置误差；

(d) y 轴速度误差；(e) z 轴位置误差；(f) z 轴速度误差

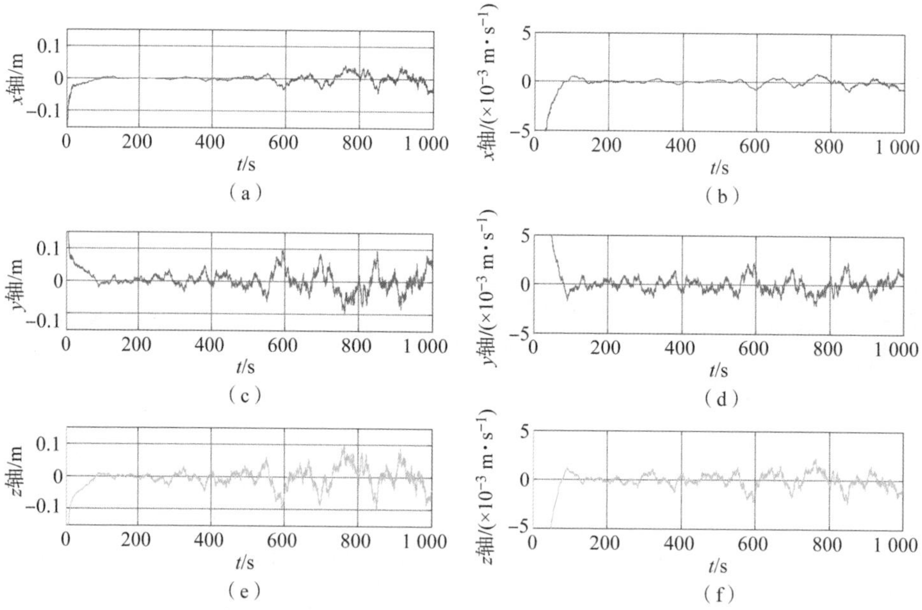

图 5-7　扩维卡尔曼滤波算法的位置和速度跟踪误差（常值机动）

(a) x 轴位置误差；(b) x 轴速度误差；(c) y 轴位置误差；

(d) y 轴速度误差；(e) z 轴位置误差；(f) z 轴速度误差

由图5－4～图5－7可以看出，扩展卡尔曼滤波算法在目标机动加速度为常值时的位置估计误差峰值接近10^4 m，速度估计误差峰值接近40 m/s，且呈现严重的发散趋势；当衰减记忆因子$\alpha=1.05$时，衰减记忆滤波算法在目标机动加速度为常值时的位置估计误差不大于20 m，速度估计误差不大于10 m/s，并且有逐渐发散的趋势；扩维卡尔曼滤波算法的位置误差不大于0.1 m，速度误差不大于0.004 m。

综上所述，当非合作目标的机动加速度为常值时，这三种滤波算法中仅有扩维卡尔曼滤波算法能保持较高的跟踪精度，其次为衰减记忆滤波算法，扩展卡尔曼滤波算法已完全失去跟踪的功能。

当非合作目标发生常值机动时，扩展卡尔曼滤波算法出现误差发散导致目标丢失的原因是建立的系统动力学模型中不包含机动加速度项，即动力学模型与实际运动状态不匹配，此时扩展卡尔曼滤波算法已不是最优估计。故当系统动力学模型无法准确获得或受到外界干扰时，扩展卡尔曼滤波算法不适用于状态估计，即扩展卡尔曼滤波算法不适用于发生机动的目标跟踪。

与扩展卡尔曼滤波算法的发散比较，衰减记忆滤波算法的跟踪精度有显著提高，这是因为衰减记忆因子的引入增加了量测数据在状态估计时的权重，在一定程度上能够缓解模型误差带来的滤波发散问题，改善了扩展卡尔曼滤波算法，有较强的抗干扰能力。由图5－5和图5－6可以看出，衰减记忆因子越大，衰减记忆滤波算法的估计误差变小，即抗干扰性变强。但是误差估计曲线所含的噪声项也随之增大，因此不可盲目增大衰减记忆因子以达到抑制滤波发散的目的。衰减记忆滤波算法误差曲线中的噪声也随时间的积累而持续增大，这也是衰减记忆滤波的一个主要缺点，因此该算法仅能适用于低精度的目标跟踪。

当非合作目标发生常值机动时，扩维卡尔曼滤波算法能保持较高精度的原因是扩维后的状态变量中加速度项可以实现对机动加速度的实时估计。虽然加速度估计项中可能含有由于噪声引起的伪加速度值，但是由于噪声引起的伪加速度值远远小于机动加速度值，因此对状态估计的影响较小，故扩维卡尔曼滤波算法能在非合作机动目标发生常值机动时实现高精度的跟踪。

3. 非常值机动模型仿真对比

当机动加速度模型为非常值机动模型时，即非合作目标的机动加速度时变时，使用扩展卡尔曼滤波算法、衰减记忆滤波算法（$\alpha=1.05$）及扩维卡尔曼滤波算法进行仿真验证，两种算法在目标跟踪时的位置误差和速度误差分别如图5－8～图5－10所示。

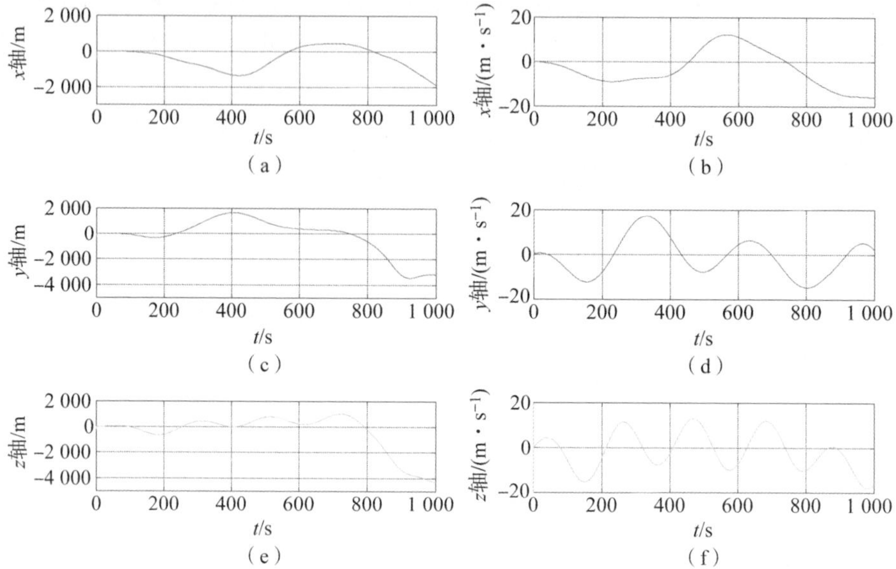

图 5－8　扩展卡尔曼滤波算法的位置和速度跟踪误差（非常值机动）

（a）x 轴位置误差；（b）x 轴速度误差；（c）y 轴位置误差；

（d）y 轴速度误差；（e）z 轴位置误差；（f）z 轴速度误差

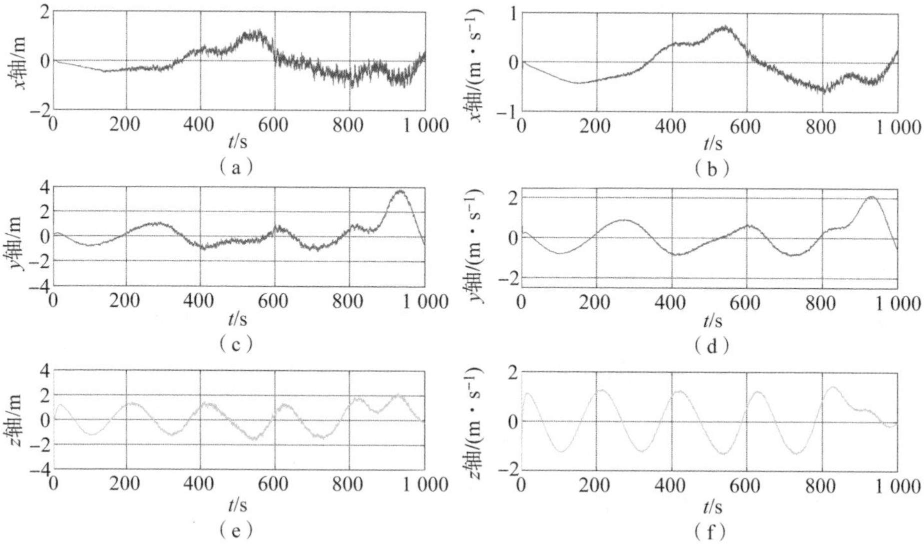

图 5－9　衰减记忆滤波算法的位置和速度跟踪误差（非常值机动，$\alpha=1.05$）

（a）x 轴位置误差；（b）x 轴速度误差；（c）y 轴位置误差；

（d）y 轴速度误差；（e）z 轴位置误差；（f）z 轴速度误差

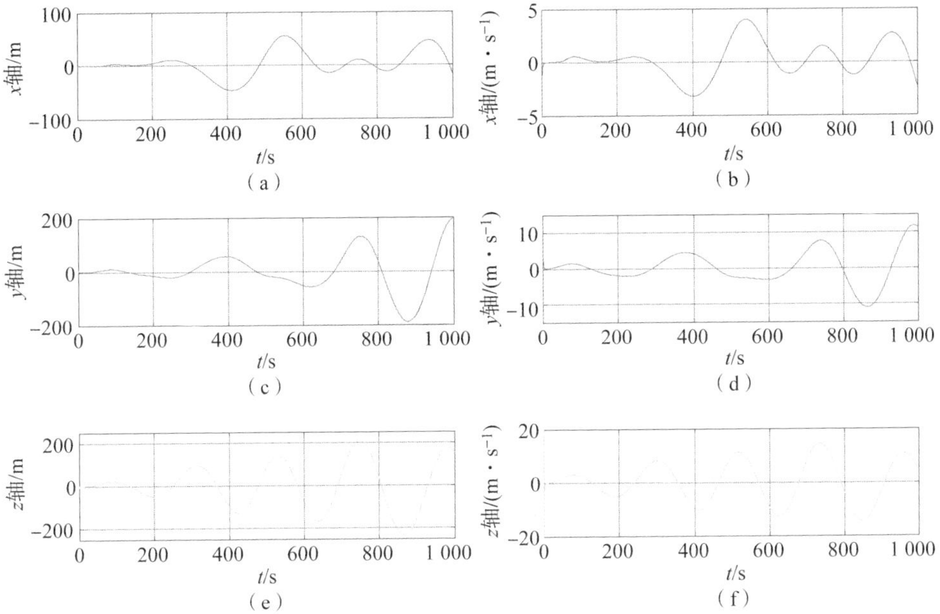

图 5－10　扩维卡尔曼滤波算法的位置和速度跟踪误差（非常值机动）

（a）x 轴位置误差；（b）x 轴速度误差；（c）y 轴位置误差；

（d）y 轴速度误差；（e）z 轴位置误差；（f）z 轴速度误差

由图 5－8～图 5－10 可以看出，扩展卡尔曼滤波算法在目标机动加速度为常值时的位置估计误差峰值接近 4 000 m，速度估计误差峰值接近 20 m/s，与常值机动模型一样呈现严重的发散趋势；衰减记忆滤波算法在目标机动加速度为常值时的位置估计误差不大于 4 m，速度估计误差不大于 2 m/s，误差曲线有发散趋势；扩维卡尔曼滤波算法的位置误差峰值接近 200 m，速度误差峰值接近 20 m，误差曲线严重发散。综上所述，当非合作目标的机动加速度时变时，这三种滤波算法的目标跟踪效果均不理想，其中衰减记忆滤波算法跟踪精度相对较好，其次为扩维卡尔曼滤波算法，最差的为扩展卡尔曼滤波算法。

扩展卡尔曼滤波算法误差曲线发散的原因与目标发生常值机动一样，是由于未知机动使得建立的动力学模型与实际运动不符。与常值机动模型相比，扩维卡尔曼滤波算法的跟踪精度大大降低。由图 5－10 可见，估计误差曲线严重发散，并且与机动加速度的变化率有一定的关系。这是由滤波算法的初始假设导致的，由于没有目标机动特性的先验信息，因此假设机动加速度的变化率为 0，导致算法对加速度时变的机动目标跟踪效果较差。由图 5－10 可见，z 轴误差最大，加速度变化率越大，跟踪精度越低。衰减记忆滤波算法由于衰减记忆因子的引入，增大了量测数据在状态估计中的权重，改善了扩展卡尔曼滤波算法对具有时变机动加速度模型的非合作目标的跟踪效果，与其他两种算法相比有较强的抗干扰性。

综上所述，扩展卡尔曼滤波算法在非合作目标不发生机动时，跟踪精度最高，但是不适用于机动目标跟踪。衰减记忆滤波算法在非合作目标不发生机动时，跟踪精度较低，但抗干扰性较好，适合对短时间及低精度的机动目标进行粗跟踪。扩维卡尔曼滤波算法在非合作目标的机动加速度为常值时，跟踪效果非常好；当目标不发生机动时，跟踪精度较好，略低于扩展卡尔曼滤波算法，但是不适用于对具有时变机动加速度的机动目标进行跟踪。

5.3 非合作机动目标的变结构滤波

根据仿真实验可知，扩维卡尔曼滤波算法在目标不发生机动或目标仅发生常值机动时，跟踪效果较好。但是，当非合作目标发生机动加速度时变的机动时，跟踪效果明显变差，又因为衰减记忆滤波对时变机动目标跟踪效果尚可。因此，在扩维卡尔曼滤波算法的基础上增加机动检测器，当机动检测器检测到机动时，通过增大误差的协方差矩阵来提高算法跟踪能力。

5.3.1 机动检测器的设计

扩维参数自适应卡尔曼滤波算法的关键在于建立一个适当的机动检测器作为滤波算法切换的开关，该机动检测器需要能够尽量准确地判断机动开始和结束的时刻，减少时间滞后，从而提高跟踪精度。

当机动发生时，由于实际模型发生改变的同时滤波算法不能随之变化，此时估计协方差矩阵几乎保持不变但测量残差会显著增大，滤波算法发散。其中测量残差定义为

$$\boldsymbol{\eta}_{k+1} = \boldsymbol{Z}_{k+1} - \hat{\boldsymbol{Z}}_{k+1} \tag{5-36}$$

基于该现象，考虑采用测量残差信息作为判断系统是否发生机动的判断准则，因此构建了机动发生检测器方程，即

$$\gamma_k^s = \boldsymbol{\eta}_k^{\mathrm{T}} (\boldsymbol{H}_k \boldsymbol{P}_k \boldsymbol{H}_k^{\mathrm{T}} + \boldsymbol{R}_k)^{-1} \boldsymbol{\eta}_k \tag{5-37}$$

式中：γ_k^s 为一个标量。

当目标机动时，测量残差 $\boldsymbol{\eta}_k$ 的模 $\|\boldsymbol{\eta}_k\|$ 增大，同时考虑到测量残差中存

在着不可忽略的噪声，因此需要选取一个合适的阈值，作为机动是否发生的判断标准。当 γ_k^s 超过设定的阈值时，机动检测器检测到机动发生，因此跟踪算法将由扩展卡尔曼滤波算法切换至扩维卡尔曼滤波算法。另外，还需要设计一个检测机动终止的检测器，由于扩维卡尔曼滤波算法中的状态变量含有加速度信息，因此利用状态变量估计值中的 $\boldsymbol{u}_k$ 设计检测器方程，即

$$\gamma_k^c = \boldsymbol{u}_k^{\mathrm{T}}(\boldsymbol{P}_k^{\mathrm{th}})\boldsymbol{u}_k \tag{5-38}$$

显然，当 γ_k^c 小于设定的阈值时，机动检测器检测到机动终止，跟踪算法变回扩维卡尔曼滤波算法。

5.3.2　扩维参数自适应卡尔曼滤波跟踪算法流程

扩维参数自适应卡尔曼滤波算法主要由扩维卡尔曼滤波算法和机动检测器两部分构成。由以前的仿真可知，扩维卡尔曼滤波算法在目标未发生机动和仅发生常值机动时，跟踪精度较好。但是，当目标发生非常值机动时，跟踪效果较差，导致滤波发散，因此在扩维参数自适应卡尔曼滤波算法中，当目标未发生机动时，使用误差协方差矩阵不变的扩维卡尔曼滤波算法；当目标发生机动时，使用误差协方差矩阵持续增大的扩维卡尔曼滤波算法，而机动检测器作为决策开关，用于判断目标是否发生机动，自适应滤波算法具体流程如图 5-11 所示。

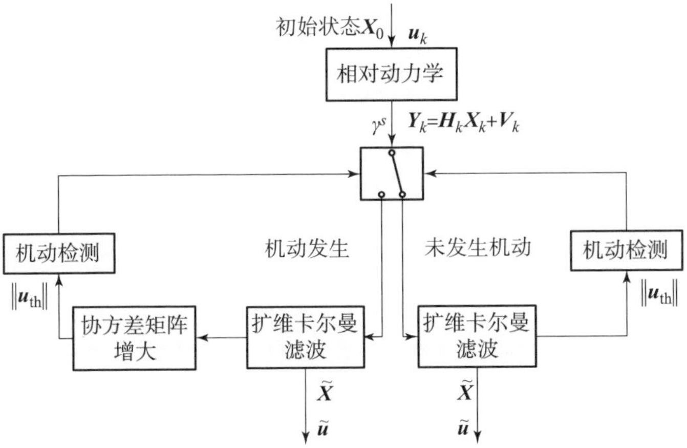

图 5-11　扩维参数自适应卡尔曼滤波流程

5.3.3　仿真分析

假设观测星与非合作目标间的相对位置速度关系及观测方式与 3.3 节中的算例一致，使用扩维参数自适应卡尔曼滤波算法对表 5-2 列出了不同的加速度模型进行数值仿真，滤波周期为 0.1 s，仿真时长为 1 000 s，机动检测器超过

阈值时令 $\boldsymbol{P}_k = 10\boldsymbol{P}_k$。仿真结果如图 5－12 ~ 图 5－17 所示：图 5－14 和图 5－17 分别为机动加速度为常值机动模型以及非常值机动模型时，使用扩维参数自适应卡尔曼滤波算法进行目标跟踪的位置误差和速度误差；图 5－12 和图 5－13 分别为机动加速度为常值模型时，机动检测器 γ_k^s 和 γ_k^c 的值；图 5－15 和图 5－16 分别为机动加速度为非常值机动模型时，机动检测器 γ_k^s 和 γ_k^c 的值。

表 5－2　机动加速度模型

机动加速度模型	机动始末时刻/s	加速度/($\mathrm{m \cdot s^{-2}}$)
常值机动模型	300 ~ 800	$[0.1\quad 0.2\quad 0.3]^{\mathrm{T}}$
非常值机动模型	100 ~ 800	u_{VA}

表 5－2 中非常值机动加速度模型的加速度表达式与式（5－35）一致，在未发生机动时，机动加速度为 0。

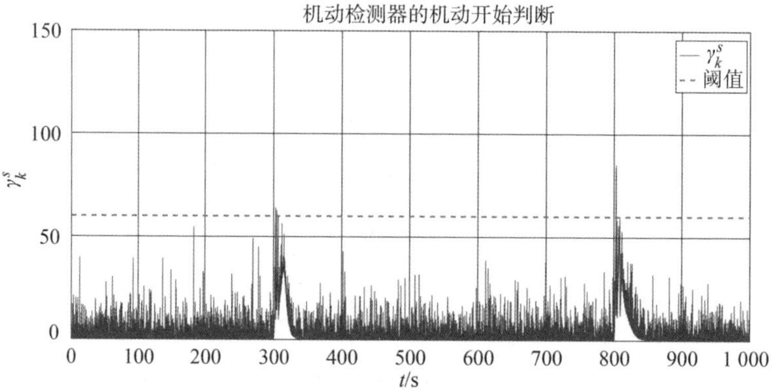

图 5－12　机动检测器 γ_k^s 的值（常值机动）

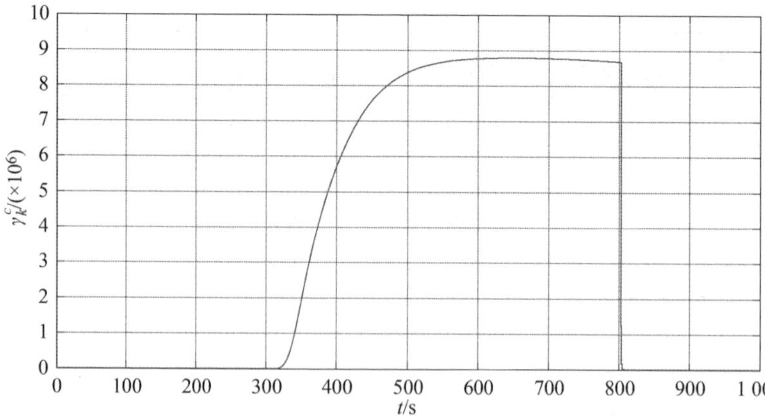

图 5－13　机动检测器 γ_k^c 的值（常值机动）

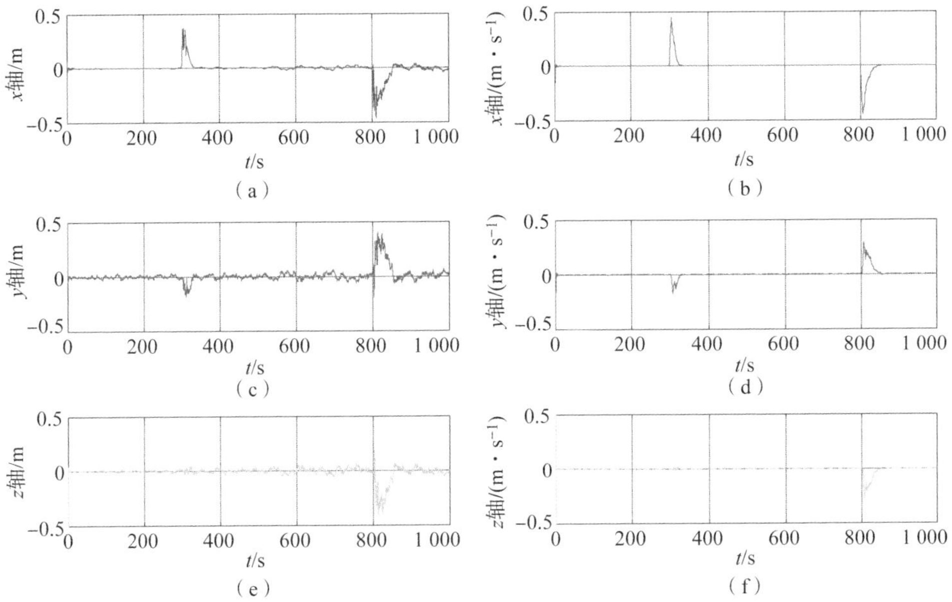

图 5－14　扩维参数自适应卡尔曼滤波算法的位置和速度跟踪误差（常值机动）

（a）x 轴位置误差；（b）x 轴速度误差；（c）y 轴位置误差；

（d）y 轴速度误差；（e）z 轴位置误差；（f）z 轴速度误差

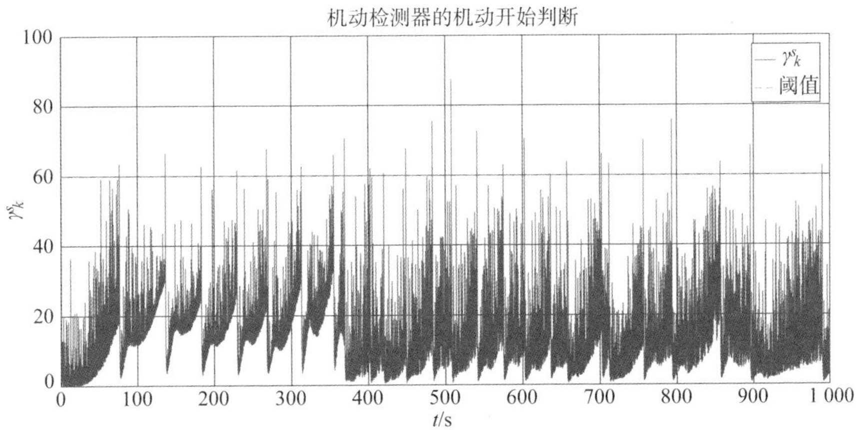

图 5－15　机动检测器 γ_k^s 的值（非常值机动）

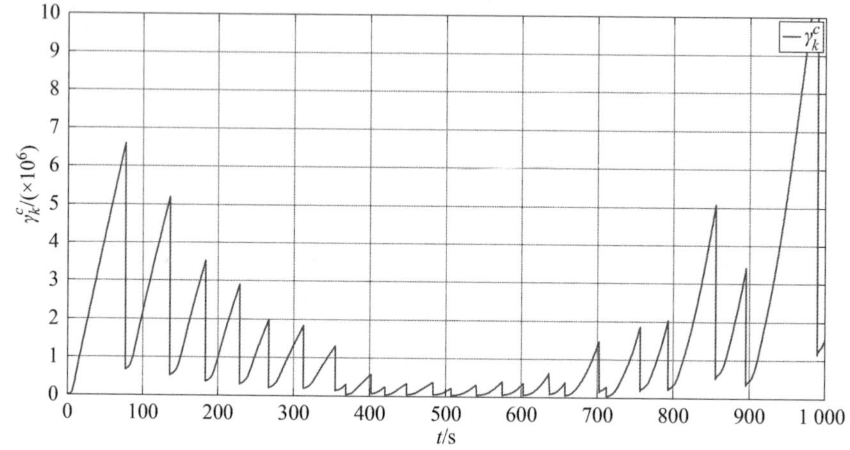

图 5-16　机动检测器 γ_k^c 的值（非常值机动）

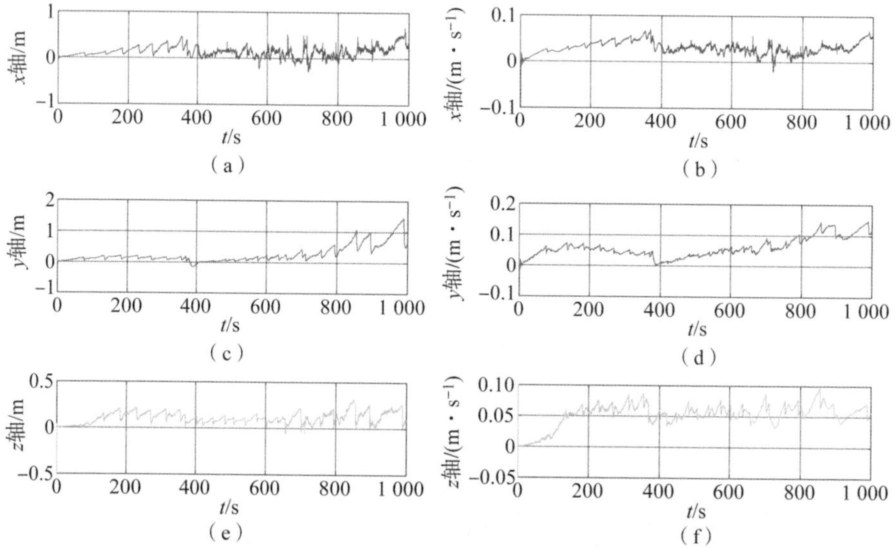

图 5-17　扩维参数自适应卡尔曼滤波算法的位置和速度跟踪误差（非常值机动）

（a）x 轴位置误差；（b）x 轴速度误差；（c）y 轴位置误差；
（d）y 轴速度误差；（e）z 轴位置误差；（f）z 轴速度误差

由图 5-12 的机动检测器的 γ_k^s 值可以看出，γ_k^s 的阈值选择为 60，在 300 s 和 800 s 附近，γ_k^s 的值有显著增长，机动检测器判断机动开始的时刻为 303.1 s，机动结束的时刻为 806.0 s。由图 5-13 的机动检测器的 γ_k^c 值可以看出，在 800 s 后 γ_k^c 值迅速下降，将阈值选为 10 000，则检测到机动结束的时刻为 805.9 s，机动检测器判断机动开始和结束的时刻与实际机动开始和结束的时刻大致吻合，但存在一定的滞后。由图5－14中的位置和速度误差曲线可以看出，扩维参数自适应滤波算法在对常值机动目标进行仿真时，总体跟踪精度较好，但在机动开始时刻300 s和机动结束时刻800 s附近时，位置和速度误差明显增大。结合机动检测器的仿真可知，误差增大的原因是机动加速度变化率发生突变和机动检测器不可避免的时间滞后，导致在机动发生时协方差矩阵没有及时增大，使得机动发生时仍使用传统的扩维卡尔曼滤波算法对目标进行跟踪，导致误差短时间内迅速增大。同理，当目标机动结束时，由于机动加速度变化率突变和时间滞后两种因素，导致在机动结束时刻也会出现误差增大的情况。

由图5－15的机动检测器的γ_k^s值可以看出，当目标发生连续的非常值加速度机动时，γ_k^s的值经常超过阈值。这是由于扩维卡尔曼滤波算法本身对时变机动加速度的估计效果较差，增大误差协方差矩阵只能在短时间内一定程度上改善模型不匹配造成的误差发散情况，因此当非常值机动加速度持续一段时间，会导致γ_k^s再次超过阈值。此时，为了防止滤波算法发散，使得估计均方误差继续增大。与此同时，由图5－16可以看出，γ_k^c会迅速降低，会判断机动已经结束，这显然与实际不符。当系统判断机动结束后，算法回到误差协方差矩阵参数不变的扩维卡尔曼滤波算法，但此时目标仍在进行非常值机动，由于扩维卡尔曼滤波算法在非常值机动模型下跟踪精度较差，因此测量残差会增大，γ_k^c值随之增大，从而使得在非合作目标进行非常值机动的过程中，判断机动开始的γ_k^c值会反复超过阈值，判断机动开始的γ_k^c值不能真实地反映机动终止的时刻。由图5－17中的位置和速度误差曲线可以看出，扩维参数自适应滤波算法在对非常值机动目标进行仿真时，误差曲线仍有发散的趋势，这是由于扩维卡尔曼滤波算法本身对具有时变机动加速度的目标跟踪效果较差所导致的，且随着时间的增长，误差曲线所含的噪声越大，这是由于增大误差协方差矩阵所导致的，原理与衰减记忆滤波法类似。因此，扩维参数自适应滤波算法对非常值机动模型跟踪效果较好，但会随着时间的增长，精度越来越低。

综上所述，扩维参数自适应滤波不需要对目标的机动特性作任何的先验假设，对无机动和发生常值机动的非合作目标有较好的跟踪效果，但是对于非常值机动加速度模型跟踪效果会随着时间的增长逐渐变差。另外，该方法严重依赖于机动检测，但是机动发生与检测到机动发生之间必然存在着时间滞后，滞后时间的长短取决于阈值的选择。阈值过小，会导致算法不断增大协方差矩阵值，使得引入的噪声过多，导致精度过低；阈值过大，则不能检测到机动的发生，并且无论阈值选择合适与否均存在着不可避免的误差。

参 考 文 献

[1] 毕幸子. 空间非合作机动目标的跟踪技术研究 [D]. 北京: 北京理工大学, 2019.

[2] 宋博. 美国天基空间态势感知系统发展 [J]. 国际太空, 2015 (12): 13-20.

[3] 杨乐平, 朱彦伟, 黄涣. 航天器相对运动轨迹规划与控制 [M]. 北京: 国防工业出版社, 2010.

[4] 乔凯, 王治乐, 丛明煜. 空间目标天基与地基监视系统对比分析 [J]. 光学技术, 2006, 32 (5): 744-746.

[5] 张欣. 美国空间监视系统发展综述 [J]. 电信技术研究, 2011 (1): 53-61.

[6] 王杰娟, 于小红. 美国空间目标跟踪编目发展综述 [J]. 装备学院学报, 2009, 20 (2): 54-58.

[7] 魏晨曦. 俄罗斯的空间目标监视、识别、探测与跟踪系统 [J]. 中国航天, 2006 (8): 39-41.

[8] Chan Y. T., Hu A. G. C., Plant J. B. A Kalman Filter Based Tracking Scheme with Input Estimation [J]. IEEE Transactions on Aerospace and Electronic Systems, 1979, AES-15 (2): 237-244.

[9] 王杰娟, 于小红. 国外天基空间目标监视研究现状与特点分析 [J]. 装备指挥技术学院学报, 2006, 17 (4): 33-37.

[10] Bogler P. L. Tracking a Maneuvering Target Using Input Estimation [J]. IEEE Transactions on Aerospace and Electronic Systems, 1987, AES-23 (3): 298-310.

[11] Chan Y. T., Parks D. Estimation of Coherence Via ARMA Modelling [C]. IEEE International Conference on Acoustics, Speech, and Signal Processing, IEEE, 1982: 1096-1099.

[12] Bar-Shalom Y., Birmiwal K. Variable Dimension Filter for Maneuvering Target Tracking [J]. IEEE Transactions on Aerospace and Electronic Systems, 1982, AES-18 (5): 621-629.

[13] Mickaël H., François A., Berthelot E. Speed and Rotor Flux Estimation of Induction Machines Using a Two-stage Extended Kalman filter [J]. Automatica, 2009, 45 (8): 1819-1827.

[14] Moose R. L., Vanlandingham H. F., Mccabe D. H. Modeling and Estimation for Tracking Maneuvering Targets [J]. IEEE Transactions on Aerospace and Electronic Systems, 1979, AES - 15 (3): 448 - 456.

[15] Keller J. Y., Darouach M. Optimal Two - stage Kalman Filter in the Presence of Random Bias [J]. Automatica, 1997, 33 (9): 1745 - 1748.

[16] Zhou H. R., Kumar K. S. P. A'current' statistical model and adaptive algorithm for Estimating Maneuvering Targets [J]. Journal of Guidance, Control, and Dynamics, 1984 7: 5, 596 - 602.

[17] 王芳，陶伟刚，冯新喜. 一种基于"当前"统计模型的自适应滤波算法 [J]. 电讯技术，2003，43 (1): 51 - 54.

[18] 王培德，陶涛. 机动目标的全面自适应跟踪滤波算法 [C]. 中国航空学会控制理论及其应用学术年会论文集，温州，1987.

[19] Blom H. A. P. An Efficient Filter for Abruptly Changing Systems [C]. IEEE 23rd Conference on Decision and Control, IEEE, 2007.

[20] Blom H. A. P., Bar - shalom Y. The Interacting Multiple Model Algorithm for Systems with Markovian Switching Coefficients [J]. IEEE Transactions on Automatic Control, 1988, 33 (8): 780 - 783.

[21] Hsieh C., Chen F. Optimal Solution of The Two - stage Kalman Estimator [J]. IEEE Transaction on Automatic Control, 1995, AC - 44: 194 - 199.

[22] Friedland B. Treatment of Bias in Recursive Filtering [J]. IEEE Transactions on Automatic Control, 1969, 14 (4): 359 - 367.

[23] Mehra R. K. Approaches to Adaptive Filtering [J]. IEEE Transactions on Automatic Control, 1972, AC - 17 (5): 693 - 698.

[24] Moose R L. An Adaptive State Estimation Solution to the Maneuvering Target Problem [J]. IEEE Transactions on Automatic Control, 2003, 20 (3): 359 - 362.

[25] Bar - Shalom Y., Chang K. C., Blom H. A. P. Tracking a Maneuvering Target Using Input Estimation Versus the Interacting Multiple Model Algorithm [J]. IEEE Transactions on Aerospace and Electronic Systems, 1989, 25 (2): 296 - 300.

[26] Yong H. P., Seo J. H., Lee J. G. Tracking Using the Variable - dimension Filter with Input Estimation [J]. IEEE Transactions on Aerospace and Electronic Systems, 1995, 31 (1): 399 - 408.

[27] Gholson N. H., Moose R. L. Maneuvering Target Tracking Using Adaptive State

Estimation [J]. IEEE Transactions on Aerospace and Electronic Systems, 1977, AES-13 (3): 310-317.

[28] Reif K., Gunther S., Yaz E., et al. Stochastic Stability of the Discrete-time Extended Kalman Filter [J]. IEEE Transactions on Automatic Control, 1999, 44 (4): 714-728.

[29] Ohnishi K. Robust Motion Control by Disturbance Observer [J]. Journal of Robotics and Mechatronics, 1996, 8 (3): 218-225.

[30] Chowarit M., Kiyoshi O., Shiro U., et al. Kalman Filter-Based Disturbance Observer and Its Applications to Sensorless Force Control [J]. Advanced Robotics, 2011, 25 (3-4): 335-353.

[31] Agarwal V., Parthasarathy H. Disturbance Estimator as A State Observer with Extended Kalman Filter for Robotic Manipulator [J]. Nonlinear Dynamics, 2016, 85 (4): 1-17.

[32] Reif K., Gunther S., Yaz E., et al. Stochastic Stability of the Discrete-time Extended Kalman Filter [J]. IEEE Transactions on Automatic Control, 1999, 44 (4): 714-728.

第 6 章

机动观测及补偿滤波

在第 5 章中介绍的扩维参数自适应卡尔曼滤波跟踪算法仅对加速度变化率恒定或较小的机动目标有良好的跟踪效果。当加速度变化率较大时，滤波算法的精度会随着时间的增长而降低；并且，该算法将加速度增广到状态量中进行计算，状态向量维度增加，会大大增加星载计算机的计算负载；另外，当算法在判断是否需要增大误差协方差矩阵时，需要利用残差进行机动检测，机动检测阈值的选取合适与否，机动检测带来的虚警率及估计时间的延迟等问题都会对滤波的跟踪性能产生影响。

为使滤波跟踪算法适用性更广，使其在对加速度变化率时变的非合作机动目标进行跟踪时仍具有良好的跟踪性能，本章提出基于扰动观测器的补偿滤波跟踪算法。首先，提出扰动观测器的概念；然后，结合状态方程设计扰动观测器，并对扰动观测器的估计误差进行分析，为扩展卡尔曼滤波算法的初始参数设定提供理论依据；其次，提出基于扰动观测器的补偿滤波跟踪算法方程与流程，并从理论上证明算法估计误差的有界性；最后，从工程应用角度出发，对补偿滤波器进行结构设计，可在增加较少计算量的同时提高滤波精度。

6.1　扰动观测器

扰动观测器（Disturbance Observer，DO）自提出以来，被广泛应用于含有未知扰动的控制系统中，作为补偿抵消扰动对系统带来的副作用，用于提高系统抗干扰能力以及系统稳健性。因此，本章考虑将扰动观测器应用于目标跟踪算法中，通过估计目标的机动加速度信息，将估计的机动加速度值作为传统滤波算法中已知的加速度信息，实现基于扰动观测器的补偿滤波跟踪算法。

本章用扰动观测器估计非合作机动目标的加速度信息，扰动观测器的输入项为跟踪系统的量测数据，输出项为非合作机动目标的加速度估计值，输出的加速度估计值不仅包括了机动目标的机动加速度，同时也包括了动力学建模中未考虑的其他摄动力，如第三体引力、大气阻力等引起的加速度。因此，扰动观测器不仅可以得到机动加速度的估计值，也能得到其他任何由建模偏差引起的未知扰动加速度估计值，使得算法有较强的稳健性和抗干扰性。

假设非线性离散系统的状态方程和量测方程表示为

$$\boldsymbol{x}_{k+1}=\boldsymbol{f}(\boldsymbol{x}_k)+\boldsymbol{B}_k\boldsymbol{d}_k+\boldsymbol{G}_k\boldsymbol{w}_k \tag{6-1}$$

$$\boldsymbol{Z}_k=\boldsymbol{h}(\boldsymbol{x}_k)+\boldsymbol{v}_k \tag{6-2}$$

式中：$\boldsymbol{d}_k$ 为加速度变化率有界的机动加速度向量，满足 $\Delta\boldsymbol{d}_k \leqslant T_0 \cdot \Delta d_{\max} \cdot [\overbrace{1, 1, \cdots, 1}^{p}]^{\mathrm{T}}$，$\Delta\boldsymbol{d}_k$ 为 $q\times 1$ 维的向量；$\boldsymbol{x}_k$ 为 $m\times 1$ 维的状态变量；$\boldsymbol{B}_k$ 为 $m\times p$ 维的机动驱动矩阵；$\boldsymbol{G}_k$ 为 $m\times q$ 维的噪声驱动矩阵；$\boldsymbol{w}_k$ 为 $q\times 1$ 维的过程

噪声向量；Z_k 为 $n\times 1$ 维的量测向量；v_k 为 $n\times 1$ 维的量测噪声向量。

由式（6-1）可知机动加速度可以表示为

$$\boldsymbol{d}_k=\boldsymbol{B}_k^{+}[\boldsymbol{x}_{k+1}-\boldsymbol{f}(\boldsymbol{x}_k)-\boldsymbol{G}_k\boldsymbol{w}_k] \tag{6-3}$$

式中：$\boldsymbol{B}_k^{+}$ 为 $\boldsymbol{B}_k$ 的左逆矩阵，并且满足等式 $\boldsymbol{B}_k^{+}\boldsymbol{B}_k=\boldsymbol{I}$。

为了直接估计扰动加速度的值，建立如下的基本观测器：

$$\Delta\hat{\boldsymbol{d}}_{k+1}=-\boldsymbol{L}_k(\hat{\boldsymbol{d}}_k-\boldsymbol{d}_k) \tag{6-4}$$

式中：$\hat{\boldsymbol{d}}_k$ 为扰动观测器的扰动加速度估计值；$\boldsymbol{L}_k$ 为观测器增益矩阵。

观测器设计的关键是找到一个合适的观测矩阵，使得当加速度估计值小于真实值时，即当 $\hat{\boldsymbol{d}}_k<\boldsymbol{d}_k$ 时，扰动加速度估计值 $\hat{\boldsymbol{d}}_k$ 增加；当加速度估计值大于真实值时，即当 $\hat{\boldsymbol{d}}_k>\boldsymbol{d}_k$ 时，扰动加速度估计值 $\hat{\boldsymbol{d}}_k$ 减小，从而实现对扰动加速度的估计。将式（6-3）代入式（6-4）中，可得

$$\Delta\hat{\boldsymbol{d}}_{k+1}=-\boldsymbol{L}_k[\hat{\boldsymbol{d}}_k-\boldsymbol{B}_k^{+}(\boldsymbol{x}_{k+1}-\boldsymbol{f}(\boldsymbol{x}_k)-\boldsymbol{G}_k\boldsymbol{w}_k)] \tag{6-5}$$

不难发现，式（6-5）中 $\boldsymbol{x}_{k+1}$项是 t_{k+1}时刻的系统状态向量。对于当前时刻 t_k 而言，下一时刻的量测量未知，所以 t_{k+1}时刻状态向量 $\boldsymbol{x}_{k+1}$ 也是无法获得的。因此，未知项 $\boldsymbol{x}_{k+1}$需要通过一些变换使得该项可以被消除，从而使扰动观测器具有可实施性。故在此引入一个辅助变量 ξ_k，该变量满足

$$\hat{\boldsymbol{d}}_k=\xi_k+\boldsymbol{\Gamma}\boldsymbol{x}_k \tag{6-6}$$

式中：$\boldsymbol{\Gamma}$ 为观测器的辅助矩阵。

将式（6-6）代入式（6-5）中，观测器方程可表示为

$$\Delta\xi_{k+1}=-\boldsymbol{L}_k\{\hat{\boldsymbol{d}}_k-\boldsymbol{B}_k^{+}[\boldsymbol{x}_{k+1}-\boldsymbol{f}(\boldsymbol{x}_k)-\boldsymbol{G}_k\boldsymbol{w}_k]\}-\boldsymbol{\Gamma}\Delta\boldsymbol{x}_{k+1} \tag{6-7}$$

式中：$\Delta\xi_{k+1}=\xi_{k+1}-\xi_k$。

由式（6-6）和式（6-7），可得

$$\Delta\xi_{k+1}=-\boldsymbol{L}_k\{(\xi_k+\boldsymbol{\Gamma}\boldsymbol{x}_k)-\boldsymbol{B}_k^{+}[\boldsymbol{x}_{k+1}-\boldsymbol{f}(\boldsymbol{x}_k)-\boldsymbol{G}_k\boldsymbol{w}_k]\}-\boldsymbol{\Gamma}(\boldsymbol{x}_{k+1}-\boldsymbol{x}_k) \tag{6-8}$$

整理式（6-8），有

$$\Delta\xi_{k+1}=(\boldsymbol{L}_k\boldsymbol{B}_k^{+}-\boldsymbol{\Gamma})\boldsymbol{x}_{k+1}+(\boldsymbol{\Gamma}-\boldsymbol{L}_k\boldsymbol{\Gamma})\boldsymbol{x}_k-\boldsymbol{L}_k\boldsymbol{B}_k^{+}\boldsymbol{f}(\boldsymbol{x}_k)-\boldsymbol{L}_k\xi_k-\boldsymbol{L}_k\boldsymbol{B}_k^{+}\boldsymbol{G}_k\boldsymbol{w}_k \tag{6-9}$$

从式（6-9）可以看出，当 $\boldsymbol{L}_k\boldsymbol{B}_k^{+}-\boldsymbol{\Gamma}=\boldsymbol{0}$ 时，即矩阵 $\boldsymbol{\Gamma}$ 满足 $\boldsymbol{\Gamma}=\boldsymbol{L}_k\boldsymbol{B}_k^{+}$ 时，t_{k+1}时刻的状态向量 $\boldsymbol{x}_{k+1}$项的系数为 0，该项可从观测器方程中消失，式（6-9）可以表示为

$$\Delta\xi_{k+1}=(\boldsymbol{\Gamma}-\boldsymbol{L}_k\boldsymbol{\Gamma})\boldsymbol{x}_k-\boldsymbol{L}_k\boldsymbol{B}_k^{+}\boldsymbol{f}(\boldsymbol{x}_k)-\boldsymbol{L}_k\xi_k-\boldsymbol{L}_k\boldsymbol{B}_k^{+}\boldsymbol{G}_k\boldsymbol{w}_k \tag{6-10}$$

最终，由 $\Delta\xi_{k+1}=\xi_{k+1}-\xi_k$，式（6-10）可进一步表示为

$$\xi_{k+1} = (\boldsymbol{I} - \boldsymbol{L}_k)\xi_k + (\boldsymbol{I} - \boldsymbol{L}_k)\boldsymbol{\Gamma}\boldsymbol{x}_k - \boldsymbol{L}_k\boldsymbol{B}_k^+\boldsymbol{f}(\boldsymbol{x}_k) - \boldsymbol{L}_k\boldsymbol{B}_k^+\boldsymbol{G}_k\boldsymbol{w}_k \tag{6-11}$$

对于量测过程来说，过程噪声 $\boldsymbol{w}_k$ 是不能够单独测量出来的，但是过程噪声量级相对其他项来说非常小。因此，这里设计的扰动观测器将忽略带有过程噪声的 $-\boldsymbol{L}_k\boldsymbol{B}_k^+\boldsymbol{G}_k\boldsymbol{w}_k$ 项，所以仅依赖于当前时刻状态向量的扰动观测器表达式如下：

$$\hat{\boldsymbol{d}}_k = \hat{\xi}_k + \boldsymbol{\Gamma}\bar{\boldsymbol{x}}_k \tag{6-12}$$

$$\hat{\xi}_{k+1} = (\boldsymbol{I} - \boldsymbol{L}_k)\hat{\xi}_k + (\boldsymbol{I} - \boldsymbol{L}_k)\boldsymbol{\Gamma}\bar{\boldsymbol{x}}_k - \boldsymbol{L}_k\boldsymbol{B}_k^+\boldsymbol{f}(\bar{\boldsymbol{x}}_k) \tag{6-13}$$

式中：$\bar{\boldsymbol{x}}_k$ 为受到观测噪声污染的状态向量，由量测量经过计算获得，用于替代式（6-6）中无法获取的状态向量真实值 $\boldsymbol{x}_k$；ξ_k 为当用 $\bar{\boldsymbol{x}}_k$ 替代 $\boldsymbol{x}_k$ 时 ξ_k 的近似值，由扰动观测器表达式可知当 $\bar{\boldsymbol{x}}_k$ 已知时，未知的机动加速度可以通过扰动观测器估计获得。由于在扰动观测器设计的过程中做了一些近似和省略，因此需要对扰动观测器进行误差分析。

6.2 扰动观测器的误差分析

从 6.1 节的观测器设计过程中可知，由于系统的真实状态向量 $\boldsymbol{x}_k$ 无法直接获得，因此使用了受到观测噪声污染的状态向量 $\bar{\boldsymbol{x}}_k$ 进行替代，真实的状态向量、受到观测噪声污染的状态向量与量测方程之间的关系可以表示为

$$\boldsymbol{Z}_k = \boldsymbol{h}(\bar{\boldsymbol{x}}_k) = \boldsymbol{h}(\boldsymbol{x}_k) + \boldsymbol{v}_k \tag{6-14}$$

式中：量测非线性函数 $\boldsymbol{h}$ 为 C^1 函数，因此函数 $\boldsymbol{h}$ 可以展开为

$$\boldsymbol{h}(\boldsymbol{x}_k) - \boldsymbol{h}(\bar{\boldsymbol{x}}_k) = \bar{\boldsymbol{H}}_k(\boldsymbol{x}_k - \bar{\boldsymbol{x}}_k) + \chi(\boldsymbol{x}_k, \bar{\boldsymbol{x}}_k) \tag{6-15}$$

式中：$\bar{\boldsymbol{H}}_k$ 为 $n \times m$ 维的矩阵，矩阵的值为

$$\bar{\boldsymbol{H}}_k = \frac{\partial \boldsymbol{h}}{\partial \boldsymbol{x}}(\bar{\boldsymbol{x}}_k) \tag{6-16}$$

假设真实的状态向量 $\boldsymbol{x}_k$ 与受到观测噪声污染的状态向量 $\bar{\boldsymbol{x}}_k$ 之间的关系为

$$\bar{\boldsymbol{x}}_k = \boldsymbol{x}_k + \boldsymbol{\varepsilon}_k^v \tag{6-17}$$

式中：$\boldsymbol{\varepsilon}_k^v$ 为与观测噪声及量测相关的误差项，可表示为

$$\boldsymbol{\varepsilon}_k^v = \bar{\boldsymbol{H}}_k^+[\boldsymbol{v}_k + \chi(\boldsymbol{x}_k, \bar{\boldsymbol{x}}_k)] \tag{6-18}$$

式中：$\bar{\boldsymbol{H}}_k^+$ 为 $\bar{\boldsymbol{H}}_k$ 的左逆矩阵，满足 $\bar{\boldsymbol{H}}_k^+\bar{\boldsymbol{H}}_k=\boldsymbol{I}$。

定义扰动观测器的估计误差 $\boldsymbol{e}_k^d$ 为扰动加速度真实值 $\boldsymbol{d}_k$ 与扰动加速度估计值 $\hat{\boldsymbol{d}}_k$ 之差：

$$\boldsymbol{e}_k^d=\boldsymbol{d}_k-\hat{\boldsymbol{d}}_k \tag{6-19}$$

将观测器方程（6－12）代入式（6－19），可得

$$\boldsymbol{e}_k^d=\boldsymbol{d}_k-(\hat{\boldsymbol{\xi}}_k+\boldsymbol{\Gamma}\bar{\boldsymbol{x}}_k) \tag{6-20}$$

由式（6－17）和式（6－20），有

$$\boldsymbol{e}_k^d=\boldsymbol{d}_k-(\hat{\boldsymbol{\xi}}_k+\boldsymbol{\Gamma}\boldsymbol{x}_k+\boldsymbol{\Gamma}\boldsymbol{\varepsilon}_k^v) \tag{6-21}$$

将式（6－1）和式（6－13）代入式（6－21），可得

$$\begin{aligned}\boldsymbol{e}_k^d=\ &\boldsymbol{d}_k-(\boldsymbol{I}-\boldsymbol{L}_{k-1})\hat{\boldsymbol{\xi}}_{k-1}-(\boldsymbol{I}-\boldsymbol{L}_{k-1})\boldsymbol{\Gamma}\bar{\boldsymbol{x}}_{k-1}+\boldsymbol{L}_{k-1}\boldsymbol{B}_{k-1}^+\boldsymbol{f}(\bar{\boldsymbol{x}}_{k-1})-\\&\boldsymbol{\Gamma}[\boldsymbol{f}(\boldsymbol{x}_{k-1})+\boldsymbol{B}_{k-1}\boldsymbol{d}_{k-1}+\boldsymbol{G}_{k-1}\boldsymbol{w}_{k-1}+\boldsymbol{\varepsilon}_k^v]\end{aligned} \tag{6-22}$$

将式（6－12）与6.1节选定的矩阵 $\boldsymbol{\Gamma}=\boldsymbol{L}_k\boldsymbol{B}_k^+$ 代入式（6－22），可得

$$\begin{aligned}\boldsymbol{e}_k^d=\ &\boldsymbol{d}_k-(\boldsymbol{I}-\boldsymbol{L}_{k-1})\hat{\boldsymbol{d}}_{k-1}-\boldsymbol{L}_{k-1}\boldsymbol{d}_{k-1}+\boldsymbol{\Gamma}[\boldsymbol{f}(\bar{\boldsymbol{x}}_{k-1})-\boldsymbol{f}(\boldsymbol{x}_{k-1})]-\\&\boldsymbol{\Gamma}\boldsymbol{G}_{k-1}\boldsymbol{w}_{k-1}-\boldsymbol{\Gamma}\boldsymbol{\varepsilon}_k^v\end{aligned} \tag{6-23}$$

式中：非线性函数 $\boldsymbol{f}$ 为 C^1 函数，函数 $\boldsymbol{f}$ 可以展开为

$$\boldsymbol{f}(\boldsymbol{x}_k)-\boldsymbol{f}(\bar{\boldsymbol{x}}_k)=\bar{\boldsymbol{\Phi}}_k(\boldsymbol{x}_k-\bar{\boldsymbol{x}}_k)+\boldsymbol{\varphi}(\boldsymbol{x}_k,\bar{\boldsymbol{x}}_k) \tag{6-24}$$

式中：$\boldsymbol{\Phi}_k$ 为 $m\times m$ 维的矩阵，矩阵的值为

$$\bar{\boldsymbol{\Phi}}_k=\frac{\partial \boldsymbol{f}}{\partial \boldsymbol{x}}(\bar{\boldsymbol{x}}_k) \tag{6-25}$$

将式（6－23）重新整理，可得

$$\begin{aligned}\boldsymbol{e}_k^d=\ &\overbrace{\boldsymbol{d}_k-\boldsymbol{d}_{k-1}}^{\Delta\boldsymbol{d}_k}+\overbrace{\boldsymbol{d}_{k-1}-\hat{\boldsymbol{d}}_{k-1}}^{\boldsymbol{e}_{k-1}^d}+\overbrace{\boldsymbol{L}_{k-1}\hat{\boldsymbol{d}}_{k-1}-\boldsymbol{L}_{k-1}\boldsymbol{d}_{k-1}}^{-\boldsymbol{L}_{k-1}\boldsymbol{e}_{k-1}^d}+\\&\boldsymbol{\Gamma}[\boldsymbol{f}(\bar{\boldsymbol{x}}_{k-1})-\boldsymbol{f}(\boldsymbol{x}_{k-1})]-\boldsymbol{\Gamma}\boldsymbol{G}_{k-1}\boldsymbol{w}_{k-1}-\boldsymbol{\Gamma}\boldsymbol{\varepsilon}_k^v\end{aligned} \tag{6-26}$$

将式（6－24）代入式（6－26），可得

$$\begin{aligned}\boldsymbol{e}_k^d=\ &\Delta\boldsymbol{d}_k+(\boldsymbol{I}-\boldsymbol{L}_{k-1})\boldsymbol{e}_{k-1}^d-\boldsymbol{\Gamma}[\bar{\boldsymbol{\Phi}}_{k-1}(\boldsymbol{x}_{k-1}-\bar{\boldsymbol{x}}_{k-1})+\boldsymbol{\varphi}(\boldsymbol{x}_{k-1},\bar{\boldsymbol{x}}_{k-1})]-\\&\boldsymbol{\Gamma}\boldsymbol{G}_{k-1}\boldsymbol{w}_{k-1}-\boldsymbol{\Gamma}\boldsymbol{\varepsilon}_k^v\end{aligned} \tag{6-27}$$

定义扰动观测器的增益矩 $\boldsymbol{L}_{k-1}$ 值为

$$\boldsymbol{L}_{k-1}=\mathrm{diag}[\lambda_1,\lambda_2,\cdots,\lambda_p] \tag{6-28}$$

显然，要使扰动观测器的估计误差有界，增益矩阵需满足如下条件：

$$|\lambda_i-1|<1,i=1,2,\cdots,p \tag{6-29}$$

即

$$0<\lambda_i<2, i=1,2,\cdots,p \tag{6-30}$$

随着时间不断增大，即 $k\to\infty$，最终可得扰动观测器的估计误差表达式为

$$\boldsymbol{e}_k^d=\boldsymbol{A}\Delta\boldsymbol{d}_k+\boldsymbol{l}_{k-1}+\boldsymbol{n}_{k-1}^w+\boldsymbol{n}_{k-1}^v \tag{6-31}$$

其中

$$\boldsymbol{A}=\mathrm{diag}\left[\frac{1}{\lambda_1},\frac{1}{\lambda_2},\cdots,\frac{1}{\lambda_p}\right] \tag{6-32}$$

$$\boldsymbol{l}_{k-1}=-\boldsymbol{B}_{k-1}^{+}\boldsymbol{\varphi}(\boldsymbol{x}_{k-1},\bar{\boldsymbol{x}}_{k-1}) \tag{6-33}$$

$$\boldsymbol{n}_{k-1}^v=-\boldsymbol{B}_{k-1}^{+}(\bar{\boldsymbol{\Phi}}_{k-1}\boldsymbol{\varepsilon}_{k-1}^v+\boldsymbol{\varepsilon}_k^v) \tag{6-34}$$

$$\boldsymbol{n}_{k-1}^v=-\boldsymbol{B}_{k-1}^{+}\boldsymbol{G}_{k-1}\boldsymbol{w}_{k-1} \tag{6-35}$$

为了便于证明，现引入如下引理。

引理 6.1　现有一个由式（6-1）和式（6-2）给出的非线性随机系统，以及相应的由式（6-12）和式（6-13）表示的扰动观测器，假设如下：

（1）当 $k\geqslant 0$ 时，存在正实数 $\bar{a}$，$\bar{b}>0$ 使得下列矩阵的范数有界：

$$\|\boldsymbol{\Phi}_k\|\leqslant\bar{a} \tag{6-36}$$

$$\|\boldsymbol{B}_k^{+}\|\leqslant\bar{b} \tag{6-37}$$

（2）假设

$$1\leqslant\lambda_i\leqslant 2,\ i=1,2,\cdots,p \tag{6-38}$$

（3）存在正实数 κ_φ，$\bar{\boldsymbol{\varepsilon}}_v>0$，当 $\boldsymbol{x}$，$\bar{\boldsymbol{x}}$ 满足 $\|\boldsymbol{x}-\bar{\boldsymbol{x}}\|^2\leqslant\bar{\boldsymbol{\varepsilon}}_v^2$ 时，使得非线性函数 $\boldsymbol{\varphi}$ 有界，即

$$\|\boldsymbol{\varphi}(\boldsymbol{x},\bar{\boldsymbol{x}})\leqslant\kappa_\varphi\|\boldsymbol{x}-\bar{\boldsymbol{x}}\|^2 \tag{6-39}$$

当上述假设成立时，则非线性扰动观测器的估计误差有界。

证明：为了降低扰动加速度变化率对估计误差的影响，假设中对扰动观测器的增益矩阵进行了约束，如式（6-38）所示，估计误差受扰动加速度变化率影响的项可以表示为

$$\boldsymbol{A}\Delta\boldsymbol{d}_k=\left[\frac{d_1}{\lambda_1},\frac{d_2}{\lambda_2},\cdots,\frac{d_p}{\lambda_p}\right]^{\mathrm{T}}<[d_1,d_2,\cdots,d_p]^{\mathrm{T}}=\Delta\boldsymbol{d}_k \tag{6-40}$$

根据开始对非线性系统的定义，可得

$$\boldsymbol{A}\Delta\boldsymbol{d}_k<T_0\cdot\Delta d_{\max}\cdot\underbrace{[1,1,\cdots,1]^{\mathrm{T}}}_{p} \tag{6-41}$$

对式（6-41）左侧取范数，有

$$\|\boldsymbol{A}\Delta\boldsymbol{d}_k\|<\sqrt{p}\Delta d_{\max}T_0 \tag{6-42}$$

根据范数的性质，由线性化引起的误差项 $\boldsymbol{l}_{k-1}$ 可以表示为

$$\begin{aligned}\|\boldsymbol{l}_{k-1}\| &= \|\boldsymbol{B}_{k-1}^{+}\boldsymbol{\varphi}(\boldsymbol{x}_{k-1},\bar{\boldsymbol{x}}_{k-1})\| \\ &= \|\boldsymbol{B}_{k-1}^{+}\|\ \|\boldsymbol{\varphi}(\boldsymbol{x}_{k-1},\bar{\boldsymbol{x}}_{k-1})\|\end{aligned} \tag{6-43}$$

将式（6－37）代入式（6－43），可得

$$\|\boldsymbol{l}_{k-1}\| \leqslant \bar{b}\boldsymbol{\kappa}_{\varphi}\|\boldsymbol{x}_{k-1}-\bar{\boldsymbol{x}}_{k-1}\|^{2} \leqslant \bar{b}\boldsymbol{\kappa}_{\varphi}\bar{\boldsymbol{\varepsilon}}_{v}^{2} \tag{6-44}$$

由量测噪声引起的误差项的范数可以写为

$$\|\boldsymbol{n}_{k-1}^{v}\| = \|\boldsymbol{B}_{k-1}^{+}\|\ \|\bar{\boldsymbol{\Phi}}_{k-1}\boldsymbol{\varepsilon}_{k-1}^{v}+\boldsymbol{\varepsilon}_{k}^{v}\| \tag{6-45}$$

由式（6－36）和式（6－37），可得

$$\|\boldsymbol{n}_{k-1}^{v}\| \leqslant \bar{b}(\|\bar{\boldsymbol{\Phi}}_{k-1}\boldsymbol{\varepsilon}_{k-1}^{v}\|+\|\boldsymbol{\varepsilon}_{k}^{v}\|) \leqslant (\bar{a}+1)\bar{b}\bar{\varepsilon}_{v} \tag{6-46}$$

由过程噪声引起的误差项均方值的范数为

$$\|\boldsymbol{n}_{k-1}^{w}\|^{2} = (\boldsymbol{n}_{k-1}^{w})^{\mathrm{T}}\boldsymbol{n}_{k-1}^{w} = \boldsymbol{w}_{k-1}^{\mathrm{T}}\boldsymbol{G}_{k-1}^{\mathrm{T}}(\boldsymbol{B}_{k-1}^{+})^{\mathrm{T}}\boldsymbol{B}_{k-1}^{+}\boldsymbol{G}_{k-1}\boldsymbol{w}_{k-1} \tag{6-47}$$

式中：$\|\boldsymbol{B}_{k-1}^{+}\|^{2} = (\boldsymbol{B}_{k-1}^{+})^{\mathrm{T}}\boldsymbol{B}_{k-1}^{+}$。

根据假设中的式（6－37），有

$$\|\boldsymbol{n}_{k-1}^{w}\|^{2} \leqslant |b|^{2}\boldsymbol{w}_{k-1}^{\mathrm{T}}\boldsymbol{G}_{k-1}^{\mathrm{T}}\boldsymbol{G}_{k-1}\boldsymbol{w}_{k-1} \tag{6-48}$$

式（6－48）等号两侧均为标量，因此对等号的右侧取迹，对等式的成立不造成影响，可得

$$\|\boldsymbol{n}_{k-1}^{w}\|^{2} \leqslant |b|^{2}\mathrm{tr}(\boldsymbol{w}_{k-1}^{\mathrm{T}}\boldsymbol{G}_{k-1}^{\mathrm{T}}\boldsymbol{G}_{k-1}\boldsymbol{w}_{k-1}) \tag{6-49}$$

根据迹的性质，有

$$\mathrm{tr}(\gamma\Delta) = \mathrm{tr}(\Delta\gamma) \tag{6-50}$$

式中，不妨假设 γ 和 Δ 的维数可以使矩阵乘法及求迹的过程成立，故式（6－47）可以写为

$$\|\boldsymbol{n}_{k-1}^{w}\|^{2} \leqslant |b|^{2}\mathrm{tr}(\boldsymbol{G}_{k-1}\boldsymbol{w}_{k-1}\boldsymbol{w}_{k-1}^{\mathrm{T}}\boldsymbol{G}_{k-1}^{\mathrm{T}}) \tag{6-51}$$

然后，对等式两侧取平均值，有

$$E\{\|\boldsymbol{n}_{k-1}^{w}\|^{2}\} \leqslant |b|^{2}\mathrm{tr}(\boldsymbol{G}_{k-1}E\{\boldsymbol{w}_{k-1}\boldsymbol{w}_{k-1}^{\mathrm{T}}\}\boldsymbol{G}_{k-1}^{\mathrm{T}}) \tag{6-52}$$

则

$$E\{\boldsymbol{w}_{k-1}\boldsymbol{w}_{k-1}^{\mathrm{T}}\} = \boldsymbol{Q}_{k}\delta_{kj} \tag{6-53}$$

根据矩阵 $\boldsymbol{G}_{k}$ 的定义，可得

$$\mathrm{tr}(\boldsymbol{G}_{k}\boldsymbol{G}_{k}^{\mathrm{T}}) \leqslant \mathrm{tr}(\boldsymbol{I}) = n \tag{6-54}$$

式中：n 为矩阵 $\boldsymbol{G}_{k}$ 的行数。

由式（6－51）和式（6－52），式（6－50）可以表示为

$$E\{\|\boldsymbol{n}_{k-1}^{w}\|^{2}\} \leqslant |b|^{2}n\boldsymbol{Q}_{k}\delta_{kj} \tag{6-55}$$

式（6－65）说明该随机过程有界（最好引证），为了便于描述，假设

$$\| \boldsymbol{n}_{k-1}^{w} \| \leqslant \bar{e}^{w} \tag{6-56}$$

根据范数的基本性质，估计误差 $\boldsymbol{e}_k^d$ 的范数满足如下不等式：

$$\| \boldsymbol{e}_k^d \| \leqslant \| \boldsymbol{A}\Delta \boldsymbol{d}_k \| + \| \boldsymbol{l}_{k-1} \| + \| \boldsymbol{n}_{k-1}^{v} \| + \| \boldsymbol{n}_{k-1}^{w} \| \tag{6-57}$$

将式（6 - 42）、式（6 - 44）、式（6 - 46）和式（6 - 56）代入式（6 - 57），可得

$$\| \boldsymbol{e}_k^d \| \leqslant \sqrt{p}\Delta d_{\max} T_0 + \bar{b}\kappa_{\varphi}\bar{\varepsilon}_v^2 + (\bar{a}+1)\bar{b}\bar{\varepsilon}_v + \bar{e}^{w} \tag{6-58}$$

因此，说明了在假设成立的前提下，扰动观测器的估计误差是有界的。此外，误差分析的方程说明非线性扰动观测器的估计误差受到 5 个因素影响：采样周期、扰动观测器的增益矩阵、系统的非线性强弱、测量噪声和过程噪声。在实际的工程应用中，非线性的系统特性是确定的，与系统非线性相关的参数是确定的，如 $\bar{a}$ 、$\bar{b}$ 。为了提高非线性扰动观测器的估计精度，可供调节的参数为采样周期 T_0、扰动观测器的增益矩阵 $\boldsymbol{L}_k$ 以及测量噪声 $\boldsymbol{v}_k$，可调参数对误差的影响及敏感度分析将在综合仿真分析中给出。

6.3　基于扰动观测器的补偿卡尔曼滤波算法

根据 6.2 节设计的非线性扰动观测器，可以获得扰动加速度的估计值，因此，本节提出了一种基于扰动观测器的补偿扩展卡尔曼滤波算法，该算法理论上可以解决任何受到随机干扰的非线性随机系统的状态估计问题。

受未知扰动影响的非线性离散系统由式（6 - 1）和式（6 - 2）给出，相应的基于扰动观测器的补偿离散卡尔曼滤波算法的基本方程如下：

$$\hat{\boldsymbol{x}}_{k/k-1} = \hat{\boldsymbol{x}}_{k-1} + [\boldsymbol{f}(\hat{\boldsymbol{x}}_{k-1}) + \boldsymbol{B}_{k-1}\hat{\boldsymbol{d}}_{k-1}]^{\mathrm{T}} \tag{6-59}$$

$$\boldsymbol{P}_{k/k-1} = \boldsymbol{\Phi}_{k-1}\boldsymbol{P}_{k-1}\boldsymbol{\Phi}_{k-1}^{\mathrm{T}} + \boldsymbol{Q}_{k-1} \tag{6-60}$$

$$\boldsymbol{K}_k = \boldsymbol{P}_{k/k-1}\boldsymbol{H}_k^{\mathrm{T}}[\boldsymbol{H}_k\boldsymbol{P}_{k/k-1}\boldsymbol{H}_k^{\mathrm{T}} + \boldsymbol{R}_k]^{-1} \tag{6-61}$$

$$\boldsymbol{P}_k = (\boldsymbol{I} - \boldsymbol{K}_k\boldsymbol{H}_k)\boldsymbol{P}_{k/k-1} \tag{6-62}$$

$$\boldsymbol{x}_k = \boldsymbol{x}_{k/k-1} + \boldsymbol{K}_k[\boldsymbol{Z}_k - \boldsymbol{h}(\boldsymbol{x}_{k/k-1})] \tag{6-63}$$

将补偿滤波算法的方程与扩展卡尔曼滤波算法的方程（3 - 32）进行对比，区别为在扩展卡尔曼滤波中为未知量的 $\boldsymbol{d}_{k-1}$ 由扰动观测器输出的机动加速度估计值 $\hat{\boldsymbol{d}}_{k-1}$ 代替，补偿滤波算法具体流程如图 6 - 1 所示。

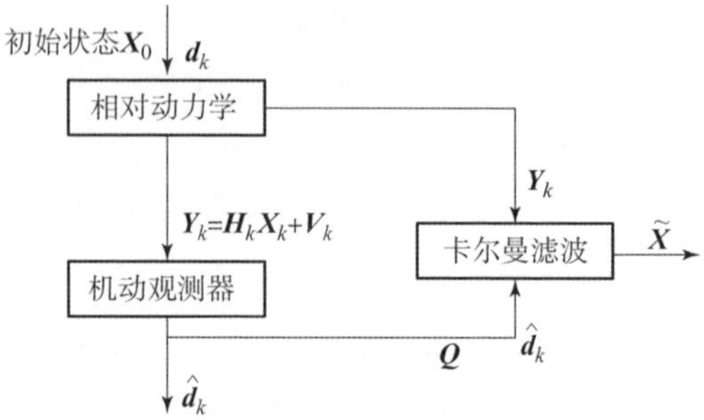

图 6-1 基于扰动观测器的补偿卡尔曼滤波算法流程

6.3.1 补偿滤波算法误差的有界性分析

在本节中，将对基于扰动观测器的补偿卡尔曼滤波算法估计误差的有界性进行分析。在6.2节中已经证明了在满足一定条件时扰动观测器的估计误差是有界的。因此，接下来将基于该证明对扰动观测器的卡尔曼滤波算法的估计误差进行有界性分析。

离散时间扩展卡尔曼滤波有两种常见的表达式：一种是由时间更新和量测更新组成的两步递归；另一种是基于先验变量的一步表达式。这两组方程虽然表达形式不同，但有着相同的收敛性。为了便于证明，这里将采用一步表达式进行离散时间扩展卡尔曼滤波算法以及基于扰动观测器的补偿卡尔曼滤波算法的误差有界性分析。

1. 离散时间扩展卡尔曼滤波的有界性分析

首先考虑如下的离散时间非线性随机系统：

$$\boldsymbol{x}_k=\boldsymbol{f}(\boldsymbol{x}_{k-1})+\boldsymbol{G}_{k-1}\boldsymbol{w}_{k-1} \tag{6-64}$$

$$\boldsymbol{Z}_k=\boldsymbol{h}(\boldsymbol{x}_k)+\boldsymbol{v}_k \tag{6-65}$$

式中：非线性函数$\boldsymbol{f}$和$\boldsymbol{h}$为C^{-1}函数，可以展开为

$$\boldsymbol{f}(\boldsymbol{x}_k)-\boldsymbol{f}(\hat{\boldsymbol{x}}_k)=\boldsymbol{\Phi}_k(\boldsymbol{x}_k-\hat{\boldsymbol{x}}_k)+\boldsymbol{\varphi}(\boldsymbol{x}_k,\hat{\boldsymbol{x}}_k) \tag{6-66}$$

$$\boldsymbol{h}(\boldsymbol{x}_k)-\boldsymbol{h}(\hat{\boldsymbol{x}}_k)=\boldsymbol{H}_k(\boldsymbol{x}_k-\hat{\boldsymbol{x}}_k)+\chi(\boldsymbol{x}_k,\hat{\boldsymbol{x}}_k) \tag{6-67}$$

式中：矩阵$\boldsymbol{\Phi}_k$和$\boldsymbol{H}_k$计算方法为

$$\boldsymbol{\Phi}_k=\frac{\partial \boldsymbol{f}}{\partial \boldsymbol{x}}(\hat{\boldsymbol{x}}_k) \tag{6-68}$$

$$\boldsymbol{H}_k=\frac{\partial \boldsymbol{h}}{\partial \boldsymbol{x}}(\hat{\boldsymbol{x}}_k) \tag{6-69}$$

定义 6.1 标准的扩展卡尔曼滤波可以由耦合差分方程表示为

状态估计差分方程：

$$\hat{\boldsymbol{x}}_k = \boldsymbol{f}(\hat{\boldsymbol{x}}_{k-1}) + \boldsymbol{K}_k[\boldsymbol{Z}_k - \boldsymbol{h}(\hat{\boldsymbol{x}}_{k-1})] \tag{6-70}$$

黎卡提差分方程：

$$\boldsymbol{P}_{k+1} = \boldsymbol{\Phi}_k\boldsymbol{P}_k\boldsymbol{\Phi}_k^{\mathrm{T}} + \boldsymbol{Q}_k - \boldsymbol{K}_k(\boldsymbol{H}_k\boldsymbol{P}_k\boldsymbol{H}_k^{\mathrm{T}} + \boldsymbol{R}_k)\boldsymbol{K}_k^{\mathrm{T}} \tag{6-71}$$

卡尔曼滤波增益：

$$\boldsymbol{K}_k = \boldsymbol{\Phi}_k\boldsymbol{P}_k\boldsymbol{H}_k^{\mathrm{T}}(\boldsymbol{H}_k\boldsymbol{P}_k\boldsymbol{H}_k^{\mathrm{T}} + \boldsymbol{R}_k)^{-1} \tag{6-72}$$

定义标准扩展卡尔曼滤波的状态估计误差为状态的真实值与滤波估计值之差为

$$\boldsymbol{e}_k = \boldsymbol{x}_k - \hat{\boldsymbol{x}}_k \tag{6-73}$$

将式（6－64）和式（6－70）代入式（6－73）中，可得

$$\boldsymbol{e}_k = \boldsymbol{f}(\boldsymbol{x}_{k-1}) + \boldsymbol{G}_{k-1}\boldsymbol{w}_{k-1} - \boldsymbol{f}(\hat{\boldsymbol{x}}_{k-1}) - \boldsymbol{K}_{k-1}[\boldsymbol{Z}_{k-1} - \boldsymbol{h}(\hat{\boldsymbol{x}}_{k-1})] \tag{6-74}$$

将式（6－65）代入式（6－74）中，可得

$$\boldsymbol{e}_k = \boldsymbol{f}(\boldsymbol{x}_{k-1}) - \boldsymbol{f}(\hat{\boldsymbol{x}}_{k-1}) - \boldsymbol{K}_{k-1}[\boldsymbol{h}(\boldsymbol{x}_{k-1}) + \boldsymbol{v}_{k-1} - \boldsymbol{h}(\hat{\boldsymbol{x}}_{k-1})] + \boldsymbol{G}_{k-1}\boldsymbol{w}_{k-1} \tag{6-75}$$

由式（6－66）、式（6－67）和式（6－75），可得

$$\begin{aligned}\boldsymbol{e}_k = {} & \boldsymbol{\Phi}_{k-1}(\boldsymbol{x}_{k-1} - \hat{\boldsymbol{x}}_{k-1}) + \boldsymbol{\varphi}(\boldsymbol{x}_{k-1}, \hat{\boldsymbol{x}}_{k-1}) - \boldsymbol{K}_{k-1}\boldsymbol{H}_{k-1}(\boldsymbol{x}_{k-1} - \hat{\boldsymbol{x}}_{k-1}) - \\ & \boldsymbol{K}_{k-1}\boldsymbol{\chi}(\boldsymbol{x}_{k-1}, \hat{\boldsymbol{x}}_{k-1}) - \boldsymbol{K}_{k-1}\boldsymbol{v}_{k-1} + \boldsymbol{G}_{k-1}\boldsymbol{w}_{k-1}\end{aligned} \tag{6-76}$$

根据式（6－73）中对估计误差的定义，式（6－76）可表示为

$$\begin{aligned}\boldsymbol{e}_k = {} & (\boldsymbol{\Phi}_{k-1} - \boldsymbol{K}_{k-1}\boldsymbol{H}_{k-1})\boldsymbol{e}_{k-1} + \boldsymbol{\varphi}(\boldsymbol{x}_{k-1}, \hat{\boldsymbol{x}}_{k-1}) - \boldsymbol{K}_{k-1}\chi(\boldsymbol{x}_{k-1}, \hat{\boldsymbol{x}}_{k-1}) - \\ & \boldsymbol{K}_{k-1}\boldsymbol{v}_{k-1} + \boldsymbol{G}_{k-1}\boldsymbol{w}_{k-1}\end{aligned} \tag{6-77}$$

简写为

$$\boldsymbol{e}_k = (\boldsymbol{\Phi}_{k-1} - \boldsymbol{K}_{k-1}\boldsymbol{H}_{k-1})\boldsymbol{e}_{k-1} + \boldsymbol{r}_{k-1} + \boldsymbol{s}_{k-1} \tag{6-78}$$

其中

$$\boldsymbol{r}_{k-1} = \boldsymbol{\varphi}(\boldsymbol{x}_{k-1}, \hat{\boldsymbol{x}}_{k-1}) - \boldsymbol{K}_{k-1}\chi(\boldsymbol{x}_{k-1}, \hat{\boldsymbol{x}}_{k-1}) \tag{6-79}$$

$$\boldsymbol{s}_{k-1} = \boldsymbol{G}_{k-1}\boldsymbol{w}_{k-1} - \boldsymbol{K}_{k-1}\boldsymbol{v}_{k-1} \tag{6-80}$$

现假设系统满足下列条件：

（1）当 $k \geqslant 0$ 时，存在正实数 $\bar{a}$，$\bar{c}$，$\underline{p}$，$\bar{p}$，$\underline{q}$，$\underline{r} > 0$，使得下列矩阵满足如下不等式：

$$\|\boldsymbol{\Phi}_{k,k-1}\| \leqslant \bar{a} \tag{6-81}$$

$$\|\boldsymbol{H}_k\| \leqslant \bar{c} \tag{6-82}$$

$$\underline{p}\boldsymbol{I} \leqslant \boldsymbol{P}_k \leqslant \bar{p}\boldsymbol{I} \tag{6-83}$$

$$\underline{q}\boldsymbol{I} \leqslant \boldsymbol{Q}_k \tag{6-84}$$

$$\underline{r}\boldsymbol{I} \leqslant \boldsymbol{R}_k \tag{6-85}$$

（2）当 $k \geqslant 0$ 时，$\boldsymbol{\Phi}_{k,k-1}$ 为非奇异矩阵。

（3）当 $\boldsymbol{x}$，$\hat{\boldsymbol{x}}$ 满足 $\| \boldsymbol{x} - \hat{\boldsymbol{x}} \|^2 \leqslant \varepsilon_\varphi$ 和 $\| \boldsymbol{x} - \hat{\boldsymbol{x}} \|^2 \leqslant \varepsilon_\chi$ 时，存在正实数 κ_φ，κ_χ，ε_φ，$\varepsilon_\chi > 0$，使得非线性函数 $\boldsymbol{\varphi}$、$\boldsymbol{\chi}$ 分别满足如下不等式：

$$\| \boldsymbol{\varphi}(\boldsymbol{x}, \hat{\boldsymbol{x}}) \| \leqslant \kappa_\varphi \| \boldsymbol{x} - \hat{\boldsymbol{x}} \|^2 \tag{6-86}$$

$$\| \chi(\boldsymbol{x}, \hat{\boldsymbol{x}}) \| \leqslant \kappa_\chi \| \boldsymbol{x} - \hat{\boldsymbol{x}} \|^2 \tag{6-87}$$

为了证明离散时间扩展卡尔曼滤波算法的有界性，提出以下三个引理，这些引理在 Reif 的文章中已经得到证明，并且基于这三个引理推导得出了理论 6.1，因此这里将直接使用结论，省略对引理及结论的证明。

引理 6.2 满足条件（1）的假设时，当 $k \geqslant 0$ 时，令 $\boldsymbol{\Pi}_k = \boldsymbol{P}_k^{-1}$，存在正实数 $0 < \alpha < 1$ 使得下列不等式成立：

$$(\boldsymbol{\Phi}_k - \boldsymbol{K}_k \boldsymbol{H}_k)^{\mathrm{T}} \boldsymbol{\Pi}_{k+1} (\boldsymbol{\Phi}_k - \boldsymbol{K}_k \boldsymbol{H}_k) \leqslant (1 - \alpha) \boldsymbol{\Pi}_k \tag{6-88}$$

引理 6.3 满足条件（1）的假设时，当 $\boldsymbol{x}_k$、$\hat{\boldsymbol{x}}_k$ 满足 $\| \boldsymbol{x}_k - \hat{\boldsymbol{x}}_k \| < \varepsilon'$时，令 $\boldsymbol{\Pi}_k = \boldsymbol{P}_k^{-1}$，存在正实数 $0 < \alpha < 1$ 使得下列不等式成立：

$$\boldsymbol{r}_k^{\mathrm{T}} \boldsymbol{\Pi}_k [2(\boldsymbol{\Phi}_k - \boldsymbol{K}_k \boldsymbol{H}_k)(\boldsymbol{x}_k - \hat{\boldsymbol{x}}_k) + \boldsymbol{r}_k] \leqslant \kappa_{\mathrm{nonl}} \| \boldsymbol{x}_k - \hat{\boldsymbol{x}}_k \|^3 \tag{6-89}$$

引理 6.4 满足条件（1）的假设时，令 $\boldsymbol{\Pi}_k = \boldsymbol{P}_k^{-1}$，过程噪声和测量噪声的协方差矩阵满足 $\boldsymbol{Q}_k \leqslant \bar{q}\boldsymbol{I}$，$\boldsymbol{R}_k \leqslant \bar{r}\boldsymbol{I}$，存在与 δ 相互独立的正实数 $\kappa_{\mathrm{roise}} > 0$，使得下列不等式成立：

$$E[\boldsymbol{s}_k^{\mathrm{T}} \boldsymbol{\Pi}_{k+1} \boldsymbol{s}_k] \leqslant \kappa_{\mathrm{noise}} \delta \tag{6-90}$$

其中

$$\kappa_{\mathrm{noise}} = \frac{n + p + k}{\underline{p}}$$

理论 6.1 满足条件（1）的假设时，存在正实数 $\varepsilon > 0$，使得当初始的估计误差满足不等式

$$\| \boldsymbol{e}_0 \| \leqslant \varepsilon \tag{6-91}$$

同时，过程噪声和测量噪声的协方差矩阵满足不等式

$$\boldsymbol{Q}_k \leqslant \bar{q}\boldsymbol{I}, \boldsymbol{R}_k \leqslant \bar{r}\boldsymbol{I} \tag{6-92}$$

时，由式（6-76）给出的估计误差 $\boldsymbol{e}_k$ 均方指数有界。

2. 基于扰动观测器的补偿卡尔曼滤波的有界性分析

定义 6.2 基于扰动观测器的补偿卡尔曼滤波可以由如下耦合差分方程表示：

$$\hat{\boldsymbol{x}}_k = \boldsymbol{f}(\hat{\boldsymbol{x}}_{k-1}) + \boldsymbol{B}_{k-1}\boldsymbol{d}_{k-1} + \boldsymbol{K}_k[\boldsymbol{y}_k - \boldsymbol{h}(\hat{\boldsymbol{x}}_{k-1})] \tag{6-93}$$

补偿滤波算法的黎卡提差分方程和滤波增益方程与式（6-71）和式（6-72）一致，比较基于扰动观测器的补偿卡尔曼滤波算法与扩展卡尔曼滤波算法的差分方程式（6-93）和式（6-70），可以看出两者的不同在于式（6-93）多了一个机动加速度有关的项 $\boldsymbol{B}_{k-1}\boldsymbol{d}_{k-1}$。由于机动目标的非合作特性，因此采用了由扰动观测器输出的机动加速度的估计值 $\hat{\boldsymbol{d}}_{k-1}$ 代替 $\boldsymbol{d}_{k-1}$。现定义基于扰动观测器的补偿卡尔曼滤波的估计误差为

$$\boldsymbol{e}_k^D = \boldsymbol{x}_k - \hat{\boldsymbol{x}}_k \tag{6-94}$$

将式（6-1）和式（6-93）代入式（6-94）中，可得

$$\boldsymbol{e}_k^D = \boldsymbol{f}(\boldsymbol{x}_{k-1}) + \boldsymbol{B}_{k-1}\boldsymbol{d}_{k-1} + \boldsymbol{G}_{k-1}\boldsymbol{w}_{k-1} - \boldsymbol{f}(\hat{\boldsymbol{x}}_{k-1}) - \boldsymbol{B}_{k-1}\hat{\boldsymbol{d}}_{k-1} - \boldsymbol{K}_{k-1}[\boldsymbol{y}_{k-1} - \boldsymbol{h}(\hat{\boldsymbol{x}}_{k-1})] \tag{6-95}$$

将式（6-65）代入式（6-95）中，可得

$$\boldsymbol{e}_k^D = \boldsymbol{f}(\boldsymbol{x}_{k-1}) - \boldsymbol{f}(\hat{\boldsymbol{x}}_{k-1}) + \boldsymbol{B}_{k-1}(\boldsymbol{d}_{k-1} - \hat{\boldsymbol{d}}_{k-1}) - \boldsymbol{K}_{k-1}[\boldsymbol{h}(\boldsymbol{x}_{k-1}) + \boldsymbol{v}_{k-1} - \boldsymbol{h}(\hat{\boldsymbol{x}}_{k-1})] + \boldsymbol{G}_{k-1}\boldsymbol{w}_{k-1} \tag{6-96}$$

由式（6-19）、式（6-66）和式（6-67），有

$$\boldsymbol{e}_k^D = \boldsymbol{\Phi}_{k-1}(\boldsymbol{x}_{k-1} - \hat{\boldsymbol{x}}_{k-1}) + \boldsymbol{\varphi}(\boldsymbol{x}_{k-1}, \hat{\boldsymbol{x}}_{k-1}) + \boldsymbol{B}_{k-1}\boldsymbol{e}_{k-1}^d - \boldsymbol{K}_{k-1}\boldsymbol{H}_{k-1}(\boldsymbol{x}_{k-1} - \hat{\boldsymbol{x}}_{k-1}) - \boldsymbol{K}_{k-1}\chi(\boldsymbol{x}_{k-1}, \hat{\boldsymbol{x}}_{k-1}) - \boldsymbol{K}_{k-1}\boldsymbol{v}_{k-1} + \boldsymbol{G}_{k-1}\boldsymbol{w}_{k-1} \tag{6-97}$$

根据对估计误差的定义式（6-94），有

$$\boldsymbol{e}_k^D = (\boldsymbol{\Phi}_{k-1} - \boldsymbol{K}_{k-1}\boldsymbol{H}_{k-1})\boldsymbol{e}_{k-1}^D + \boldsymbol{\varphi}(\boldsymbol{x}_{k-1}, \hat{\boldsymbol{x}}_{k-1}) + \boldsymbol{B}_{k-1}\boldsymbol{e}_{k-1}^d - \boldsymbol{K}_{k-1}\chi(\boldsymbol{x}_{k-1}, \hat{\boldsymbol{x}}_{k-1}) - \boldsymbol{K}_{k-1}\boldsymbol{v}_{k-1} + \boldsymbol{G}_{k-1}\boldsymbol{w}_{k-1} \tag{6-98}$$

将式（6-79）和式（6-80）代入式（6-98）中，可得

$$\boldsymbol{e}_k^D = (\boldsymbol{\Phi}_{k-1} - \boldsymbol{K}_{k-1}\boldsymbol{H}_{k-1})\boldsymbol{e}_{k-1}^D + \boldsymbol{u}_{k-1} + \boldsymbol{r}_{k-1} + \boldsymbol{s}_{k-1} \tag{6-99}$$

式中：$\boldsymbol{u}_{k-1} = \boldsymbol{B}_{k-1}\boldsymbol{e}_{k-1}^d$。

将式（6-99）的估计误差与离散时间扩展卡尔曼滤波算法的估计误差方程式（6-78）相比，可以发现当引入了扰动观测器后，式（6-99）比式（6-78）多了一个误差项 $\boldsymbol{u}_{k-1}$。由之前对离散时间扩展卡尔曼滤波算法的有界性分析可知，只要新引入的误差项是有界的，那么基于扰动观测器的补偿卡尔曼滤波算法的估计误差有界。扰动观测器的误差分析已经在 6.2 节中给出，式（6-58）证明了当满足一定条件时，扰动观测器的估计误差有界。因此，基于扰动观测器的补偿滤波算法在满足下述假设条件：

（1）当 $k \geqslant 0$ 时，存在正实数 $\bar{a}$，$\bar{b}$，$\bar{c}$，$\underline{p}$，$\bar{p}$，$\underline{r}$，$\bar{r} > 0$，使得下列矩阵满足如下不等式：

$$\|\boldsymbol{\Phi}_{k,k-1}\| \leqslant \bar{a} \tag{6-100}$$

$$\|\boldsymbol{B}_k^{+}\| \leqslant \bar{b} \tag{6-101}$$

$$\|\boldsymbol{H}_k\| \leqslant \bar{c} \tag{6-102}$$

$$\underline{p}\,\boldsymbol{I} \leqslant \boldsymbol{P}_k \leqslant \bar{p}\,\boldsymbol{I} \tag{6-103}$$

$$\underline{q}\,\boldsymbol{I} \leqslant \boldsymbol{Q}_k \leqslant \bar{q}\,\boldsymbol{I} \tag{6-104}$$

$$\underline{r}\,\boldsymbol{I} \leqslant \boldsymbol{R}_k \leqslant \bar{r}\,\boldsymbol{I} \tag{6-105}$$

（2）假设

$$1 \leqslant \lambda_i \leqslant 2,\ i=1,2,\cdots,p \tag{6-106}$$

（3）当 $k \geqslant 0$ 时，$\boldsymbol{\Phi}_{k,k-1}$ 为非奇异矩阵。

（4）当 $\boldsymbol{x}$、$\hat{\boldsymbol{x}}$ 满足 $\|\boldsymbol{x}-\hat{\boldsymbol{x}}\|^2 \leqslant \varepsilon_\varphi$ 和 $\|\boldsymbol{x}-\hat{\boldsymbol{x}}\|^2 \leqslant \varepsilon_\chi$ 时，存在正实数 κ_φ，κ_χ，ε_φ，$\varepsilon_\chi > 0$，使得非线性函数 $\boldsymbol{\varphi}$、$\boldsymbol{\chi}$ 分别满足如下不等式：

$$\|\boldsymbol{\varphi}(\boldsymbol{x},\hat{\boldsymbol{x}})\| \leqslant \kappa_\varphi \|\boldsymbol{x}-\hat{\boldsymbol{x}}\|^2 \tag{6-107}$$

$$\|\chi(\boldsymbol{x},\hat{\boldsymbol{x}})\| \leqslant \kappa_\chi \|\boldsymbol{x}-\hat{\boldsymbol{x}}\|^2 \tag{6-108}$$

（5）假设

$$\Delta\boldsymbol{d}_k \leqslant T_0 \cdot \Delta d_{\max} \cdot \underbrace{[1,1,\cdots,1]^{\mathrm{T}}}_{p} \tag{6-109}$$

时，且存在正实数 $\varepsilon > 0$，使得当初始的估计误差满足不等式

$$\|\boldsymbol{e}_0\| \leqslant \varepsilon \tag{6-110}$$

时，基于扰动观测器的补偿滤波算法的估计误差有界。

6.3.2 滤波参数对跟踪精度的影响

根据6.3.1节对补偿滤波算法的误差分析，由式（6－99）可知算法的跟踪精度主要与算法采样周期、机动加速度变化率、扰动观测器的增益矩阵、量测噪声、过程噪声以及动力学系统的非线性强弱有关。

基于扰动观测器补偿滤波算法的采样周期为扰动观测器和滤波器的运算周期，根据扰动观测器的误差分析可知，采样周期与扰动观测器的误差成反比，即采样周期越小，扰动观测器的估计误差越小，并且易知当滤波器运算周期越短，即运算频率越高时，滤波精度越高。因此，缩短采样周期，即提高运算频率，会大大提高滤波算法的估计精度，同时会使得计算量大大增加。

机动加速度变化率和扰动观测器的增益矩阵都是通过影响扰动观测器的估计误差，从而影响基于扰动观测器的补偿滤波算法精度。机动加速度变化率越

低，则扰动观测器的估计误差越小，对机动加速度估计的精度越高，补偿滤波算法的精度越高。扰动观测器的增益矩阵越大，可以在一定程度上降低机动加速度变化率带来的影响，但是同时增益矩阵的增大会导致 Γ 增大。根据式（6－27）可知，Γ 增大会导致机动加速度的估计值中含有的噪声增大，导致扰动观测器精度降低，从而对补偿滤波算法产生影响，并且 Γ 会影响机动加速度误差的收敛速度。因此，需要选择合适的增益矩阵使得降低机动加速度变化率影响的同时不引入大量噪声，并且能保证较高的收敛速度，从而使滤波算法能有较好的跟踪效果。

量测噪声、过程噪声及系统非线性的强弱对扰动观测器和滤波器的估计精度均产生影响，因此对补偿滤波算法的跟踪精度也会产生影响。不论是量测噪声增大，即观测噪声越大，还是系统非线性越强，都会导致观测器和滤波器估计精度降低，使得补偿滤波算法跟踪精度降低。

根据对以上影响补偿滤波算法精度的滤波参数的分析，发现可实施的能有效地提高跟踪精度的办法有：降低运算周期，即提高运算频率；选择合适的增益矩阵；降低量测噪声。

6.3.3　补偿滤波器的结构设计

根据前面对非线性扰动观测器的估计误差分析，提高扰动观测器的计算频率，即缩短采样周期，可以提高扰动观测器的估计精度，进而提高整个基于扰动观测器的补偿卡尔曼滤波算法的估计精度。但是提高计算频率的同时，计算量将大大增加，尤其是滤波部分的计算量，将为星载计算机带来巨大的运算负载。在实际工程应用中，由于星载计算机的能力有限，因此在提高估计性能的同时必须考虑到运算负载的限制。比较扰动观测器和卡尔曼滤波的方程可知，扰动观测器进行一次运算的计算量明显小于卡尔曼滤波的计算量，同时提高扰动观测器的计算频率也可以有效地提高算法的估计精度。因此，提出了补偿滤波器的结构设计方法，即让计算量较小的观测器以较高的频率工作，计算量较大的滤波器以较低的频率工作。该算法可以以较小的计算量为代价，得到性能更优的估计结果。

补偿滤波器的结构设计更新序列如图 6－2 所示，其中 T 为量测的采样周期，n 为扰动观测器与滤波器采样频率之比，即当滤波器经过一次运算时，扰动观测器运算 n 次。

6.3.4　结构设计中的量测数据压缩技术

假设扰动观测器的运算周期与系统观测周期一致，滤波器的运算周期为系

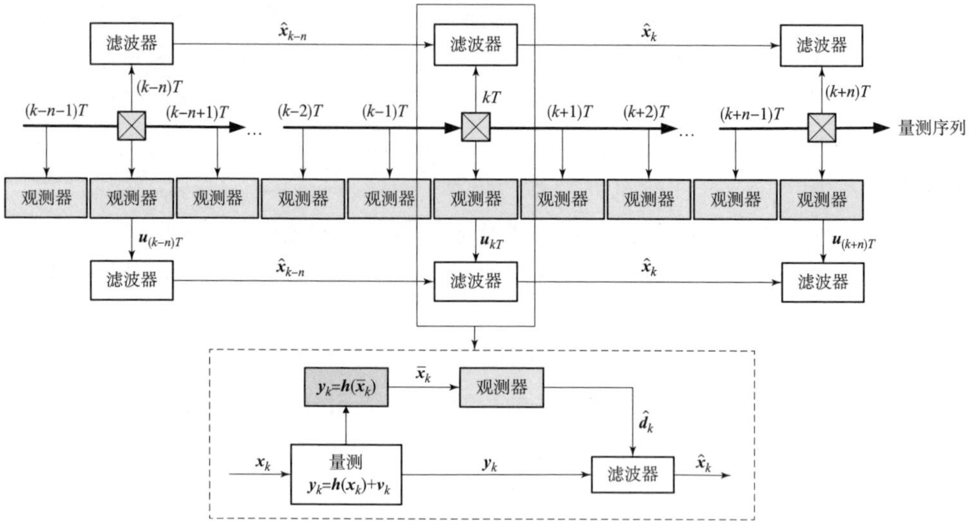

图 6-2　补偿滤波器的结构及工作流程

统观测周期的 n 倍。当量测 n 次时，扰动观测器运算 n 次，滤波器仅运算一次。此时，量测的 n 组数据和扰动观测器输出的 n 组数据需要一次输入滤波器中进行运算。若只用最新的一组数据，则会损失掉一些信息。为了更好地利用数据，可以采取量测数据压缩技术对量测数据进行预处理。对量测数据和扰动观测器输出的机动加速度估计值采取等权平均预处理，下面以量测数据的等权平均预处理为例说明数据压缩处理技术的优势。

设滤波速率为 k，在每个采样周期内对目标进行 M 次测量，量测序列为

$$\left\{Z\left(k+\frac{1}{M}\right),\cdots,Z\left(k+\frac{i}{M}\right),\cdots,Z(k+1)\right\}$$

定义 M 次量测的等权平均残差为 $\boldsymbol{d}_{\mathrm{eq}}(k+1)$，根据标准卡尔曼滤波方程，有

$$\begin{aligned}\boldsymbol{d}_{\mathrm{eq}}(k+1) &= \frac{1}{M}\sum_{i=1}^{M}\boldsymbol{d}\left(k+\frac{i}{M}\right)\\ &= \frac{1}{M}\sum_{i=1}^{M}\left[\boldsymbol{Y}\left(k+\frac{i}{M}\right)-\boldsymbol{H}\left(k+\frac{i}{M}\right)\cdot\hat{\boldsymbol{X}}\left(k+\frac{i}{M}/k\right)\right]\\ &= \frac{1}{M}\sum_{i=1}^{M}\boldsymbol{H}\left(k+\frac{i}{M}\right)\left[\boldsymbol{X}\left(k+\frac{i}{M}\right)-\boldsymbol{\Phi}\left(k+\frac{i}{M},k\right)\cdot\boldsymbol{X}(k/k)\right]+\\ &\quad\frac{1}{M}\sum_{i=1}^{M}\boldsymbol{V}\left(k+\frac{i}{M}\right)\end{aligned} \tag{6-111}$$

式（6-111）等号右边最后一项为等权平均量测噪声 $\boldsymbol{V}_{\mathrm{eq}}(k+1)$，其协方差矩阵为

$$\begin{aligned}\boldsymbol{R}_{\mathrm{eq}}(k+1) &= E[\boldsymbol{V}_{\mathrm{eq}}(k-1)\boldsymbol{V}_{\mathrm{eq}}^{\mathrm{T}}(k-1)] \\ &= \sum\left[\frac{1}{M^2}\sum_{i=1}^{M}\sum_{j=1}^{M}\boldsymbol{V}\left(k+\frac{i}{M}\right)\boldsymbol{V}^{\mathrm{T}}\left(k+\frac{i}{M}\right)\right] \\ &= \frac{1}{M}\boldsymbol{R}(k+1)\end{aligned} \tag{6-112}$$

式中：$\boldsymbol{R}(k+1)$为量测噪声$\boldsymbol{V}(k+1)$的协方差矩阵，显然等权平均残差中随机量测噪声的影响大大减小。用这种包含更多目标信息而量测噪声影响更小的等权平均残差$\boldsymbol{d}_{\mathrm{eq}}$代替一次量测残差来计算目标状态估值，会大大提高跟踪器的估计精度。

6.4　仿真分析

6.4.1　补偿观测器的跟踪精度分析

算例6.1　假设观测星和非合作目标均运行在高为700 km的圆轨道上，两者之间的距离远小于轨道半径，初始相对位置向量为$\boldsymbol{r}=[500\ \mathrm{m},300\ \mathrm{m},200\ \mathrm{m}]^{\mathrm{T}}$，相对速度向量为$\boldsymbol{v}=[10\ \mathrm{m/s},10\ \mathrm{m/s},5\ \mathrm{m/s}]^{\mathrm{T}}$；假设观测星能够直接得到非合作目标相对于自身的位置信息和速度信息，位置测量精度为$\boldsymbol{v}_r=[0.1\ \mathrm{m},0.1\ \mathrm{m},0.1\ \mathrm{m}]^{\mathrm{T}}$，速度测量精度$\boldsymbol{v}_{\dot{r}}=[0.02\ \mathrm{m/s^2},0.02\ \mathrm{m/s^2},0.02\ \mathrm{m/s^2}]^{\mathrm{T}}$，初始位置和速度偏差为$\boldsymbol{x}_{\mathrm{error}}=[300\ \mathrm{m},200\ \mathrm{m},100\ \mathrm{m},10\ \mathrm{m/s},15\ \mathrm{m/s},20\ \mathrm{m/s}]^{\mathrm{T}}$，滤波周期为0.25 s。选取C－W方程作为系统的动力学模型，将位置和速度作为系统的状态变量$\boldsymbol{x}=[x,y,z,\dot{x},\dot{y},\dot{z}]^{\mathrm{T}}$，控制驱动矩阵和过程噪声驱动矩阵分别为$\boldsymbol{B}_k=[\boldsymbol{0}_{3\times3}\quad \boldsymbol{I}_{3\times3}]^{\mathrm{T}}$和$\boldsymbol{G}_k=\boldsymbol{I}_{6\times6}$，观测矩阵为$6\times6$维的单位矩阵$\boldsymbol{H}=\boldsymbol{I}_{6\times6}$，滤波增益为$\lambda_1=\lambda_2=\lambda_3=1$。机动加速度模型选择无机动模型、常值机动模型和非常值机动模型三种模型，对这三种模型分别使用基于扰动观测器的补偿滤波算法进行数值仿真。使用无机动模型进行仿真得到的补偿滤波算法的位置误差和速度误差如图6－3所示；扰动观测器观测的机动加速度估计值如图6－4所示；机动加速度估计误差如图6－5所示。使用常值机动模型进行仿真得到的补偿滤波算法的位置误差和速度误差如图6－6所示；扰动观测器观测的机动加速度估计值如图6－7所示；机动加速度估计误差如图6－8所示。使用非常值机动模型进行仿真得到的补偿滤波算法的位置误差和速度误差如图6－9所示；扰动观测器观测的机动加速度估计值如图6－10所示；机动加速度估计误差如图 6-11 所示。

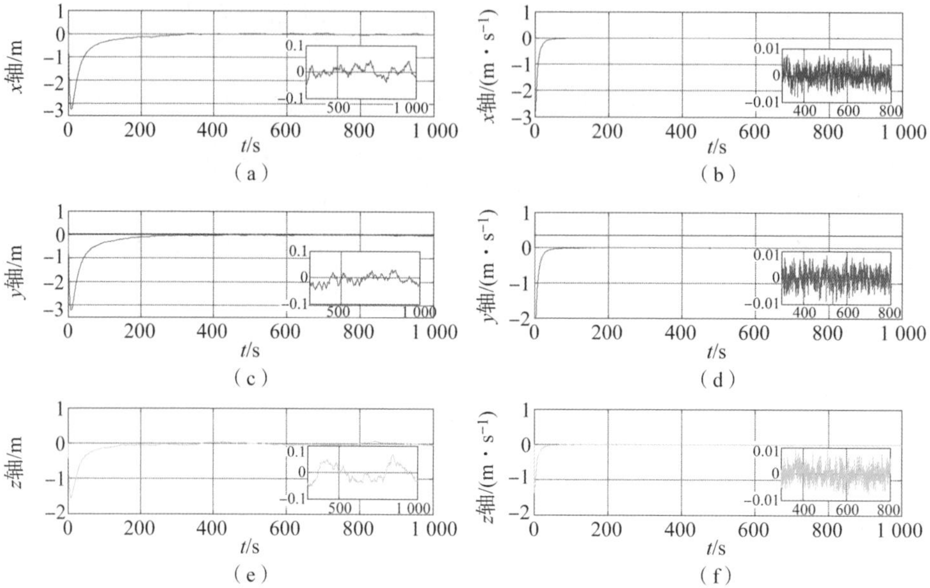

图 6-3　基于扰动观测器的补偿卡尔曼滤波算法的位置和速度误差（无机动）

（a）x 轴位置误差；（b）x 轴速度误差；（c）y 轴位置误差；

（d）y 轴速度误差；（e）z 轴位置误差；（f）z 轴速度误差

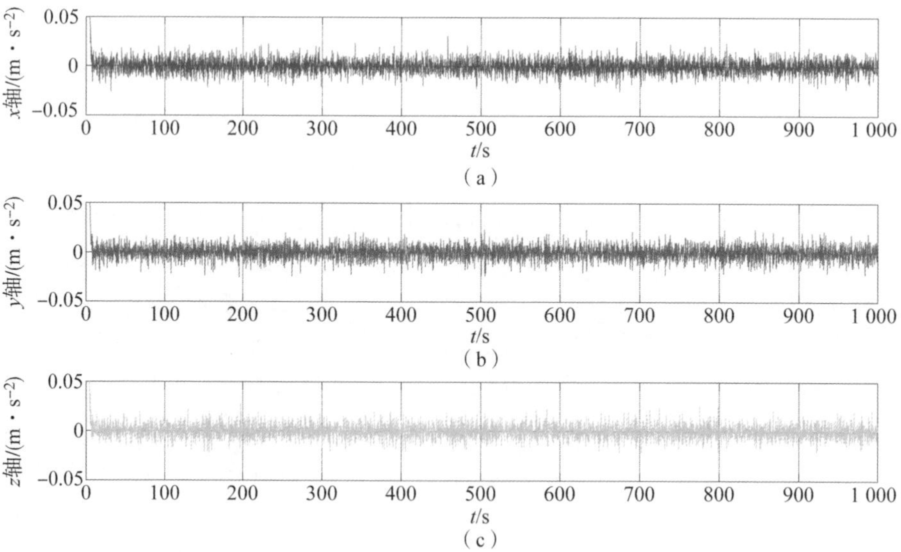

图 6-4　扰动观测器的机动加速度的估计值（无机动）

（a）x 轴；（b）y 轴；（c）z 轴

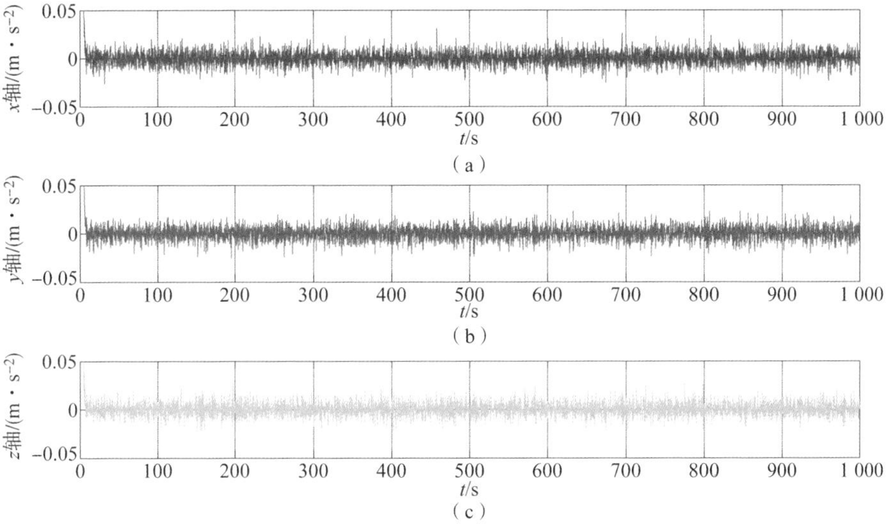

图 6 - 5　扰动观测器的机动加速度的估计误差（无机动）

（a）x 轴；（b）y 轴；（c）z 轴

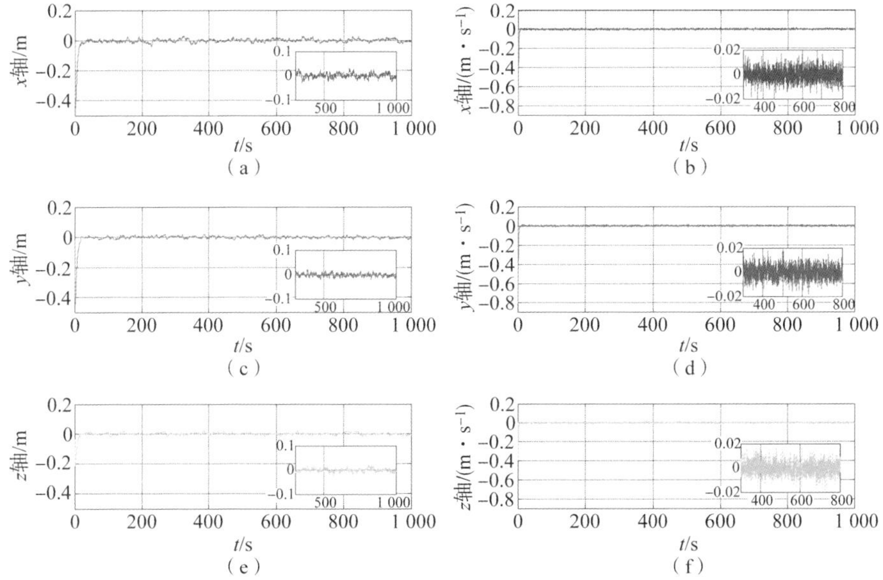

图 6 - 6　基于扰动观测器的补偿卡尔曼滤波算法的位置和速度误差（常值机动）

（a）x 轴位置误差；（b）x 轴速度误差；（c）y 轴位置误差；

（d）y 轴速度误差；（e）z 轴位置误差；（f）z 轴速度误差

由图 6 - 3 中的位置和速度误差曲线可知，当目标未发生机动时，使用基于扰动观测器的补偿滤波算法的位置误差低于 0.1 m，速度误差低于 0.01 m/s，精度稍优于观测精度，量测噪声未能衰减主要是因为扰动观测器将观测噪声也当作了机动加速度处理。由图 6－4 和图 6－5 可以看出，扰动观测器的估计误差与速度量测噪声接近，当噪声被当作机动加速度的估计值输入时，滤波算法精度将会降低，因此当扰动观测器未发生机动时，补偿滤波算法跟踪精度一般，并且优于量测精度。

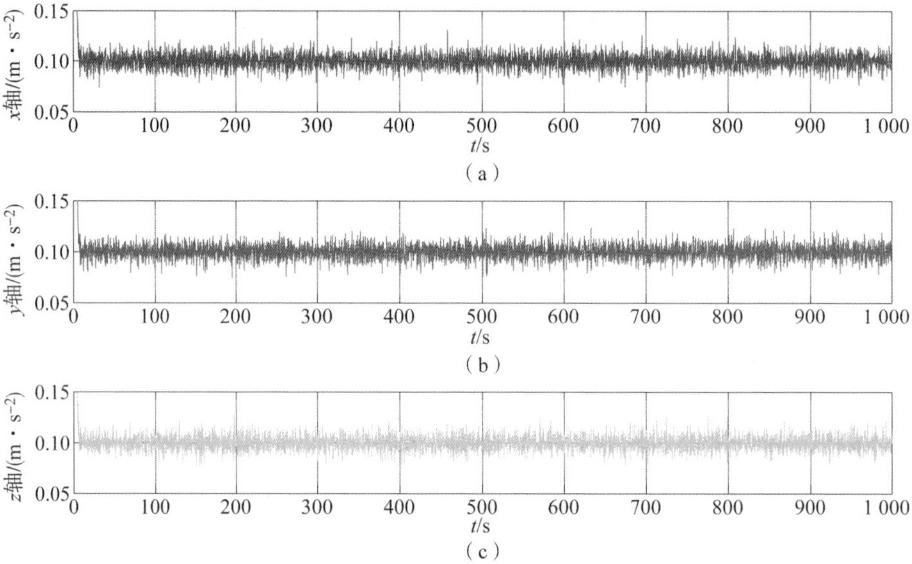

图 6－7　扰动观测器的机动加速度的估计值（常值机动）

（a）x 轴；（b）y 轴；（c）z 轴

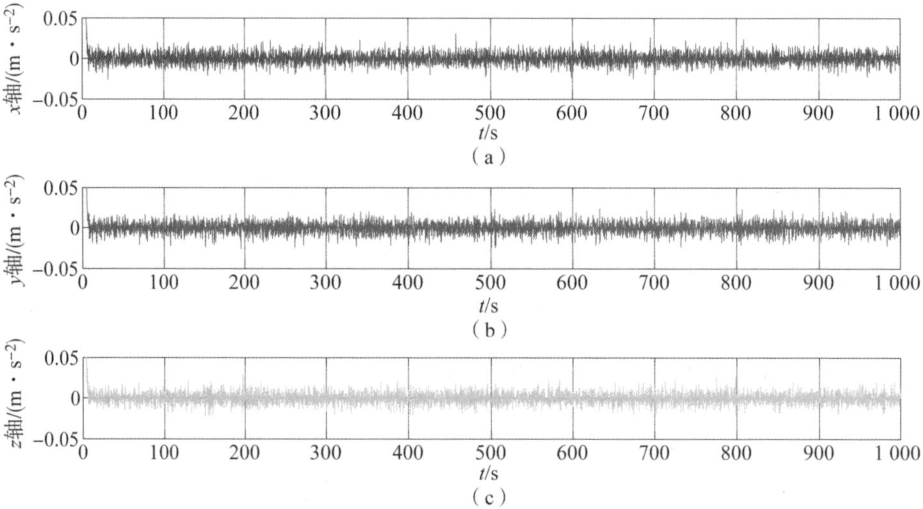

图 6－8　扰动观测器的机动加速度的估计误差（常值机动）

（a）x 轴；（b）y 轴；（c）z 轴

由图6－6中的位置和速度误差曲线可知，当目标发生常值机动时，使用基于扰动观测器的补偿滤波算法的位置误差低于0.1 m，速度误差低于0.02 m/s。与衰减记忆法滤波相比误差曲线收敛，并且精度较高，与扩维卡尔曼滤波算法效果相同。由图6－7扰动观测器输出的机动加速度估计值和图6－8机动加速度估计误差可以看出，虽然扰动观测器能近似估计出机动加速度的大小，并且与无机动一样，估计值中含有大量的量测噪声。

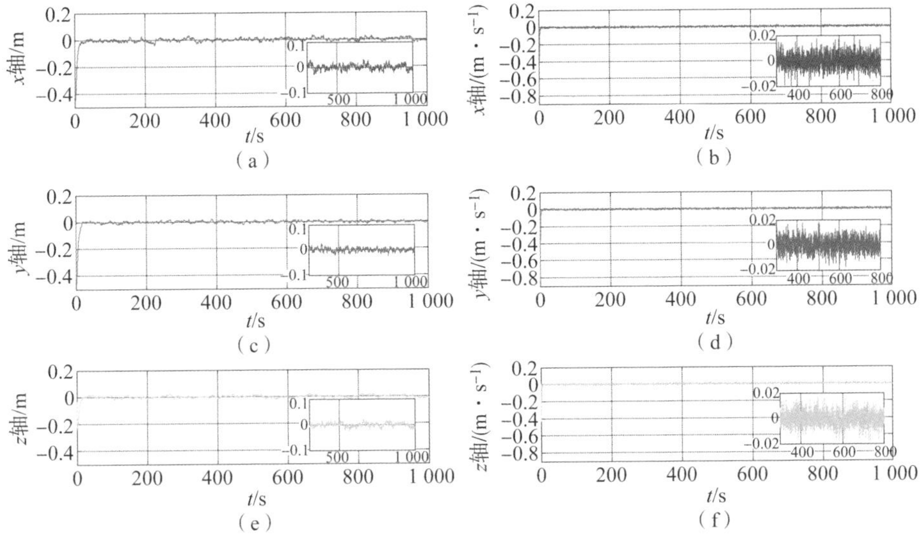

图6－9　基于扰动观测器的补偿卡尔曼滤波算法的位置和速度误差（非常值机动）

（a）x轴位置误差；（b）x轴速度误差；（c）y轴位置误差；

（d）y轴速度误差；（e）z轴位置误差；（f）z轴速度误差

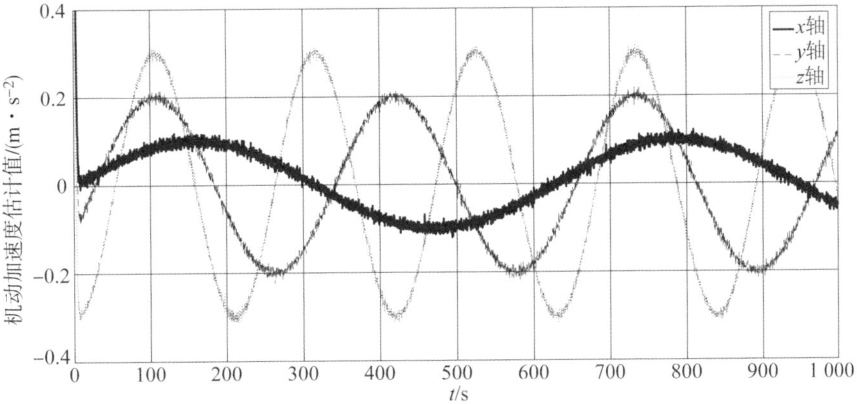

图6－10　扰动观测器的机动加速度的估计值（非常值机动）

由图6－9中的位置和速度误差曲线可知，当目标发生非常值机动时，即机动加速度时变时，使用基于扰动观测器的补偿滤波算法的位置误差低于0.05 m，速度误差低于0.02 m/s。与衰减记忆法相比滤波误差曲线收敛，并且精度较高，与扩维卡尔曼滤波算法效果相同。由图6－10扰动观测器输出的机动加速度估计值和图6－11机动加速度估计误差可以看出，扰动观测器能近似估计出机动加速度的大小，估计值中仍含有大量的量测噪声，并且噪声与机动加速度的变化率有关。

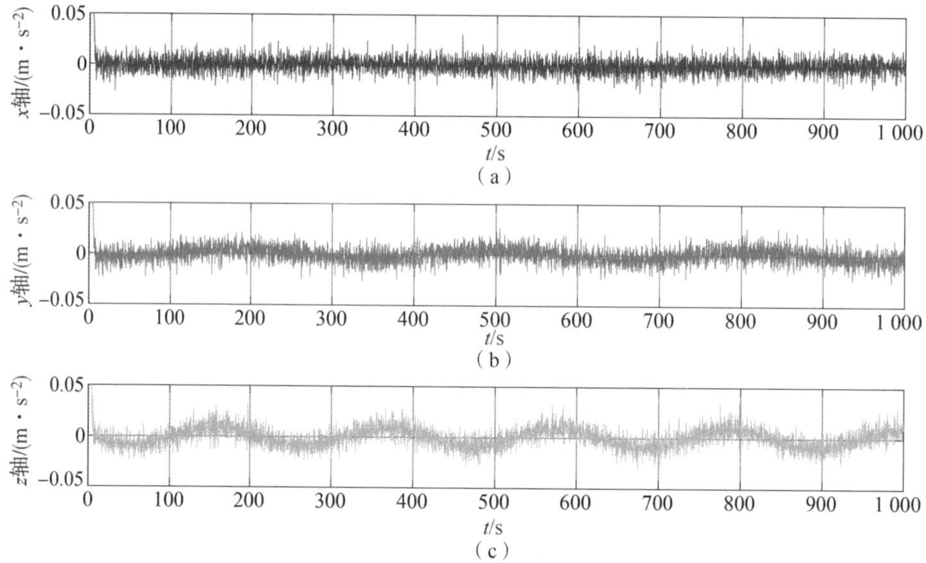

图6－11 扰动观测器的机动加速度的估计误差（非常值机动）

(a) x轴；(b) y轴；(c) z轴

6.4.2 引入结构设计的精度敏感性分析

算例6.2 采取与算例6.1相同的目标航天器、观测星及初始条件，设置滤波器的周期为1 s，仿真总时长为1 000 s。机动加速度模型选择常值机动模型，滤波增益$\lambda_1=\lambda_2=\lambda_3=1.6$，扰动观测器的周期分别选取0.01 s、0.1 s、0.5 s和1 s，使用引入结构设计的补偿滤波器进行数值仿真。由于每组仿真算例的位置误差曲线、速度误差曲线以及加速度估计误差曲线难以直接在图形上分辨其误差大小关系，因此引入均方根误差描述算法的优劣：

$$\mathrm{BMSE}=\frac{1}{N}\sum_{k=1}^{N}\sqrt{(\boldsymbol{x}_k-\hat{\boldsymbol{x}}_k)^{\mathrm{T}}(\boldsymbol{x}_k-\hat{\boldsymbol{x}}_k)} \tag{6-113}$$

式中：N为仿真总次数；$\boldsymbol{x}_k$和$\hat{\boldsymbol{x}}_k$分别为k时刻的状态向量的真实值及估计值。

均方误差值越小，则说明算法跟踪精度越高。四组仿真结果如表 6－1 所示。

表 6－1　引入结构设计的补偿滤波器的位置、速度及机动加速度的均方根误差值

观测器采样周期/s	滤波器采样周期/s	R_{RMSE}/m	$V_{\mathrm{RMSE}}/(\mathrm{m}\cdot\mathrm{s}^{-1})$	$d_{\mathrm{RMSE}}/(\mathrm{m}\cdot\mathrm{s}^{-2})$
0.01	1	$2.535\ 86\times10^{-2}$	$7.33\ 921\times10^{-3}$	3.27718×10^{-2}
0.1	1	$2.540\ 44\times10^{-2}$	$7.413\ 88\times10^{-3}$	$3.402\ 88\times10^{-2}$
0.5	1	$2.547\ 56\times10^{-2}$	$7.843\ 69\times10^{-3}$	$3.608\ 60\times10^{-2}$
1	1	$2.653\ 68\times10^{-2}$	$9.571\ 34\times10^{-3}$	$3.866\ 60\times10^{-2}$

在表 6－1 中，R_{RMSE}代表位置估计的均方根误差，V_{RMSE}代表速度估计的均方根误差，d_{RMSE}代表机动加速度估计的均方根误差。由表 6－1 可以看出，当滤波器采样周期一定，观测器采样周期越小时，观测器输出的加速度均方根误差越小，即观测器观测效果越好，这与观测器误差分析结果一致。同时，当滤波器采样周期与扰动观测器的采样周期之比 n 越大时，位置和速度的均方根误差越小，则说明算法跟踪精度越高，算法精度的提高是因为降低了机动加速度估计误差。

至此，本章建立了扰动观测器的模型，并对具有不同类型扰动加速度的系统进行了仿真。首先，从理论上进行了误差分析，得出了对扰动观测器估计误差产生影响的参数；然后，基于建立的观测器模型提出了一种补偿卡尔曼滤波算法，研究了补偿滤波算法的初始化参数选取准则，进而对补偿滤波算法的估计误差进行了有界性分析；最后，证明了在满足假设条件时，补偿滤波算法的误差是有界的。误差分析表明，补偿滤波算法的误差主要受扰动加速度变化率、算法计算周期、线性化偏差、量测噪声和过程噪声的影响；结合扰动观测器的误差特性，提出了一种改进的补偿滤波器的结构设计方法，该方法通过增加扰动观测器的计算频率，可以有效提高算法的估计精度，同时不会带来巨大的运算负荷。

参 考 文 献

[1] 代科学，冯占林，万歆睿．俄罗斯空间态势感知体系发展综述［J］．中国电子科学研究院学报，2016，11（3）：233－238.

[2] 毕幸子．空间非合作机动目标的跟踪技术研究［D］．北京：北京理工大学，2019.

[3] 朱仁璋，丛云天，王鸿芳，等．全球高分光学星概述（一）：美国和加拿大［J］．航天器工程，2015，24（6）：85－106.

[4] 李开封．加拿大天文卫星 MOST［J］．天文爱好者，2011（3）：24－27.

[5] 胡坤娇，罗健．我国空间监视地基雷达系统分析［J］．雷达科学与技术，2008，6（2）：87－91.

[6] 赵敏．机动目标跟踪理论的研究及其应用［D］．西安：西北工业大学，2006.

[7] Schlee F. H.，Standish C. J.，Toda N. F. Divergence in the Kalman Filter［J］．AIAA Journal，1967，5（6）：1114－1120.

[8] Fitzgerald R. Divergence of the Kalman Filter［J］. IEEE Transactions on Automatic Control，1971，16（6）：736－747.

[9] 秦永元，张洪钺，汪叔华．卡尔曼滤波与组合导航原理［M］．西安：西北工业大学出版社，2015.

[10] Ko H. C.，Scheeres D. J. Tracking Maneuvering Satellite Using Thrust－Fourier－Coefficient Event Representation［J］. Journal of Guidance，Control，and Dynamics，2016，39（11）：1－9.

[11] Sacks J.，Sorenson H. Nonlinear Extensions of the Fading Memory Filter［J］. IEEE Transactions on Automatic Control，2003，16（5）：506－507.

[12] Sandilya S.，Kulkami R. Nonparametric Control Algorithms for Nonlinear Fading Memory Systems［J］. IEEE Transactions on Automatic Control，2001，46（7）：1117－1121.

[13] Gary M. G.，Johnathan T. B.，Joseph A. B. Orbit Estimation of a Continuously Thrusting Spacecraft Using Variable Dimension Filters［J］. Journal of Guidance，Control，and Dynamics，2015，38（12）：2407－2420.

[14] Cortina E.，Otero D.，D'Attellis C. E. Maneuvering Target Tracking Using Extended Kalman Filter［J］. IEEE Transactions on Aerospace & Electronic Systems，1991，27（1）：155－158.

[15] Andrews M. Adaptive Filtering Prediction and Control［J］. IEEE Transactions on Acoustics Speech and Signal Processing，2003，33（1）：337－338.

[16] 周宏仁．机动目标跟踪［M］．北京：国防工业出版社，1991.

[17] Chang C. B.，Athans M.，Whiting R. On the State and Parameter Estimation for Maneuvering Reentry Vehicles［J］. IEEE Transactions on Automatic Control，1977，22（1）：99－105.

[18] Reif K.，Gunther S.，Yaz E.，et al. Stochastic Stability of the Discrete－time

Extended Kalman Filter [J]. IEEE Transactions on Automatic Control, 1999, 44 (4): 714 -728.

[19] Ohnishi K. Robust Motion Control by Disturbance Observer [J]. Journal of Robotics and Mechatronics, 1996, 8 (3): 218 -225.

[20] Chowarit M., Kiyoshi O., Shiro U., et al. Kalman Filter - Based Disturbance Observer and Its Applications to Sensorless Force Control [J]. Advanced Robotics, 2011, 25 (3 -4): 335 -353.

第 7 章

空间目标协同观测及相对导航

利用分布式航天器系统（如编队、集群等）对空间目标进行协同观测及相对导航，是当前空间态势感知领域的一个重要发展方向。分布式航天器系统是指由多个功能相同或互异的航天器组成，通过成员间协同工作而实现特定群体功能的大规模航天器系统。分布式航天器系统在空间态势感知领域具有广阔的应用前景，采用分布式航天器系统对空间目标进行协同观测及相对导航，可以在成员卫星间合理布局配置目标观测载荷。通过信息共享及融合方式，获取目标的动力学、光学、电磁学等多维信息。协同观测及相对导航模式可以有效降低单星的复杂程度，同时增强系统的可靠性。

7.1　协同观测及导航任务描述

以编队卫星为例说明协同观测任务的特点。编队卫星的协同观测工作模式可以分为两类：一类是各成员卫星的观测设备配置完全相同；另一类是各成员卫星的观测设备配置存在明显差异。显然，第二类组成方式可在成员间实现相对测量设备的差异化配置，成员间通过数据共享和协同工作，可有效增强编队的目标观测功能。假设编队系统采用第二类工作方式，通过成员间的测量数据共享，实现对目标航天器的联合定位。

如图 7 - 1 所示，针对空间目标的编队卫星协同观测及相对导航任务描述如下：①编队主飞行器 M 可以获得目标的相对信息，可以获得编队从飞行器 $C_i(i=1,2,\cdots,N)$ 的相对信息；②编队从飞行器 $C_i(i=1,2,\cdots,N)$ 不具备针对目标的相对测量功能；③针对目标的协同相对导航即编队主飞行器 M 结合可获得的相对位置信息，精确地确定从飞行器 C_i 与空间目标的相对位置，并能够引导从飞行器 C_i 沿规划路径接近目标航天器。

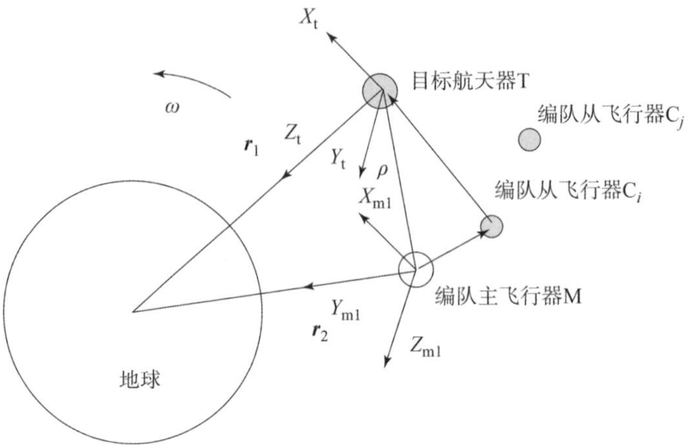

图 7-1　编队协同观测与导航示意图

7.2　协同导航的数学模型

7.2.1　动力学模型

若目标和编队成员的相对距离较近，则任意两体之间的相对动力学可以由 C-W 方程描述，即

$$\boldsymbol{X}(k+1)=\boldsymbol{\Phi}(k)\boldsymbol{X}(k)+\boldsymbol{B}(k)\boldsymbol{U}(k) \tag{7-1}$$

式中：$\boldsymbol{X}$ 为由相对位置和相对速度组成的 6 维状态向量；$\boldsymbol{B}$ 为系统的控制输入系数矩阵；$\boldsymbol{U}$ 为系统的控制输入矩阵；$\boldsymbol{\Phi}(k)$ 为状态转移矩阵，由目标航天器的轨道角速度和状态更新步长确定。

由式（7-1）可以进一步写出任意两个编队成员相对目标航天器的动力学方程，即

$$\begin{cases}\boldsymbol{X}_{\mathrm{tm}}(k+1)=\boldsymbol{\Phi}(k)\boldsymbol{X}_{\mathrm{tm}}(k)+\boldsymbol{B}(k)\boldsymbol{U}_{\mathrm{tm}}(k)\\ \boldsymbol{X}_{\mathrm{tci}}(k+1)=\boldsymbol{\Phi}(k)\boldsymbol{X}_{\mathrm{tci}}(k)+\boldsymbol{B}(k)\boldsymbol{U}_{\mathrm{tci}}(k)\end{cases} \tag{7-2}$$

式中：下标“t”表示目标，下标“m”表示编队主飞行器，下标“ci”表示其他编队从飞行器，不考虑控制输入。

对式（7-2）中两式作差，有

$$\boldsymbol{X}_{\mathrm{mci}}(k+1)=\boldsymbol{\Phi}(k)\boldsymbol{X}_{\mathrm{mci}}(k) \tag{7-3}$$

$$\boldsymbol{X}_{\mathrm{mci}}(k)=\boldsymbol{X}_{\mathrm{tci}}(k)-\boldsymbol{X}_{\mathrm{tm}}(k) \tag{7-4}$$

式（7-3）即以$\sum F_{\mathrm{t}}$作为参照，任意编队从飞行器C_i相对于编队主飞行器M的动力学模型，显然该动力学模型仍然具有简洁的线性形式。此外，由于式（7-3）的推导过程具有一般性，因此该式可以推广为任意两者（包括目标航天器）之间的相对动力学模型，此时包括所有航天器的相对动力学模型可以写为

$$\boldsymbol{X}_J(k+1)=\begin{bmatrix}\boldsymbol{\Phi} & & \\ & \boldsymbol{\Phi} & \\ & & \boldsymbol{\Phi}\end{bmatrix}\begin{bmatrix}\boldsymbol{X}_{\mathrm{tm}}(k)\\ \boldsymbol{X}_{\mathrm{mci}}(k)\\ \boldsymbol{X}_{\mathrm{tci}}(k)\end{bmatrix} \tag{7-5}$$

式中：$\boldsymbol{X}_J(k+1)$包含了任意两个航天器之间的相对状态分量，因此可以用来描述编队与目标组成的集群相对动力学特性。

7.2.2　协同测量模型

1. 合作目标的协同测量

合作目标的协同测量过程中，目标能够为相对测量任务提供必要的合作信息。编队协同相对测量几何关系如图7-1所示，图中$\sum F_{\mathrm{t}}$为目标航天器轨道坐标系，$\sum F_{\mathrm{m}}$和$\sum F_{\mathrm{ci}}$分别为编队主飞行器M和编队从飞行器C_i的轨道坐标系。在合作模式下，假设目标和编队成员均安装有GPS接收机，通过星间链路，编队内成员的GPS信息可以共享。编队主飞行器M可测量目标和编队成员的相对位置信息，即目标航天器和编队从飞行器C_i将自身GPS绝对位置数据直接发送给编队主飞行器M。由编队主飞行器M结合自身GPS信息进行差分解算得到，显然编队主飞行器M是编队相对测量的主节点。协同相对测量模型可以表示为

$$\begin{cases}\bar{\boldsymbol{\rho}}_{\mathrm{m}}(t_k)=\boldsymbol{\rho}_{\mathrm{m}}(t_k)+\boldsymbol{w}_{\mathrm{m}}(t_k)\\ \bar{\boldsymbol{\rho}}_{\mathrm{mci}}(t_k)=\boldsymbol{\rho}_{\mathrm{mci}}(t_k)+\boldsymbol{w}_{\mathrm{mci}}(t_k)\end{cases} \tag{7-6}$$

式中：$\boldsymbol{\rho}_{\mathrm{m}}(t_k)$和$\boldsymbol{\rho}_{\mathrm{mci}}(t_k)$为三维位置向量，分别表示目标航天器和编队从飞行器$\mathrm{C}_i$相对编队主飞行器M的位置；“-”表示测量值；$\boldsymbol{w}_{\mathrm{m}}(t)$和$\boldsymbol{w}_{\mathrm{mci}}(t_k)$为三维误差向量，表示各向测量误差，误差的统计特性由测量设备的固有属性决定，可以通过地面试验获得。

这里假设测量噪声为零均值高斯白噪声，并且两个测量噪声不相关，即

$$\begin{cases}E[\boldsymbol{w}_{\mathrm{m}}(t_k)]=E[\boldsymbol{w}_{\mathrm{m}}(t_k)]=0\\ E[\boldsymbol{w}_{\mathrm{m}}(t_k)\boldsymbol{w}_{\mathrm{m}}^{\mathrm{T}}(t_j)]=\boldsymbol{Q}_k^{\mathrm{m}}d_{kj}\\ E[\boldsymbol{w}_{\mathrm{mci}}(t_k)\boldsymbol{w}_{\mathrm{mci}}^{\mathrm{T}}(t_j)]=\boldsymbol{Q}_k^{\mathrm{mci}}d_{kj}\\ E[\boldsymbol{w}_{\mathrm{m}}(t_k)\boldsymbol{w}_{\mathrm{mci}}^{\mathrm{T}}(t_j)]=0\end{cases} \tag{7-7}$$

式中：$\boldsymbol{Q}_k$ 为各测量噪声的非负定方差矩阵；δ_{kj}为 Kronecker－δ 函数。

2. 非合作目标的协同测量

非合作测量模式下，目标航天器将不再为相对测量提供合作信息，此时的目标称为非合作目标，如空间碎片、失效卫星等均属于该类目标。此时，为了能够获得目标的相对信息，需要采用可见光相机、雷达等测量设备，通过测角加测距的模式对目标进行测量。因此，假设编队主飞行器 M 可以测量目标的方位角和距离信息，此时编队主飞行器 M 对目标航天器的相对测量模型可表示为

$$\begin{cases}\bar{\alpha}(k)=\alpha(k)+w_{\alpha}(k)=\arctan(y_{\mathrm{m}},x_{\mathrm{m}})+w_{\alpha}(k)\\ \bar{\beta}(k)=\beta(k)+w_{\beta}(k)=\arctan(-z_{\mathrm{m}},x_{\mathrm{m}})+w_{\beta}(k)\\ |\bar{\boldsymbol{\rho}}_{\mathrm{mt}}(k)|=|\boldsymbol{\rho}_{\mathrm{mt}}(k)|+w_{\mathrm{mt}}(k)=\sqrt{x_{\mathrm{m}}^2+y_{\mathrm{m}}^2+z_{\mathrm{m}}^2}+w_{\mathrm{mt}}(k)\end{cases} \tag{7-8}$$

$$\Leftrightarrow Z_{\mathrm{n}}=h(x_{\mathrm{m}},y_{\mathrm{m}},z_{\mathrm{m}})+w(k)$$

式中：α、β 和 $\bar{\boldsymbol{\rho}}_{\mathrm{mt}}(k)$ 分别为目标航天器相对于编队主飞行器 M 的方位角和距离；$\boldsymbol{\rho}_{\mathrm{mt}}(k)$ 为三维相对位置向量；$h(\cdot)$ 为非线性测量函数；$(x_{\mathrm{m}},y_{\mathrm{m}},z_{\mathrm{m}})^{\mathrm{T}}$ 为编队主飞行器 M 在坐标系 $\sum F_{\mathrm{t}}$ 内的位置向量。

编队主飞行器 M 对从飞行器 C_i 的相对测量仍为合作模式，其相对测量方程可以表示为

$$\bar{\boldsymbol{\rho}}_{\mathrm{mci}}(k)=\boldsymbol{\rho}_{\mathrm{mci}}(k)+\boldsymbol{w}_{\mathrm{mci}}(k) \tag{7-9}$$

式中：$\boldsymbol{\rho}_{\mathrm{mci}}(k)$ 为三维相对位置向量；“－”表示测量值；$\boldsymbol{w}_{\mathrm{mci}}$ 为相应的测量噪声。

假设各测量噪声为零均值高斯白噪声，并且任意两者不相关，其统计特性可用式（7－10）描述，$\boldsymbol{Q}_p$ 为各测量误差的非负定协方差矩阵，δ_{ij}为 Kronecker－δ 函数，则

$$\begin{cases}E[\boldsymbol{w}_i(k)]=0\\ E[\boldsymbol{w}_i(k)\boldsymbol{w}_j^{\mathrm{T}}(n)]=\boldsymbol{Q}_p\delta_{ij},p=1,2,3\end{cases} \tag{7-10}$$

7.3 集中式滤波与定位

7.3.1 合作目标的集中式滤波定位

假设编队成员和目标均处于自由漂浮状态，即系统无控制输入，此时，编

队成员和目标航天器构成的集群飞行器系统的集中式动力学方程有如下形式：

$$\boldsymbol{X}_J(t_{k+1}) = \boldsymbol{\Phi}_J \boldsymbol{X}_J(t_k) + \boldsymbol{G}_J \boldsymbol{\gamma}_j(t_k) \tag{7-11}$$

式中：$\boldsymbol{\gamma}_j(t_k)$ 为零均值高斯白噪声；$\boldsymbol{G}_J$ 为噪声输入矩阵，可表示为

$$\boldsymbol{G}_J = \begin{bmatrix} \boldsymbol{G}_{\mathrm{tm}} & 0 & 0 \\ 0 & \boldsymbol{G}_{\mathrm{mci}} & 0 \\ 0 & 0 & \boldsymbol{G}_{\mathrm{tci}} \end{bmatrix} \tag{7-12}$$

假设主飞行器测量信息包括目标航天器的相对位置信息和从飞行器的相对位置信息，此时根据式（7-11），则集群量测方程可以写为

$$\boldsymbol{Z}_J(t_k) = \boldsymbol{H}_J(t_k)\boldsymbol{X}_J(t_k) + \boldsymbol{w}_J(t_k) \tag{7-13}$$

其中

$$\boldsymbol{H}_J(t_k) = \begin{bmatrix} \boldsymbol{U} & \boldsymbol{0} & \boldsymbol{0} \\ \boldsymbol{0} & \boldsymbol{U} & \boldsymbol{0} \\ \boldsymbol{U} & \boldsymbol{U} & \boldsymbol{0} \end{bmatrix} \tag{7-14}$$

$$\boldsymbol{U} = \begin{bmatrix} \boldsymbol{I}_{3\times 3} & \boldsymbol{0} \\ \boldsymbol{0} & \boldsymbol{0} \end{bmatrix} \tag{7-15}$$

$$\boldsymbol{w}_J(t_k) = [\boldsymbol{w}_{\mathrm{tm}}(t_k) \quad \boldsymbol{w}_{\mathrm{mci}}(t_k)]^{\mathrm{T}} \tag{7-16}$$

将式（7-11）作为系统的动力学方程，采用卡尔曼滤波理论，集群状态向量一步预测可以表示为

$$\tilde{\boldsymbol{X}}_J(t_{k+1}, t_k) = \boldsymbol{\Phi}_J(t_{k+1}, t_k)\tilde{\boldsymbol{X}}_J(t_k) \tag{7-17}$$

集群状态向量的一步估计可以表示为

$$\tilde{\boldsymbol{X}}_J(t_{k+1}) = (\boldsymbol{I} - \boldsymbol{K}_k\boldsymbol{H}_J)\tilde{\boldsymbol{X}}_J(t_{k+1}, t_k) + \boldsymbol{K}_k\boldsymbol{Z}_J(t_k) \tag{7-18}$$

式（7-18）中 $\boldsymbol{K}_k$ 为滤波增益矩阵，可以根据卡尔曼滤波算法增益矩阵计算公式得到。当由式（7-18）得到集群状态向量 $\boldsymbol{X}_J(t_k)$ 最优估计 $\tilde{\boldsymbol{X}}_J(t_{k+1})$ 后，从飞行器 C_i 相对目标的位置信息的最优估计可以表示为

$$\tilde{\boldsymbol{X}}_{\mathrm{tci}}(t_{k+1}) = \boldsymbol{H}_J'\tilde{\boldsymbol{X}}_J(t_{k+1}) \tag{7-19}$$

其中

$$\boldsymbol{H}_J' = [\boldsymbol{0}_{6\times 12} \quad \boldsymbol{I}_{6\times 6}] \tag{7-20}$$

在滤波迭代过程中，各测量误差均可以得到有效的抑制，其迭代过程如图 7-2 所示。随着集群成员飞行器个数的增多，滤波迭代过程中的计算量更是按照指数关系急剧增加，显然集群成员较多时，集中式滤波算法的实时性难以得到保障。

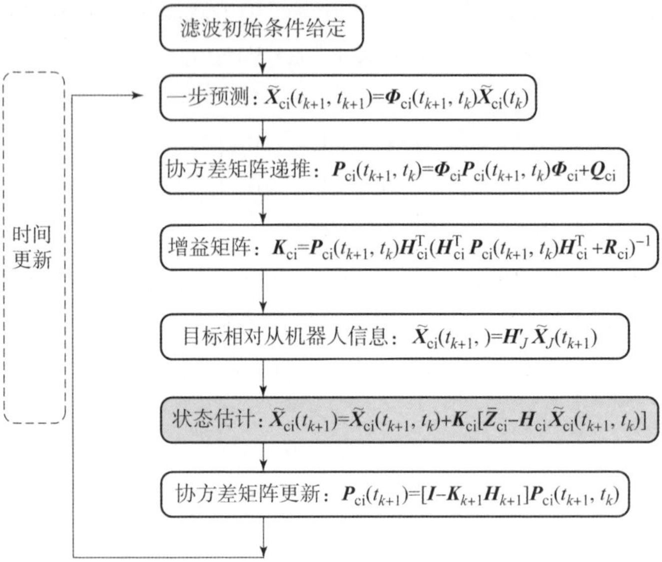

图 7－2　集中式相对导航滤波迭代流程

7.3.2　非合作目标的集中式滤波

假设系统无确定性输入，集群系统的动力学方程的形式与式（7－11）相同。此时，由于编队主飞行器 M 对目标的相对测量模式发生变化，集群的相对测量方程可以写为

$$\boldsymbol{Z}_J(k)=\boldsymbol{H}_J(k)\boldsymbol{X}_J(k)+\boldsymbol{w}_J(k) \tag{7-21}$$

其中

$$\boldsymbol{X}_J(k)=[\boldsymbol{X}_{\rm tm}(k),\boldsymbol{X}_{\rm mci}(k),\boldsymbol{X}_{\rm tci}(k),\boldsymbol{X}_{\rm cij}(k)]^{\rm T} \tag{7-22}$$

$$\boldsymbol{H}_J(k)=\begin{bmatrix} \boldsymbol{M} & \boldsymbol{0} & \boldsymbol{0} & \cdots & \boldsymbol{0} \\ \boldsymbol{0} & \boldsymbol{P} & \boldsymbol{0} & \cdots & \boldsymbol{0} \\ & \cdots & \boldsymbol{P} & \cdots & \boldsymbol{0} \\ \boldsymbol{M} & \boldsymbol{P} & \boldsymbol{0} & \cdots & \boldsymbol{0} \\ \boldsymbol{0} & \boldsymbol{0} & \boldsymbol{M} & \boldsymbol{P}\cdots & \boldsymbol{0} \\ \vdots & \vdots & \vdots & \vdots & \vdots \\ & \cdots & \boldsymbol{M} & \boldsymbol{P}\cdots & \boldsymbol{0} \end{bmatrix} \tag{7-23}$$

式中：向量 $\boldsymbol{M}$ 和 $\boldsymbol{P}$ 可以表示为

$$\boldsymbol{M}=[\boldsymbol{H}_{\rm tm}(k)\quad \boldsymbol{0}_{3\times3}] \tag{7-24}$$

$$\boldsymbol{P}=[\boldsymbol{I}_{3\times3}\quad \boldsymbol{0}_{3\times3}] \tag{7-25}$$

式（7－24）中 $\boldsymbol{H}_{\rm tm}(k)$是非线性量测方程式（7－21）所对应的雅克比矩

阵，其具体形式为

$$\boldsymbol{H}_{\text{tm}}(k)=\left.\frac{\partial h[\boldsymbol{X}_{\text{tm}},k]}{\partial \boldsymbol{X}}\right|_{X_{\text{tm}}=\hat{X}_{\text{tm}}} \tag{7-26}$$

式中：$\hat{\boldsymbol{X}}_{\text{tm}}$为编队主飞行器 M 与目标航天器的相对状态最优估计。

显然将式（7-11）作为系统的动力学方程，式（7-21）作为量测方程，采用线性/非线性卡尔曼滤波理论，动力学状态变量 $\boldsymbol{X}_J(k+1)$的一步预测可以表示为

$$\tilde{\boldsymbol{X}}_J(k+1)=\boldsymbol{\Phi}_J\hat{\boldsymbol{X}}_J(k) \tag{7-27}$$

集群状态向量的一步估计可以表示为

$$\hat{\boldsymbol{X}}_J(k+1)=(\boldsymbol{I}-\boldsymbol{K}_k\boldsymbol{H}_J)\tilde{\boldsymbol{X}}_J(k+1)+\boldsymbol{K}_k\bar{\boldsymbol{Z}}_J(k+1) \tag{7-28}$$

式中：$\boldsymbol{K}_k$ 为滤波增益矩阵，与滤波协方差矩阵一样，可以根据卡尔曼滤波迭代递推得到，这里不再赘述。当由式（7-28）得到 $\hat{\boldsymbol{X}}_J(k+1)$之后，可将从飞行器 C_i 相对目标的位置信息 $\boldsymbol{X}_{\text{tci}}(k)$提取出来。

集中式定位滤波算法综合考虑了任意两个航天器之间的相对动力学特性，在滤波迭代过程中，各个测量误差均可以得到有效的抑制。此外，集中式定位滤波算法充分利用了测量量之间的几何关系，间接得到了任意从飞行器 C_i 相对目标航天器的位置信息。但是，集中式定位滤波算法随着编队飞行器个数 N 的增多，系统动力学状态维数按照 $12N$ 关系增多。滤波迭代过程中的计算量更是按照指数关系急剧增加，显然当考虑的成员较多时，集中式定位滤波算法的计算量过大，实时性难以得到保障。

7.4 分布式协同滤波

7.4.1 合作分布式协同滤波

为了在不显著降低相对导航精度的条件下，减少滤波迭代过程中的计算量，就必须降低系统状态矩阵和量测方程系数矩阵的维数。采用分布滤波方式是实现这一优化目标的有效途径，即在充分考虑主飞行器相对目标航天器以及相对从飞行器的动力学特性的基础上，分别建立关于 $\boldsymbol{X}_{\text{tm}}(t_k)$和 $\boldsymbol{X}_{\text{mci}}(t_k)$的滤波估计，以最优估计值 $\tilde{\boldsymbol{X}}_{\text{tm}}(t_k)$与 $\tilde{\boldsymbol{X}}_{\text{mci}}(t_k)$之和作为从飞行器对目标的测量值，

建立从飞行器的量测方程，则

$$Z_{\text{tci}}(t_k)=U[\tilde{X}_{\text{tm}}(t_k)+\tilde{X}_{\text{mci}}(t_k)]+w'_{\text{tci}}(t_k) \tag{7-29}$$

其中

$$w'_{\text{tci}}(t_k)=w'_{\text{tm}}(t_k)+w'_{\text{mci}}(t_k) \tag{7-30}$$

式中：$w'_{\text{tm}}(t_k)$和$w'_{\text{mci}}(t_k)$为主飞行器相对目标航天器和从飞行器的滤波误差，结合轨道相对动力学，即可进行卡尔曼滤波。

由于在滤波过程中测量误差已经被有效抑制，因此对比式（7－11）和式（7－30），有

$$E(w'^{\mathrm{T}}_{\text{tci}}w'_{\text{tci}})=\sigma_1^2<\sigma_2^2=E(w_{\text{tci}}^{\mathrm{T}}w_{\text{tci}}) \tag{7-31}$$

上述滤波算法同时考虑了主、从飞行器和目标航天器三者之间的相对动力学特性，并且采用分布滤波的形式，其滤波迭代算法流程如图 7－3 所示。由图可以看出，该滤波模型本质上包含三个 6 维子滤波器，其中第一级迭代滤波，即主飞行器相对目标航天器的滤波、主飞行器和从飞行器相对状态滤波处于并行迭代状态。第一级滤波可有效抑制测量数据的误差，并为第二级滤波提供高精度的量测数据；第二级为从飞行器与目标航天器相对状态的滤波迭代。该滤波算法有效降低了迭代的维数，同时提高了滤波精度。

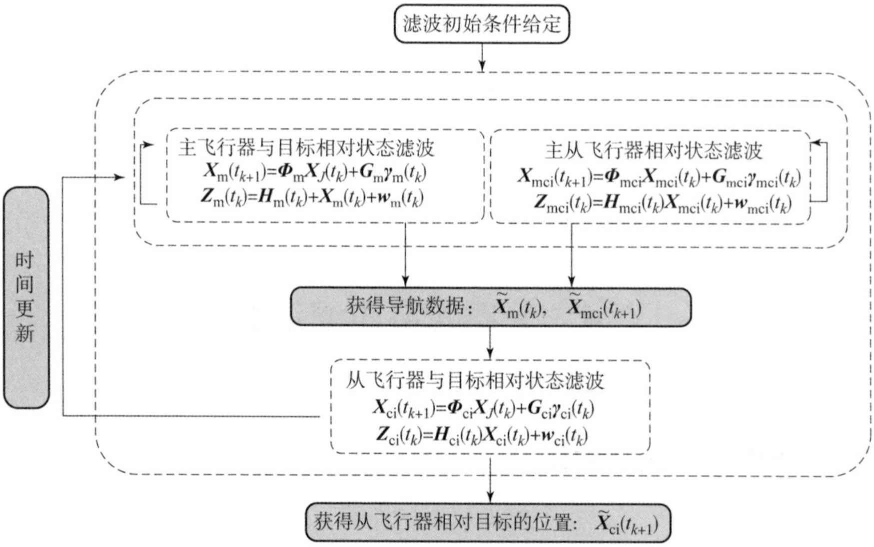

图 7－3　分布式滤波迭代流程

7.4.2　合作分布式协同滤波性能分析

滤波迭代过程的稳定性是评价滤波器性能的重要指标，卡尔曼滤波迭代的

过程本质上是利用与系统状态相关的量测信息对状态的一步预测进行修正。因此，若线性定常系统是完全能观的，系统中的全部状态都可以通过量测进行修正。定义系统的能观测性矩阵为

$$\boldsymbol{O}=[\boldsymbol{C};\boldsymbol{CA};\boldsymbol{CA}^2;\boldsymbol{CA}^3;\boldsymbol{CA}^4;\boldsymbol{CA}^5]^{\mathrm{T}} \tag{7-32}$$

式中：$\boldsymbol{C}$ 为系统量测矩阵；$\boldsymbol{A}$ 为系统矩阵。

根据线性系统的能观性判别条件，假设 $\boldsymbol{A}$ 为 $n\times n$ 矩阵，若

$$\mathrm{rank}(\boldsymbol{O})=n \tag{7-33}$$

则该线性系统是能观的。

根据式（7－32），分别对能观性矩阵的秩 $\mathrm{rank}(O_{\mathrm{tm}})$、$\mathrm{rank}(\boldsymbol{O}_{\mathrm{mci}})$ 和 $\mathrm{rank}(\boldsymbol{O}_{\mathrm{rci}})$ 进行计算，有

$$\mathrm{rank}(\boldsymbol{O}_{\mathrm{m}})=\mathrm{rank}(\boldsymbol{O}_{\mathrm{mci}})=\mathrm{rank}(\boldsymbol{O}_{\mathrm{ci}})=6 \tag{7-34}$$

上述能观性矩阵对应的线性系统是能观的，这说明分布式导航滤波算法中的各子滤波器能够充分利用测量信息，对系统状态预测值进行修正，滤波过程是逐步收敛的。同样，采用上述计算方法和判别方法，将集中式滤波器的系统矩阵和量测矩阵代入式（7－32），可得

$$\mathrm{rank}(\boldsymbol{O}_J)=18 \tag{7-35}$$

这就说明集中式滤波器能观性矩阵为满秩矩阵，系统是能观的，因此分布式系统滤波器是收敛的。

7.4.3　非合作分布式协同滤波

首先建立关于 $\boldsymbol{X}_{\mathrm{tm}}(k)$ 和 $\boldsymbol{X}_{\mathrm{mci}}(k)$ 的滤波估计。其中，主飞行器 M 与目标航天器的相对状态估计采用扩展卡尔曼滤波，基于以下动力学方程和量测方程建立：

$$\boldsymbol{X}_{\mathrm{tm}}(k+1)=\boldsymbol{\Phi}(k)\boldsymbol{X}_{\mathrm{tm}}(k)+\boldsymbol{G}_{\mathrm{tm}}\boldsymbol{\gamma}_{\mathrm{tm}}(k) \tag{7-36}$$

$$\boldsymbol{Z}_{\mathrm{tm}}(k)=\frac{\partial \boldsymbol{h}[\boldsymbol{X}_{\mathrm{tm}},k]}{\partial \boldsymbol{X}}\boldsymbol{X}_{\mathrm{tm}}(k)+\boldsymbol{w}_{\mathrm{tm}}(k) \tag{7-37}$$

而主飞行器 M 相对于从飞行器 C_i 的状态估计采用线性卡尔曼滤波，基于以下动力学方程和量测方程建立：

$$\boldsymbol{X}_{\mathrm{mci}}(k+1)=\boldsymbol{\Phi}(k)\boldsymbol{X}_{\mathrm{mci}}(k)+\boldsymbol{G}_{\mathrm{mci}}\boldsymbol{\gamma}_{\mathrm{mci}}(k) \tag{7-38}$$

$$\boldsymbol{Z}_{\mathrm{mci}}(k)=\boldsymbol{H}_{\mathrm{mci}}\boldsymbol{X}_{\mathrm{mci}}(k)+\boldsymbol{w}_{\mathrm{mci}}(k) \tag{7-39}$$

在此基础上，以最优估计值 $\hat{\boldsymbol{X}}_{\mathrm{tm}}(k)$ 和 $\hat{\boldsymbol{X}}_{\mathrm{mci}}(k)$ 的向量和作为从飞行器 C_i 对目标航天器的测量值，间接建立从飞行器 C_i 的量测方程，则

$$\boldsymbol{Z}_{\mathrm{tci}}(k)=\boldsymbol{H}_{\mathrm{tci}}[\hat{\boldsymbol{X}}_{\mathrm{tm}}(k)+\hat{\boldsymbol{X}}_{\mathrm{mci}}(k)]+\boldsymbol{w}'_{\mathrm{tci}}(k) \tag{7-40}$$

从飞行器 C_i 与目标的相对动力学方程为

$$\boldsymbol{X}_{\text{tci}}(k+1)=\boldsymbol{\Phi}_{\text{tci}}(k)\boldsymbol{X}_{\text{tci}}(k)+\boldsymbol{G}_{\text{tci}}\boldsymbol{\gamma}_{\text{tci}}(k) \tag{7-41}$$

结合式（7-41）即可建立关于 $\boldsymbol{X}_{\text{tci}}(k)$ 的卡尔曼滤波，并得到其最优估计 $\hat{\boldsymbol{X}}_{\text{tci}}(k)$，则

$$\boldsymbol{w}'_{\text{tci}}(k)=\boldsymbol{w}'_{\text{tm}}(k)+\boldsymbol{w}'_{\text{mci}}(k) \tag{7-42}$$

式中：$\boldsymbol{w}'_{\text{tm}}(t_k)$ 和 $\boldsymbol{w}'_{\text{mci}}(t_k)$ 为关于 $\hat{\boldsymbol{X}}_{\text{tm}}(k)$ 和 $\hat{\boldsymbol{X}}_{\text{mci}}(k)$ 的滤波误差。

由于在滤波过程中测量误差已经被有效抑制，因此在不考虑协方差的条件下有

$$E[\boldsymbol{w}'^{\text{T}}_{\text{tci}}\boldsymbol{w}'_{\text{tci}}]<E[(\boldsymbol{w}_{\text{tm}}+\boldsymbol{w}_{\text{mci}})^{\text{T}}(\boldsymbol{w}_{\text{tm}}+\boldsymbol{w}_{\text{mci}})] \tag{7-43}$$

按照上述思路，如图 7-4 所示，分布式协同定位滤波的工作流程如下：

（1）主飞行器 M 测量目标航天器并得到其方位角和距离信息 $\bar{\alpha}(k)$、$\bar{\beta}(k)$、$|\bar{\boldsymbol{\rho}}_{\text{tm}}(k)|$；测量从飞行器 C_i 并得到其相对位置信息 $\bar{\boldsymbol{\rho}}_{\text{mci}}(k)$。

（2）建立关于相对状态 $\boldsymbol{X}_{\text{tm}}(k+1)$ 的扩展卡尔曼滤波算法，通过迭代得到 $\hat{\boldsymbol{X}}_{\text{tm}}(k+1)$，并将 $\hat{\boldsymbol{X}}_{\text{tm}}(k+1)$ 发送给从飞行器 C_i。

（3）建立关于相对状态 $\boldsymbol{X}_{\text{mci}}(k+1)$ 的卡尔曼滤波算法，通过迭代得到其最优状态估计 $\hat{\boldsymbol{X}}_{\text{mci}}(k+1)$，并将 $\hat{\boldsymbol{X}}_{\text{mci}}(k+1)$ 发送给从飞行器 C_i。

（4）从飞行器 C_i 接收到 $\hat{\boldsymbol{X}}_{\text{tm}}(k+1)$ 和 $\hat{\boldsymbol{X}}_{\text{mci}}(k+1)$ 之后，建立对目标航天器的间接量测方程，同时结合动力学方程，建立关于 $\boldsymbol{X}_{\text{tci}}(k+1)$ 的最优估计并得到 $\hat{\boldsymbol{X}}_{\text{tci}}(k+1)$。分布式滤波独立考虑了编队飞行器 M、$C_i$ 和目标航天器三者之间的相对动力学特性，并且将原来高维集中式定位滤波器分散为多个 6 维滤波器，其滤波迭代计算过程也分散至集群内多个飞行器并行计算完成，因此称为分布式定位滤波算法。对比集中式定位滤波算法，显然分布式定位滤波算法降低了滤波维数和计算量，因此保证了较高的精度。

7.4.4 非合作分布式协同滤波性能分析

滤波迭代过程的稳定性是评价滤波器性能的重要指标，而系统的能观性直接影响滤波精度，因此本部分将采用系统能观性理论，对上述各滤波算法的性能进行分析。定义系统的能观测性矩阵为

$$\boldsymbol{O}=[\boldsymbol{H};\boldsymbol{HA};\boldsymbol{HA}^2;\boldsymbol{HA}^3;\cdots;\boldsymbol{HA}^{n-1}]^{\text{T}} \tag{7-44}$$

式中：$\boldsymbol{A}$ 为 $n\times n$ 维常值系统矩阵；$\boldsymbol{H}$ 为系统的量测矩阵，则线性系统能观测的充分必要条件为

$$\text{rank}(\boldsymbol{O})=n \tag{7-45}$$

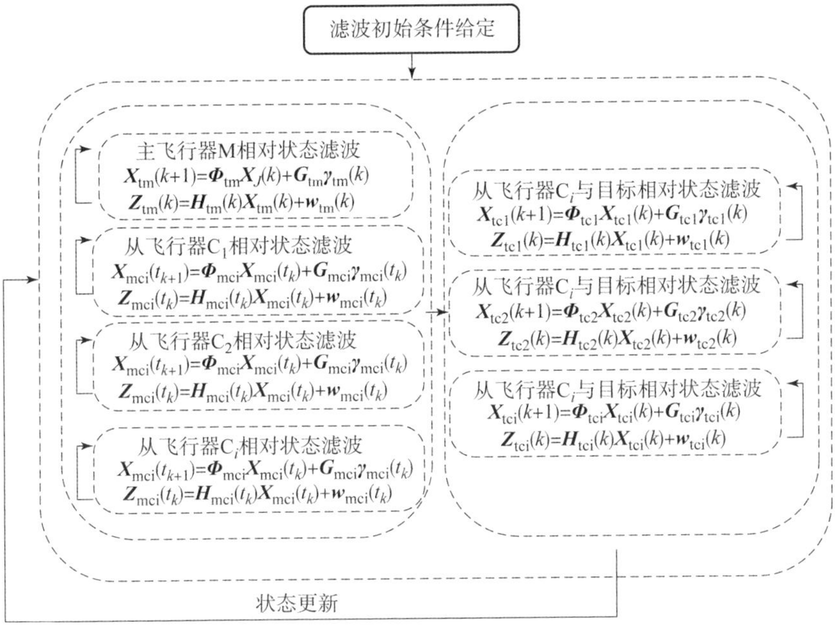

图 7－4　分布式定位滤波迭代流程

对于系统的量测矩阵 $\boldsymbol{H}$，有且 $\mathrm{rank}(\boldsymbol{H})=r$，则线性系统完全能观的充分必要条件为

$$\mathrm{rank}[\boldsymbol{H};\boldsymbol{HA};\cdots;\boldsymbol{HA}^{n-r}]^{\mathrm{T}}=\mathrm{rank}[\boldsymbol{O}^{r}]=n \tag{7-46}$$

若 $\boldsymbol{P}$ 为 $n\times n$ 维可逆矩阵，对线性系统做非奇异变换 $\boldsymbol{H}'=\boldsymbol{HP}$，$\boldsymbol{A}'=\boldsymbol{PAP}^{-1}$，则有

$$\mathrm{rank}[\boldsymbol{H}';\boldsymbol{H}'\boldsymbol{A}';\cdots;\boldsymbol{H}'\boldsymbol{A}'^{n-r}]^{\mathrm{T}}=\mathrm{rank}[\boldsymbol{H};\boldsymbol{HA};\cdots;\boldsymbol{HA}^{n-r}]^{\mathrm{T}} \tag{7-47}$$

卡尔曼滤波迭代的过程本质上是利用与系统状态相关的量测信息对状态的一步预测进行修正，因此，若线性定常系统是完全能观的，就意味着系统中的全部状态都可以通过量测进行修正，忽略动力学模型不准确等因素，滤波迭代的过程全部状态的估计误差是有界的。相反，如果系统是不完全能观测的，则其中必然有一部分状态分量无法通过量测信息进行修正，因此对应的状态分量的滤波估计误差也是无法收敛的。

线性滤波器包括式（7－36）和式（7－38）所对应的卡尔曼滤波器，对于量测矩阵，有

$$\mathrm{rank}(\boldsymbol{H}_{\mathrm{mci}})=\mathrm{rank}(\boldsymbol{H}_{\mathrm{tci}})=r=3 \tag{7-48}$$

分别将 $\boldsymbol{H}_{\mathrm{mci}}$、$\boldsymbol{H}_{\mathrm{tci}}$ 及 r 代入式（7－46），即可对其能观性矩阵的秩 $\mathrm{rank}(\boldsymbol{O}^{r}_{\mathrm{mci}})$、$\mathrm{rank}(\boldsymbol{O}^{r}_{\mathrm{tci}})$ 进行计算，限于篇幅原因，上述矩阵计算过程不再赘

述，这里只给出结果，即

$$\operatorname{rank}(\boldsymbol{O}_{\mathrm{mci}}^{r})=\operatorname{rank}(\boldsymbol{O}_{\mathrm{tci}}^{r})=\operatorname{rank}(\boldsymbol{\Phi})=6 \tag{7-49}$$

显然，上述线性系统是完全能观测的，这说明在分布式定位滤波中的线性部分能够充分利用测量信息对全部系统状态预测值进行修正，因此在理想条件下，滤波误差是有界的。

进一步分析式（7－36）对应的非线性滤波过程的稳定性。非线性量测矩阵是通过局部线性化得到的，这种局部线性化的近似应用对短期非线性系统的可观性还是很有意义的。系统量测矩阵为

$$\boldsymbol{H}_{\mathrm{tm}}=\frac{\partial h[\boldsymbol{X}_{\mathrm{tm}},k]}{\partial \boldsymbol{X}} \tag{7-50}$$

结合式（7－8），将非线性量测函数代入式（7－50），可得

$$\boldsymbol{H}_{\mathrm{tm}}=\begin{bmatrix}\dfrac{-y_{\mathrm{tm}}}{x_{\mathrm{tm}}^{2}+y_{\mathrm{tm}}^{2}} & \dfrac{x_{\mathrm{tm}}}{x_{\mathrm{tm}}^{2}+y_{\mathrm{tm}}^{2}} & 0 & 0 & 0 & 0\\ \dfrac{z_{\mathrm{tm}}}{x_{\mathrm{tm}}^{2}+y_{\mathrm{tm}}^{2}} & \dfrac{x_{\mathrm{tm}}}{x_{\mathrm{tm}}^{2}+y_{\mathrm{tm}}^{2}} & 0 & 0 & 0 & 0\\ \dfrac{x_{\mathrm{tm}}}{|\rho_{\mathrm{tm}}|} & \dfrac{y_{\mathrm{tm}}}{|\rho_{\mathrm{tm}}|} & \dfrac{z_{\mathrm{tm}}}{|\rho_{\mathrm{tm}}|} & 0 & 0 & 0\end{bmatrix} \tag{7-51}$$

容易证明，在 x_{tm}、y_{tm}和 z_{tm}全都不为 0 的情况下，$\operatorname{rank}(\boldsymbol{H}_{\mathrm{tm}})=3$，此时必然存在可逆矩阵 $\boldsymbol{P}$，有

$$\boldsymbol{H}_{\mathrm{tm}}\boldsymbol{P}=[\boldsymbol{I}_{3\times 3}\quad \boldsymbol{0}_{3\times 3}]=\boldsymbol{H}_{\mathrm{mci}}=\boldsymbol{H}_{\mathrm{tci}} \tag{7-52}$$

利用 $\boldsymbol{P}$ 对近似线性化系统做非奇异变换，有

$$\begin{cases}\boldsymbol{H}'_{\mathrm{tm}}=\boldsymbol{H}_{\mathrm{tm}}\boldsymbol{P}\\ \boldsymbol{\Phi}'=\boldsymbol{P}\boldsymbol{\Phi}\boldsymbol{P}^{-1}\end{cases} \tag{7-53}$$

结合式（7－47），有

$$\begin{aligned}&\operatorname{rank}[\boldsymbol{H}'_{\mathrm{tm}}{}';\boldsymbol{H}'_{\mathrm{tm}}\boldsymbol{\Phi}';\cdots;\boldsymbol{H}'_{\mathrm{tm}}\boldsymbol{\Phi}'^{n-3}]^{\mathrm{T}}\\ &=\operatorname{rank}[\boldsymbol{H}_{\mathrm{mci}}\boldsymbol{P}^{-1};\boldsymbol{H}_{\mathrm{mci}}\boldsymbol{\Phi}\boldsymbol{P}^{-1};\cdots;\boldsymbol{H}_{\mathrm{mci}}\boldsymbol{\Phi}^{n-3}\boldsymbol{P}^{-1}]^{\mathrm{T}}\\ &=\operatorname{rank}([\boldsymbol{H}_{\mathrm{mci}};\boldsymbol{H}_{\mathrm{mci}}\boldsymbol{\Phi};\cdots;\boldsymbol{H}_{\mathrm{mci}}\boldsymbol{\Phi}^{n-3}]^{\mathrm{T}}\boldsymbol{P}^{-1})\\ &=\operatorname{rank}[\boldsymbol{H}_{\mathrm{mci}};\boldsymbol{H}_{\mathrm{mci}}\boldsymbol{\Phi};\cdots;\boldsymbol{H}_{\mathrm{mci}}\boldsymbol{\Phi}^{n-3}]^{\mathrm{T}}=6\end{aligned} \tag{7-54}$$

进一步有

$$\operatorname{rank}[\boldsymbol{H}'_{\mathrm{tm}};\boldsymbol{H}'_{\mathrm{tm}}\boldsymbol{\Phi}';\cdots;\boldsymbol{H}'_{\mathrm{tm}}\boldsymbol{\Phi}'^{n-3}]^{\mathrm{T}}=\operatorname{rank}[\boldsymbol{H}_{\mathrm{tm}};\boldsymbol{H}_{\mathrm{tm}}\boldsymbol{\Phi};\cdots\boldsymbol{H}_{\mathrm{tm}}\boldsymbol{\Phi}^{n-3}]^{\mathrm{T}}=6 \tag{7-55}$$

根据能观性理论，说明由式（7－36）和式（7－38）构成的非线性滤波是完全能观的，滤波迭代过程能够充分利用量测信息对其全部状态预测值进行

修正。虽然是经过局部线性化得到的，但是上述结论仍然说明在一定时期内滤波是逐渐收敛的。

7.5　协同滤波仿真分析

7.5.1　非合作分布式协同滤波

根据协同相对导航滤波算法性能分析的结论，集群飞行器可采用集中式和分布式协同定位滤波算法进行协同相对导航。为了验证上述两种导航方法的性能，本小节将建立其滤波算法模型并开展算例仿真。假设目标航天器运行在高度为600 km的圆轨道上，以目标航天器的轨道坐标系作为参照，从飞行器从初始位置为［-1 500 m，0，0］为开始，按照C-W制导模式沿空间椭圆对目标航天器实施绕飞观测，并且在绕飞过程中运动不受控制。从飞行器的标称绕飞轨迹如图7-5所示。

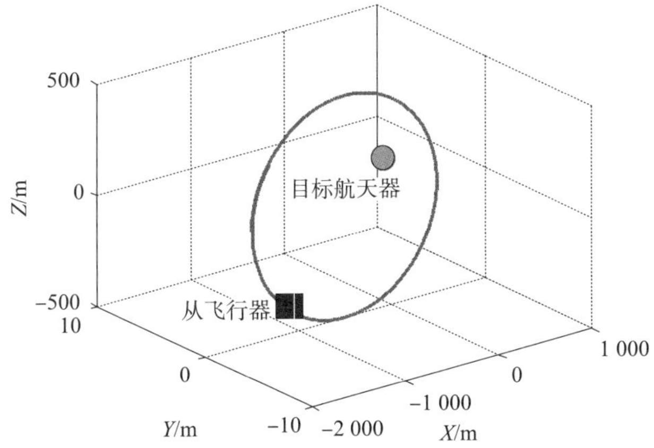

图7-5　从飞行器的标称绕飞轨迹

主飞行器的初始位置为［-1 000 m，0，0］，主飞行器对目标航天器和从飞行器C_i的相对位置进行测量，各向测量精度均为5 m(3σ)，并且各向测量噪声均不相关。但主飞行器要对自身位置不断修正，以保证其停泊在初始位置附近。

主飞行器分别测量目标航天器和从飞行器的相对位置信息，并分别采用集中式和分布式协同定位滤波算法获得从飞行器相对目标航天器的相对方位信息和相对运动速度信息，滤波步长为 500 ms。图 7 – 6 所示为集中式协同定位轨迹。从图中可以看出，在导航的初始时刻，由于滤波初始条件给定的状态初值、方差初值与真实值之间存在着较大的偏差。因此，在初始时刻，导航数据偏差大幅度快速振荡，但随着滤波时间的推移，导航轨迹逐渐收敛到标称轨迹附近。

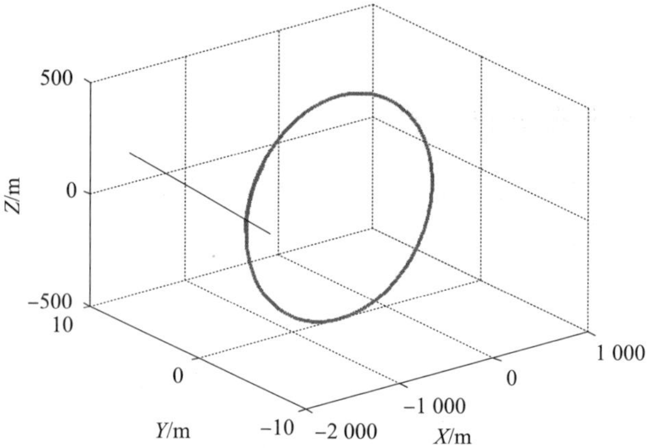

图 7 – 6　集中式协同相对导航滤波轨迹

图 7 – 7 所示为采用集中式协同定位滤波算法在各方向的定位误差。从图中可以看到，在达到稳态后，各方向的定位误差优于 1 m 左右。但是，当主飞行器对自身位置进行修正时，各方向的导航误差会突然增大，这说明集中式协同定位滤波算法对主飞行器的位置修正机动较为敏感。

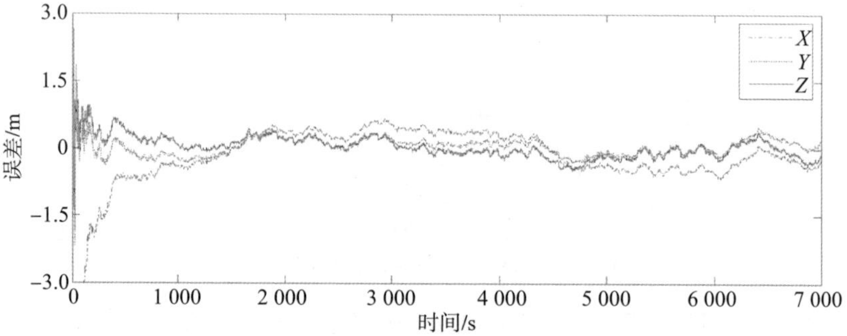

图 7 – 7　集中式协同相对导航滤波位置误差

图 7 – 8 所示为采用分布式协同定位轨迹，同样在导航的初始时刻，由于滤波初始条件给定的状态初值、方差初值与真实值之间存在着较大的偏差，导航轨迹在标称轨迹附近大幅度快速振荡，但是随着滤波时间的推移，导航轨迹逐渐收敛到标称轨迹附近。

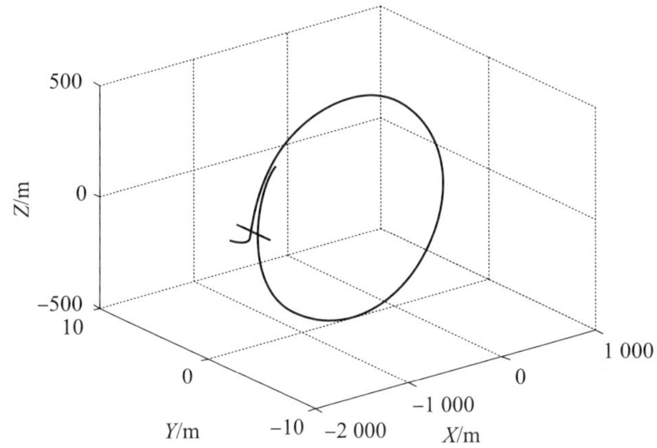

图7－8　分布式协同相对导航滤波轨迹

图7－9所示为采用分布式协同定位在各方向的定位误差。从图中可以看到，在达到稳态之后，各方向的定位误差优于0.5 m左右。对比图7－7可以看到，图7－9中误差振荡幅度明显减小，这说明分布式协同定位算法不仅减少了计算量对，同时滤波精度也明显提高。

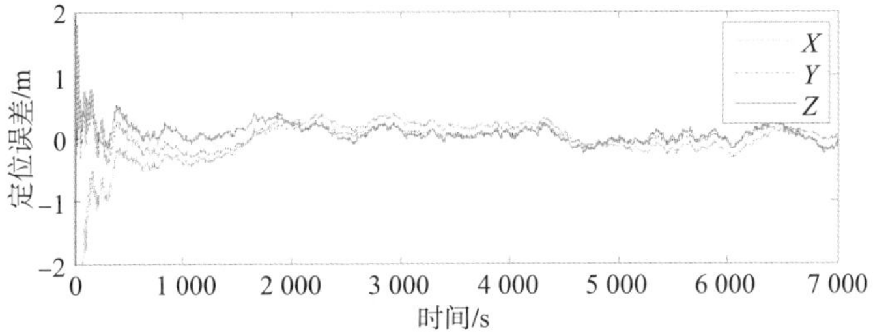

图7－9　分布式协同相对导航滤波定位误差

7.5.2　非合作分布式协同滤波

假设编队系统包括飞行器M、C_1和C_2。其中，主飞行器M安装有测角相机和测距雷达，方位角测量精度为0.5°(3σ)，测距精度为5 m(3σ)，各个飞行器通过查分GPS相对定位精度为[1 m,1 m,1 m](3σ)。

主飞行器M引导从飞行器C_1和C_2按照规划轨迹对目标航天器实施轨道面内的观测任务，其中，从飞行器C_1执行近距离观测，从飞行器C_2执行绕飞观测。假设目标航天器运行在高度为600 km的圆轨道上，以目标航天器的轨道坐标系$\sum F_t$作为参照，主飞行器M的初始位置为［－400 m，0，0］，从飞行器C_1和C_2的开初始位置为［－500 m，0，0］。在施加一定的速度脉冲后，从飞行器C_1和C_2按照相对轨道动力学特性，沿空间椭圆运动，并且在绕飞过程中运动不受控制。从飞行器 C_1 和 C_2 的标称运动轨迹如图 7 - 10 所示，在绕飞过程中各位置分量的变化情况如图 7 - 11 所示。

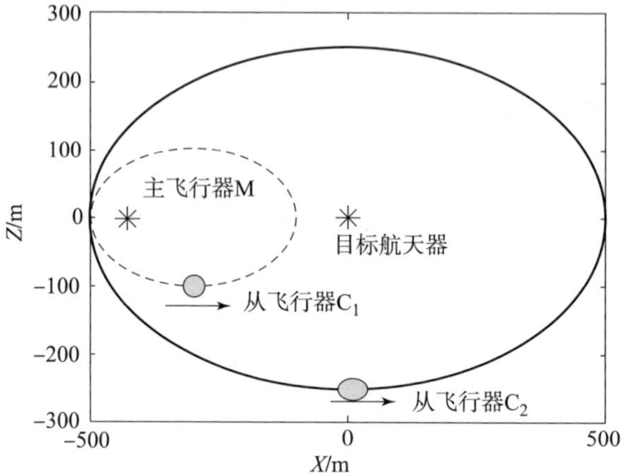

图 7 - 10　从飞行器 C_1 和 C_2 的面内标称运动轨迹

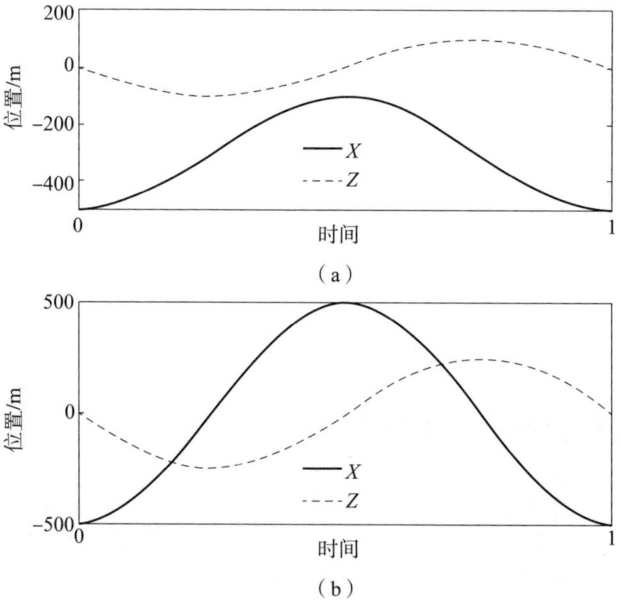

图 7 - 11　标称轨迹位置分量的变化

(a) 从飞行器 C_1 的位置；(b) 从飞行器 C_2 的位置

建立基于分布式滤波的联合定位模型，各滤波器的初始状态如下：

主飞行器 M：$\boldsymbol{X}_{tm}(0)=[-390\ \mathrm{m},0,0]$

从飞行器 C_1：$\boldsymbol{X}_{tc1}(0)=[-480\ \mathrm{m},0,0]$，$\boldsymbol{X}_{mc1}(0)=[-90\ \mathrm{m},0,0]$

从飞行器 C_2：$\boldsymbol{X}_{tc2}(0)=[-480\ \mathrm{m},0,0]$，$\boldsymbol{X}_{mc2}(0)=[-10\ \mathrm{m},0,0]$

7.5.3　实时仿真实验结果

对基于分布式滤波的联合定位算法开展实时仿真，其中滤波迭代步长为500 ms，仿真时长为一个轨道周期。

图7－12所示为从飞行器 C_1 和 C_2 在自由漂移过程的定位轨迹。由图可以看到，由于初始条件给定的初始位置存在着一定的偏差，因此初始时刻导航定位轨迹产生一定幅度的振荡。但是，随着滤波迭代时间的增加，导航定位轨迹逐渐收敛至标称轨迹附近。这说明基于分布式滤波的联合定位算法具有较好的稳定性。

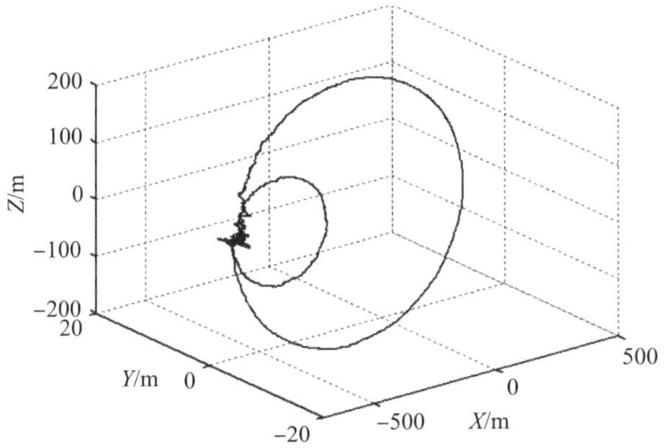

图7－12　从飞行器 C_1 和 C_2 联合定位轨迹

图7－13和图7－14所示为从飞行器自由漂移过程中 X 和 Z 向的联合定位误差。由图可以看到，两个从飞行器相对目标航天器各向定位误差在稳态时的精度优于0.5 m。

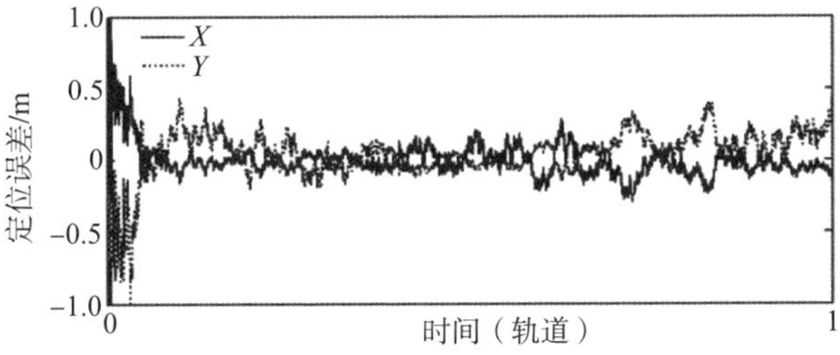

图7－13　从飞行器 C_1 对目标的联合定位误差

此外，在滤波迭代过程中，还可以得到从飞行器 C_1 和 C_2 相对目标航天器的速度分量。图7－15给出了滤波过程中相对速度的估计误差。由图可以看到，相对速度滤波误差优于0.5 cm/s。

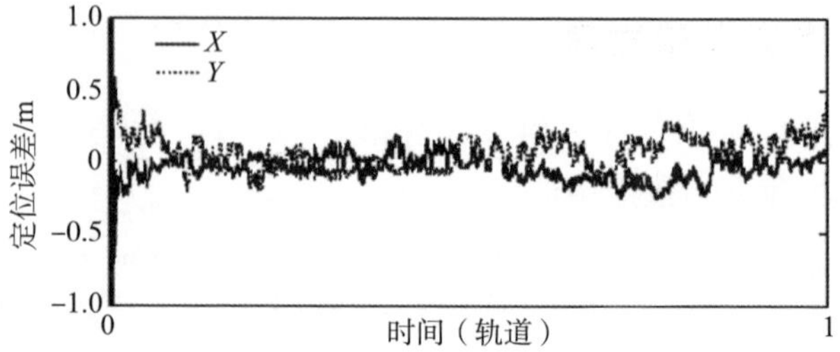

图 7-14　从飞行器 C_2 对目标的联合定位误差

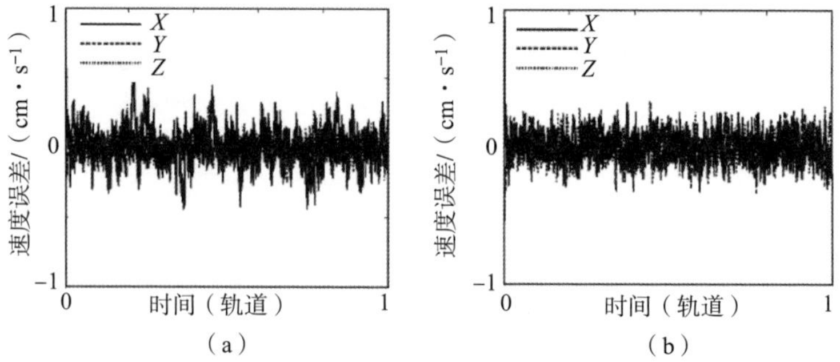

图 7-15　飞行器对目标的联合定位速度误差

（a）从飞行器 C_1 的速度误差；（b）从飞行器 C_2 的速度误差

通过上述算例仿真可以看到，采用基于分布式滤波的联合定位算法，在从飞行器 C_1 和 C_2 自身不具备对目标航天器测量功能的条件下，通过主飞行器 M 实现了对目标航天器的精确定位。仿真结果表明，基于分布式滤波的联合定位算法具有精度高、稳定性好的特点，能够较好地满足编队系统对非合作目标航天器的联合定位需求。

参 考 文 献

[1] Sanderson A. C. A Distributed Algorithm for Cooperative Navigation Among Multiple Mobile Robots [J]. Advacance Robotics, 1998, 12 (4): 335-349.

[2] 翟光，张景瑞，周志成. 基于集群空间机器人的合作目标协同定位技术研究 [J]. 北京理工大学学报，2014，34 (10): 1034-1039.

[3] Roumeliotis Stergios I. Distributed Multirobot Localization [J]. IEEE Transactions on Robtotics and Automation, 2002, 18 (5): 781-795.

[4] 翟光，张景瑞. 基于多空间机器人系统的非合作目标联合定位技术 [J]. 机器人，2013，35 (2): 249-256.

[5] Roumeliotis Stergios I. Propagation of Uncertainty Incooperative Multirobot Localization: Analysis and Experimental Results [J]. Autonomous Robots, 2004, 17: 41 – 54.

[6] Fontan M. S., Mataric M. J. Territorial Multirobot Task Division [J]. IEEE Transactions on Robtotics and Automation, 1998, 14 (5): 815 – 822.

[7] Ferrari C., Pagello E., Ota J., et al. Multirobot Motion Coordination in Space and Time [J]. Robotics and Autonomous system, 1998, 25 (3/4): 219 – 229.

[8] 张立川，徐德民，刘明雍，等，基于移动长基线的多 AUV 协同导航 [J]. 机器人，2009，31 (6): 581 – 585.

[9] 姚尧，徐德民，张立川，等，通信延迟下的多 UUV 协同定位 – 基于航迹预测的事实更新算法 [J]. 机器人，2011，33 (1): 161 – 168.

[10] 许真珍，封锡盛．多 UUV 写作系统的研究现状与发展 [J]. 机器人，2007，29 (2): 186 – 192.

[11] 张立川，刘明雍，徐德民，等，基于水声传播延迟的主从式无人水下航行器协同导航定位研究 [J]. 兵工学报，2009，30 (12): 1674 – 1678.

[12] Wang Feng, Xue Qinchen. Nonlinear Relative Position Control of Precise Formation Flying Using Polynomial Eigen Structure Assignment [J]. ActaAstronautica, 2011, 68 (11 – 12): 1831 – 1838.

[13] deQueiroz M. S., Kapla V., Yan Q. Adaptive Nonlinear Control of Satellite Formation Flying [C]. Proceedings of the AIAA Guidance, Navigation, and Control Conference, Portland, 1999: 1596 – 1604.

[14] Quan He, Chao Han. Dynamics and Control of Satellite Formation Flying Based on Relative Orbit Elements [C]. AIAA Guidance, Navigation and Control Conference and Exhibit, Honolulu, Hawaii, 2008.

[15] Hablani H. B., Tapper M. L., Dana – Bashian D. J., et al, Guidance and Relative Navigation for Autonomous Rendezvous in A Cirdular Orbit [J]. Journal of Guidance Control and Dynamcis, 2002, 25 (3): 553 – 561.

第8章

目标相对状态的约束滤波估计

在工程应用中，若空间目标的相对动力学模型是准确的，则利用卡尔曼滤波即可实现对目标相对运动状态的精确估计。然而，在有些情况下，目标的动力学模型无法准确建立，如当目标发动机开机时，即便是发动机推力的幅值是已知的。但是，由于目标姿态的变化，导致发动机推力在三个正交方向上的分量是时变未知的，因此传统的卡尔曼滤波无法获得目标运动状态的精确估计。但是，此时可将发动机推力为常值作为约束条件引入滤波过程，尽可能地提高滤波的精度。约束滤波是指在滤波中引入关于系统状态的已知约束条件，对卡尔曼滤波迭代的过程进行改进，由于引入了已知信息，目标相对状态的估计结果精度会有所提高。约束滤波估计包含等式约束滤波、不等式约束滤波、范数约束滤波等。本章针对安装有常值推力发动机的空间目标追踪任务，通过引入推力幅值约束对传统滤波过程进行改进，最终达到改善相对状态滤波估计性能的目的。

8.1　约束性滤波问题

当空间目标相对动力学模型具有较高的精度时，利用卡尔曼滤波即可完成目标相对状态的估计。然而，当目标航天器执行轨道机动时，由于航天器的姿态在机动过程中不断发生变化。因此，即便是推力加速度幅值是已知的，但推力加速度在三个轴上的分量无法精确地确定。此时，若仍然采用卡尔曼滤波，则滤波精度就会显著降低。显然，这种性能下降主要是模型不匹配造成的。

为了在模型不匹配的情况下提升估计性能，通常可引入关于系统状态变量的线性或非线性约束，采用约束卡尔曼滤波器来完成目标相对状态的估计。引入状态约束后，可以减少由动力学模型不准确而引起的估计偏差。一般而言，航天器所安装的多为常值推力发动机，在短时间的变轨机动过程中可以认为航天器的质量不发生变化，在惯性坐标系内，即便是由于姿态变化而导致三轴加速度分量不断变化，但整体加速度幅值保持不变。因此，可将加速度幅值考虑为范数约束条件，引入滤波过程。范数约束滤波具有广泛的应用，其中较为典型的是范数约束姿态滤波估计算法。鉴于姿态四元数满足单位范数约束，一些学者使用拉格朗日乘数方法，为离散时间系统设计了范数约束卡尔曼滤波器。此外，范数约束滤波技术已被广泛应用到运动状态受限系统的状态估计中。

8.2 含约束的目标动力学

在惯性坐标系中，考虑一个对地三轴稳定并推力大小恒定的航天器在轨道上运动，其运动可用离散时间状态空间方程为

$$\boldsymbol{x}_{k+1}=\boldsymbol{A}_k\boldsymbol{x}_k+\boldsymbol{G}_k\boldsymbol{d}_k+\boldsymbol{\Gamma}_k\boldsymbol{w}_k \tag{8-1}$$

$$\boldsymbol{y}_k=\boldsymbol{C}_k\boldsymbol{x}_k+\boldsymbol{v}_k \tag{8-2}$$

式中：$\boldsymbol{x}_k\in\mathbf{R}^n$ 为系统状态向量；$\boldsymbol{d}_k\in\mathbf{R}^m$ 为常值机动向量。

由于航天器相对惯性坐标系做姿态运动，因此机动向量的方向是变化的，可以将其描述为

$$\boldsymbol{d}_{k+1}=(\boldsymbol{I}+\boldsymbol{\delta}_k)\boldsymbol{d}_k \tag{8-3}$$

式中：$\boldsymbol{\delta}_k\in\mathbf{R}^{m\times n}$为一个未知的时变矩阵。

因为航天器的姿态变化缓慢，于是有

$$\boldsymbol{\delta}_k\approx 0 \tag{8-4}$$

机动向量满足范数约束

$$\|\boldsymbol{d}_k\|=\rho,\rho>0 \tag{8-5}$$

并且 $\boldsymbol{y}_k\in\mathbf{R}^p$ 为测量向量，过程噪声 $\boldsymbol{w}_k\in\mathbf{R}^m$ 和测量噪声 $\boldsymbol{v}_k\in\mathbf{R}^m$ 都是白噪声，其协方差矩阵分别为 $\boldsymbol{Q}_k\in\mathbf{R}^{m\times n}(\boldsymbol{A}_k,\boldsymbol{G}_k)$，并且 $\boldsymbol{Q}_k>0$，$\boldsymbol{R}_k>0$。矩阵 $\boldsymbol{A}_k$、$\boldsymbol{G}_k$、$\boldsymbol{\Gamma}_k$ 和 $\boldsymbol{C}_k$ 具有合适的维度：

$$\operatorname{rank}[\boldsymbol{G}_k]=\operatorname{rank}[\boldsymbol{\Gamma}_k]=m \tag{8-6}$$

并且（$\boldsymbol{A}_k,\boldsymbol{C}_k$）是能观测的，($\boldsymbol{A}_k,\boldsymbol{G}_k$)和($\boldsymbol{A}_k,\boldsymbol{\Gamma}_k$）是可控的。初始状态 $\boldsymbol{x}_0$ 总是独立于过程噪声和测量不确定性，初始状态 $\boldsymbol{x}_0$ 的误差估计由初始协方差矩阵 $\boldsymbol{P}_0^{xx}$ 唯一确定。

8.3 建立无约束扩维卡尔曼滤波器

8.3.1 扩维系统

扩维卡尔曼滤波器（ASKF）将未知机动作为状态的一部分，扩维后的状态向量为

$$X_k = \begin{bmatrix} x_k \\ d_k \end{bmatrix} \tag{8-7}$$

式中：$X_k \in \mathbf{R}^{n+m}$为扩维状态向量。

因此，式（8－1）可重新表示为

$$X_{k+1} = \bar{A}_k^* X_k + \bar{\Gamma}_k w_k \tag{8-8}$$

$$y_k = \bar{C}_k X_k + v_k \tag{8-9}$$

式中：上标“－”表示扩维符号，有

$$\bar{A}_k^* = \bar{A}_k + \Delta \bar{A}_k \tag{8-10}$$

于是 $\bar{A}_k$和 $\Delta \bar{A}_k$ 可以表示为

$$\bar{A}_k = \begin{bmatrix} A_k & G_k \\ 0 & I \end{bmatrix},\ \Delta \bar{A}_k = \begin{bmatrix} 0 & 0 \\ 0 & \delta_k \end{bmatrix} \tag{8-11}$$

进而可以得到

$$\bar{G}_k = \begin{bmatrix} G_k \\ 0 \end{bmatrix}, \bar{\Gamma}_k = \begin{bmatrix} \Gamma_k \\ 0 \end{bmatrix}, \bar{C}_k = [\, C_k \quad 0 \,] \tag{8-12}$$

8.3.2　建立无约束扩维卡尔曼滤波

假设初始机动是高斯随机变量，无约束估计 $\hat{d}_0$ 确定如下：

$$E\{(d_0 - \hat{d}_0)(d_0 - \hat{d}_0)^{\mathrm{T}}\} = p_0^{dd} \tag{8-13}$$

互协方差为

$$E\{(x_0 - \hat{x}_0)(d_0 - \hat{d}_0)^{\mathrm{T}}\} = P_0^{xb} \tag{8-14}$$

基于扩维系统式（8－8），假设机动时不变并且令 $\delta_k = 0$，那么无约束扩维卡尔曼滤波器可以表示如下：

$$\hat{X}_{k+1/k} = \bar{A}_k \hat{X}_k \tag{8-15}$$

$$\bar{P}_{k+1/k} = \bar{A}_k \bar{P}_k \bar{A}_k^{\mathrm{T}} + \bar{\Gamma}_k Q \bar{\Gamma}_k^{\mathrm{T}} \tag{8-16}$$

$$\bar{P}_{k+1} = (I - \bar{K}_{k+1} \bar{C}_{k+1}) \bar{P}_{k+1,k} (I - \bar{K}_{k+1} \bar{C}_{k+1})^{\mathrm{T}} + \bar{K}_{k+1} R (\bar{K}_{k+1})^{\mathrm{T}} \tag{8-17}$$

$$\bar{K}_{k+1} = \bar{P}_{k+1,k}^{\mathrm{T}} \bar{C}_{k+1}^{\mathrm{T}} (\bar{C}_{k+1} \bar{P}_{k+1,k} \bar{C}_{k+1}^{\mathrm{T}} + R_{k+1})^{-1} \tag{8-18}$$

$$\hat{X}_{k+1} = \hat{X}_{k+1/k} + \bar{K}_{K+1} \eta_{k+1} \tag{8-19}$$

式中：$\hat{X}_{k+1/k}$为一步预测；$\bar{P}_{k+1/k}$为先验状态协方差；$\bar{P}_{k+1}$为后验协方差；$\bar{K}_{k+1}$为卡尔曼增益矩阵；η_{k+1}为残差向量，并可以表示为

$$\boldsymbol{\eta}_{k+1}=\boldsymbol{y}_{k+1}-\hat{\boldsymbol{y}}_{k+1} \tag{8-20}$$

$$\hat{\boldsymbol{y}}_{k+1}=\bar{\boldsymbol{C}}_{k}\hat{\boldsymbol{X}}_{k+1,k} \tag{8-21}$$

注意到，如果 $\delta_k=0$，那么无约束估计器能够稳定工作并且产生最优结果。由于扩展卡尔曼滤波器的维度增加到 $n+m$，当 $n=m$ 时，扩维卡尔曼滤波器的计算负荷也会显著增加。为了减小计算负荷，扩维卡尔曼滤波器可以等价分解为两个并行降阶估计器。双降阶并行估计器为 n 维状态估计器和 m 维机动估计器，两者交替运行受到耦合方程的限制。

因为在实际系统式（8-1）中 $\delta_k=0$，所以，接下来将要证明在无约束估计器会产生状态估计偏差。无约束的先验估计误差和后验估计误差定义为

$$\hat{\bar{\boldsymbol{e}}}_{k+1/k}=\boldsymbol{X}_{k+1}-\hat{\boldsymbol{X}}_{k+1/k} \tag{8-22}$$

$$\hat{\bar{\boldsymbol{e}}}_{k+1}=\boldsymbol{X}_{k+1}-\hat{\boldsymbol{X}}_{k+1} \tag{8-23}$$

将式（8-15）和式（8-8）代入式（8-22）中，可得

$$\begin{aligned}\hat{\bar{\boldsymbol{e}}}_{k+1/k}&=\boldsymbol{X}_{k+1}-\hat{\boldsymbol{X}}_{k+1/k}\\&=(\bar{\boldsymbol{A}}_k+\Delta\bar{\boldsymbol{A}}_k)\boldsymbol{X}_k-\bar{\boldsymbol{A}}_k\hat{\boldsymbol{X}}_k+\bar{\boldsymbol{\Gamma}}_k\boldsymbol{w}_k\\&=\bar{\boldsymbol{A}}_k\hat{\bar{\boldsymbol{e}}}_k+\Delta\bar{\boldsymbol{A}}_k\boldsymbol{X}_k+\bar{\boldsymbol{\Gamma}}_k\boldsymbol{w}_k\end{aligned} \tag{8-24}$$

同样地，将式（8-15）和式（8-19）代入式（8-23）中，后验估计误差可以表示为

$$\begin{aligned}\hat{\bar{\boldsymbol{e}}}_{k+1}&=\boldsymbol{X}_{k+1}-\hat{\boldsymbol{X}}_{k+1}\\&=\boldsymbol{X}_{k+1}-[\hat{\boldsymbol{X}}_{k+1/k}+\bar{\boldsymbol{K}}_{k+1}\boldsymbol{\eta}_{k+1}]\\&=\boldsymbol{X}_{k+1}-[\hat{\boldsymbol{X}}_{k+1/k}+\bar{\boldsymbol{K}}_{k+1}(\bar{\boldsymbol{C}}_{k+1}\boldsymbol{X}_{k+1}+\boldsymbol{v}_{k+1}-\bar{\boldsymbol{C}}_{k+1}\hat{\boldsymbol{X}}_{k+1/k})]\\&=(\boldsymbol{I}-\bar{\boldsymbol{K}}_{k+1}\bar{\boldsymbol{C}}_{k+1})\hat{\bar{\boldsymbol{e}}}_{k+1/k}-\bar{\boldsymbol{K}}_{k+1}\boldsymbol{v}_{k+1}\end{aligned} \tag{8-25}$$

进一步得到

$$\hat{\bar{\boldsymbol{e}}}_{k+1}=(\boldsymbol{I}-\bar{\boldsymbol{K}}_{k+1}\bar{\boldsymbol{C}}_{k+1})(\bar{\boldsymbol{A}}_k\hat{\bar{\boldsymbol{e}}}_k+\Delta\bar{\boldsymbol{A}}_k\boldsymbol{X}_k+\bar{\boldsymbol{\Gamma}}_k\boldsymbol{w}_k)-\bar{\boldsymbol{K}}_{k+1}\boldsymbol{v}_{k+1} \tag{8-26}$$

将后验估计误差和增益矩阵分解为

$$\hat{\bar{\boldsymbol{e}}}_{k+1}=\begin{bmatrix}\hat{\bar{\boldsymbol{e}}}^x_{k+1}\\\hat{\bar{\boldsymbol{e}}}^d_{k+1}\end{bmatrix},\ \bar{\boldsymbol{K}}_{k+1}=\begin{bmatrix}\boldsymbol{K}^x_{k+1}\\\boldsymbol{K}^d_{k+1}\end{bmatrix} \tag{8-27}$$

根据式（8-27），式（8-26）可以重写为

$$\hat{\boldsymbol{e}}^x_{k+1}=(\boldsymbol{I}-\boldsymbol{K}^x_{k+1}\boldsymbol{C}_{k+1})(\boldsymbol{A}_{k+1}\hat{\boldsymbol{e}}^x_{k+1}+\boldsymbol{G}_{k+1}\hat{\boldsymbol{e}}^d_k-\boldsymbol{\Gamma}_{k+1}\boldsymbol{w}_{k+1})-\boldsymbol{K}^x_{k+1}\boldsymbol{v}_{k+1} \tag{8-28}$$

$$\hat{\boldsymbol{e}}_{k+1}^{d} = -\boldsymbol{K}_{k+1}^{d}\boldsymbol{G}_{k}(\boldsymbol{A}_{k+1}\hat{\boldsymbol{e}}_{k+1}^{x} + \boldsymbol{G}_{k+1}\hat{\boldsymbol{e}}_{k}^{d}) + \hat{\boldsymbol{e}}_{k}^{d} + \boldsymbol{\delta}_{k+1}\boldsymbol{d}_{k} - \boldsymbol{K}_{k+1}^{d}\boldsymbol{v}_{k+1} \quad (8-29)$$

考虑式（8－28）和式（8－29），有

$$\boldsymbol{E}(\hat{\boldsymbol{e}}_{k+1}^{x}) = (\boldsymbol{I} - \boldsymbol{K}_{k+1}^{x}\boldsymbol{C}_{k+1})[\boldsymbol{A}_{k+1}\boldsymbol{E}(\hat{\boldsymbol{e}}_{k+1}^{x}) + \boldsymbol{G}_{k+1}\boldsymbol{E}(\hat{\boldsymbol{e}}_{k}^{d})] \quad (8-30)$$

$$\boldsymbol{\delta}_{k+1}\boldsymbol{d}_{k+1} = \boldsymbol{K}_{k+1}^{d}\boldsymbol{G}_{k}[\boldsymbol{A}_{k+1}\boldsymbol{E}(\hat{\boldsymbol{e}}_{k+1}^{x}) + \boldsymbol{G}_{k+1}\boldsymbol{E}(\hat{\boldsymbol{e}}_{k}^{d})] \quad (8-31)$$

当时间趋于无穷大（$k\to\infty$）时，有

$$\boldsymbol{E}(\hat{\boldsymbol{e}}_{k+1}^{x}) = (\boldsymbol{I} - \boldsymbol{K}_{k+1}^{x}\boldsymbol{C}_{k+1})(\boldsymbol{K}_{k+1}^{d}\boldsymbol{G}_{k+1})^{-1}\boldsymbol{\delta}_{k+1}\boldsymbol{d}_{k} \neq 0 \quad (8-32)$$

显然，状态估计存在偏差，此偏差是由于机动的变化引起的。

8.4　考虑范数约束的滤波估计

8.4.1　扩维性能指数

施加机动范数约束，减少因式（8－3）近似而带来的负面影响，重建无约束的扩维估计器。将扩维后验协方差矩阵定义为

$$\bar{\boldsymbol{P}}_{k+1} = \boldsymbol{E}\{\hat{\bar{\boldsymbol{e}}}_{k+1}\hat{\bar{\boldsymbol{e}}}_{k+1}^{\mathrm{T}}\} = \left[\begin{array}{c:c} \boldsymbol{P}_{k+1}^{xx} & \boldsymbol{P}_{k+1}^{xd} \\ \hdashline \boldsymbol{P}_{k+1}^{dx} & \boldsymbol{P}_{k+1}^{dd} \end{array}\right] \quad (8-33)$$

其中，局部协方差定义如下：

$$\boldsymbol{P}_{k+1}^{xx} = \boldsymbol{E}\{\hat{\boldsymbol{e}}_{k+1}^{x}(\hat{\boldsymbol{e}}_{k+1}^{x})^{\mathrm{T}}\} \quad (8-34)$$

$$\boldsymbol{P}_{k+1}^{dd} = \boldsymbol{E}\{\hat{\boldsymbol{e}}_{k+1}^{d}(\hat{\boldsymbol{e}}_{k+1}^{d})^{\mathrm{T}}\} \quad (8-35)$$

$$\boldsymbol{P}_{k+1}^{dx} = \boldsymbol{P}_{k+1}^{xd} = \boldsymbol{E}\{\hat{\boldsymbol{e}}_{k+1}^{d}(\hat{\boldsymbol{e}}_{k+1}^{x})^{\mathrm{T}}\} \quad (8-36)$$

另外，考虑满足式（8－4）中约束的归一化机动估计：

$$\hat{\boldsymbol{d}}_{k+1}^{\mathrm{T}}\hat{\boldsymbol{d}}_{k+1} = \rho^{2} \quad (8-37)$$

将式（8－19）分解为

$$\begin{bmatrix} \hat{\boldsymbol{x}}_{k+1} \\ \hat{\boldsymbol{d}}_{k+1} \end{bmatrix} = \begin{bmatrix} \hat{\boldsymbol{x}}_{k+1} \\ \hat{\boldsymbol{d}}_{k+1} \end{bmatrix} + \begin{bmatrix} \boldsymbol{K}_{k+1}^{x} \\ \boldsymbol{K}_{k+1}^{d} \end{bmatrix}\boldsymbol{\eta}_{k+1} \quad (8-38)$$

则

$$\hat{\boldsymbol{d}}_{k+1} = \hat{\boldsymbol{d}}_{k+1/k} + \boldsymbol{K}_{k+1}^{d}\boldsymbol{\eta}_{k+1} \quad (8-39)$$

将式（8－39）代入式（8－37）中，可得

$$[\hat{\boldsymbol{d}}_{k+1} + \boldsymbol{K}_{k+1}^{d}\boldsymbol{\eta}_{k+1}]^{\mathrm{T}}[\hat{\boldsymbol{d}}_{k+1} + \boldsymbol{K}_{k+1}^{d}\boldsymbol{\eta}_{k+1}] = \rho^{2} \quad (8-40)$$

因此，考虑到范数约束，可以通过最小化扩维目标函数获得最优估计：

$$\boldsymbol{J}_{k+1}=\boldsymbol{E}\{\hat{\bar{\boldsymbol{e}}}_{k+1}\hat{\bar{\boldsymbol{e}}}_{k+1}{}^{\mathrm{T}}\}+\boldsymbol{\lambda}_{k+1}\{[\hat{\boldsymbol{d}}_{k+1/k}+\boldsymbol{K}_{k+1}^{d}\boldsymbol{\eta}_{k+1}]^{\mathrm{T}}[\hat{\boldsymbol{d}}_{k+1/k}+\boldsymbol{K}_{k+1}^{d}\boldsymbol{\eta}_{k+1}]-\rho^{2}\}\tag{8-41}$$

式（8－41）的等号右侧满足

$$\boldsymbol{E}\{\hat{\bar{\boldsymbol{e}}}_{k+1}\hat{\bar{\boldsymbol{e}}}_{k+1}{}^{\mathrm{T}}\}=\mathrm{tr}\{\bar{\boldsymbol{P}}_{k+1}\}=\mathrm{tr}\{\boldsymbol{P}_{k+1}^{xx}\}+\mathrm{tr}\{\boldsymbol{P}_{k+1}^{dd}\}\tag{8-42}$$

式中：tr{ }表示矩阵的迹。

为了方便记录，将局部性能指数定义为

$$\boldsymbol{J}_{k+1}^{x}=\mathrm{tr}\{\boldsymbol{P}_{k+1}^{xx}\}\tag{8-43}$$

和

$$\boldsymbol{J}_{k+1}^{d}=\mathrm{tr}\{\boldsymbol{P}_{k+1}^{dd}\}+\boldsymbol{\lambda}_{k+1}\{[\hat{\boldsymbol{d}}_{k+1}+\boldsymbol{K}_{k+1}^{d}\boldsymbol{\eta}_{k+1}]^{\mathrm{T}}[\hat{\boldsymbol{d}}_{k+1}+\boldsymbol{K}_{k+1}^{d}\boldsymbol{\eta}_{k+1}]-\rho^{2}\}\tag{8-44}$$

式中：标量 $\boldsymbol{\lambda}_{k+1}$ 表示拉格朗日乘数。

显然，由于 $\boldsymbol{J}_{k+1}^{x}$ 和 $\boldsymbol{J}_{k+1}^{d}$ 分别仅取决于 $\boldsymbol{e}_{k+1}^{x}$ 和 $\boldsymbol{e}_{k+1}^{d}$，因此，$\boldsymbol{J}_{k+1}$ 的最小化可以分别对 $\boldsymbol{J}_{k+1}^{x}$ 和 $\boldsymbol{J}_{k+1}^{d}$ 进行最小化，则

$$\min_{\boldsymbol{K}_{k+1}}\{\boldsymbol{J}_{k+1}\}=\min_{\boldsymbol{K}_{k+1}^{x}}\{\boldsymbol{J}_{k+1}^{x}\}+\min_{\boldsymbol{K}_{k+1}^{d}}\{\boldsymbol{J}_{k+1}^{d}\}\tag{8-45}$$

8.4.2 运动状态的约束估计

通过最小化 $\boldsymbol{J}_{k+1}^{x}$，基于传统的卡尔曼滤波器示例构造局部估计器并不困难。在此不具体介绍，下面直接表示估算。

预测部分如下：

$$\hat{\boldsymbol{x}}_{k+1/k}=\boldsymbol{A}_{k}\hat{\boldsymbol{x}}_{k}+\boldsymbol{G}_{k}\breve{\boldsymbol{d}}_{k}\tag{8-46}$$

$$\boldsymbol{P}_{k+1/k}^{xx}=(\boldsymbol{A}_{k}\boldsymbol{P}_{k}^{xx}+\boldsymbol{G}_{k}\breve{\boldsymbol{P}}_{k}^{dx})\boldsymbol{A}_{k}^{\mathrm{T}}+(\boldsymbol{A}_{k}\breve{\boldsymbol{P}}_{k}^{xd}+\boldsymbol{G}_{k}\breve{\boldsymbol{P}}_{k}^{dd})\boldsymbol{G}_{k}^{\mathrm{T}}+\boldsymbol{\Gamma}_{k}\boldsymbol{Q}\boldsymbol{\Gamma}_{k}^{\mathrm{T}}\tag{8-47}$$

$$\boldsymbol{P}_{k+1/k}^{xd}=(\boldsymbol{P}_{k+1/k}^{xd})^{\mathrm{T}}=\boldsymbol{A}_{k}\breve{\boldsymbol{P}}_{k}^{dx}+\boldsymbol{G}_{k}^{\mathrm{T}}\breve{\boldsymbol{P}}_{k}^{dd}\tag{8-48}$$

修正部分如下：

$$\boldsymbol{P}_{k+1}^{xx}=\boldsymbol{P}_{k+1/k}^{xx}-\boldsymbol{K}_{k+1}^{x}\boldsymbol{C}_{k+1}(\boldsymbol{P}_{k+1/k}^{xx})^{\mathrm{T}}-\boldsymbol{P}_{k+1/k}^{xx}\boldsymbol{C}_{k+1}{}^{\mathrm{T}}(\boldsymbol{K}_{k+1}^{x})^{\mathrm{T}}+\boldsymbol{K}_{k}^{x}\boldsymbol{\Theta}(\boldsymbol{K}_{k+1}^{x})^{\mathrm{T}}\tag{8-49}$$

$$\boldsymbol{K}_{k+1}^{x}=\boldsymbol{P}_{k+1/k}^{xx}\boldsymbol{C}_{k}{}^{\mathrm{T}}\boldsymbol{\Theta}^{-1}\tag{8-50}$$

$$\hat{\boldsymbol{x}}_{k+1}=\hat{\boldsymbol{x}}_{k+1/k}+\boldsymbol{K}_{k+1}^{x}\boldsymbol{\eta}_{k+1}\tag{8-51}$$

其中

$$\boldsymbol{\Theta}_{k+1}=\boldsymbol{C}_{k+1}\boldsymbol{P}_{k+1/k}^{xx}\boldsymbol{C}_{k+1}{}^{\mathrm{T}}+\boldsymbol{R}_{k+1}\tag{8-52}$$

8.4.3 机动加速度的约束估计

8.4.3.1 对 J_{k+1}^{d} 的最小化

通过最小化性能指标 J_{k+1}^{d} 构造机动的局部估计，可以将其看作一个有约束的极值问题。考虑协方差矩阵：

$$P_{k+1/k}^{dd}=\breve{P}_{k}^{dd} \tag{8-53}$$

$$P_{k+1}^{dd}=P_{k+1/k}^{dd}-K_{k+1}^{d}C_{k+1}(P_{k+1/k}^{dx})^{\mathrm{T}}-P_{k+1/k}^{dx}C_{k+1}(K_{k+1}^{d})^{\mathrm{T}}+K_{k}^{d}\Theta(K_{k+1}^{d})^{\mathrm{T}} \tag{8-54}$$

考虑到

$$\begin{aligned}\mathrm{tr}\{P_{k+1}^{dd}\}&=\mathrm{tr}\{P_{k+1/k}^{dd}-K_{k+1}^{d}C_{k+1}(P_{k+1/k}^{dx})^{\mathrm{T}}-P_{k+1/k}^{dx}C_{k+1}(K_{k+1}^{d})^{\mathrm{T}}+K_{k}^{d}\Theta(K_{k+1}^{d})^{\mathrm{T}}\}\\&=\mathrm{tr}\{P_{k+1/k}^{dd}\}-\mathrm{tr}\{2K_{k+1}^{d}C_{k+1}(P_{k+1/k}^{dx})^{\mathrm{T}}\}-\mathrm{tr}\{K_{k}^{d}\Theta(K_{k+1}^{d})^{\mathrm{T}}\}\end{aligned} \tag{8-55}$$

对迹的最小化等于对协方差的最小化，然后将式（8－55）代入式（8－44）中，对式（8－44）求 K_{k+1}^{d} 和 λ_{k+1} 的偏导数，然后将其等于0。于是，最小化的一阶条件可以表示为

$$\frac{\partial J_{k+1}^{d}}{\partial K_{k+1}^{d}}=0 \tag{8-56}$$

$$\frac{\partial J_{k+1}^{d}}{\partial \lambda_{k+1}}=0 \tag{8-57}$$

展开式（8－56）和式（8－57），可得

$$(P_{k+1/k}^{dx}C_{k+1}{}^{\mathrm{T}}-\lambda_{k+1}\hat{d}_{k+1}\eta_{k+1})-K_{k+1}^{d}[\Theta_{k+1}+\lambda_{k+1}\eta_{k+1}\eta_{k+1}{}^{\mathrm{T}}]=0 \tag{8-58}$$

$$\eta_{k+1}(K_{k+1}^{d})^{\mathrm{T}}K_{k+1}^{d}\eta_{k+1}+2\hat{d}_{k+1}{}^{\mathrm{T}}K_{k+1}^{d}\eta_{k+1}+\hat{d}_{k+1}{}^{\mathrm{T}}\hat{d}_{k+1}-\rho^{2}=0 \tag{8-59}$$

根据式（8－58），由于 $\det(\Theta+\lambda_{k+1}\eta_{k+1}\eta_{k+1}{}^{\mathrm{T}})\neq 0$ [在式（8－75）中证明]，其符合

$$K_{k+1}^{d}=(P_{k+1/k}^{dx}C_{k+1}{}^{\mathrm{T}}-\lambda_{k+1}\hat{d}_{k+1}\eta_{k+1}{}^{\mathrm{T}})[\Theta_{k+1}+\lambda_{k+1}\eta_{k+1}\eta_{k+1}{}^{\mathrm{T}}]^{-1} \tag{8-60}$$

而对于式（8－60）的后半部分，有

$$(\Theta+\lambda_{k+1}\eta_{k+1}\eta_{k+1}{}^{\mathrm{T}})^{-1}=\Theta^{-1}-\frac{\lambda_{k+1}\Theta^{-1}\eta_{k+1}\eta_{k+1}{}^{\mathrm{T}}\Theta^{-1}}{1+\lambda_{k+1}\eta_{k+1}{}^{\mathrm{T}}\Theta^{-1}\eta_{k+1}} \tag{8-61}$$

将式（8－61）代入式（8－60）中，可得

$$\begin{aligned}K_{k+1}^{d}=&P_{k+1/k}^{dx}C_{k+1}{}^{\mathrm{T}}\Theta^{-1}-P_{k+1/k}^{dx}C_{k+1}{}^{\mathrm{T}}\frac{\lambda_{k+1}\Theta^{-1}\eta_{k+1}\eta_{k+1}{}^{\mathrm{T}}\Theta^{-1}}{1+\lambda_{k+1}\eta_{k+1}{}^{\mathrm{T}}\Theta^{-1}\eta_{k+1}}-\\&\lambda_{k+1}\hat{d}_{k+1}\eta_{k+1}{}^{\mathrm{T}}\Theta^{-1}+\lambda_{k+1}\hat{d}_{k+1}\eta_{k+1}{}^{\mathrm{T}}\frac{\lambda_{k+1}\Theta^{-1}\eta_{k+1}\eta_{k+1}{}^{\mathrm{T}}\Theta^{-1}}{1+\lambda_{k+1}\eta_{k+1}{}^{\mathrm{T}}\Theta^{-1}\eta_{k+1}}\end{aligned} \tag{8-62}$$

此外，将式（8－62）代入式（8－59）中，得到关于$\boldsymbol{\lambda}_{k+1}$的二阶方程：

$$\boldsymbol{\lambda}_{k+1}^2+\boldsymbol{b}\boldsymbol{\lambda}_{k+1}+\boldsymbol{c}=0 \tag{8-63}$$

式中：$\boldsymbol{b}$ 和 $\boldsymbol{c}$ 的值可以分别表示为

$$\boldsymbol{b}=\frac{2}{\bar{\boldsymbol{\eta}}_k} \tag{8-64}$$

$$\boldsymbol{c}=-\frac{1}{\rho\bar{\boldsymbol{\eta}}_{k+1}^2}(\boldsymbol{\eta}_{k+1}{}^{\mathrm{T}}\boldsymbol{\Theta}_{k+1}^{-1}\boldsymbol{\eta}_{k+1}\boldsymbol{C}_{k+1}\boldsymbol{P}_{k+1,k}\boldsymbol{P}_{k+1,k}\boldsymbol{C}_{k+1}{}^{\mathrm{T}}\boldsymbol{\Theta}_{k+1}^{-1}\boldsymbol{\eta}_{k+1}+ \\ 2\hat{\boldsymbol{d}}_{k+1}{}^{\mathrm{T}}\boldsymbol{P}_{k+1,k}\boldsymbol{C}_{k+1}{}^{\mathrm{T}}\boldsymbol{\Theta}_{k+1}^{-1}\boldsymbol{\eta}_{k+1}+\hat{\boldsymbol{d}}_{k+1}{}^{\mathrm{T}}\hat{\boldsymbol{d}}_{k+1}-\rho^2) \tag{8-65}$$

对式（8－63）使用韦达定理，有

$$\lambda_{k+1}=\frac{-1}{\bar{\boldsymbol{\eta}}_{k+1}}\pm\frac{\|\hat{\boldsymbol{d}}_{k+1}+\boldsymbol{P}_{k+1,k}\boldsymbol{C}_{k+1}{}^{\mathrm{T}}\boldsymbol{\Theta}_{k+1}^{-1}\boldsymbol{\eta}_{k+1}{}^{\mathrm{T}}\|}{\bar{\boldsymbol{\eta}}_{k+1}\rho} \tag{8-66}$$

其中

$$\bar{\boldsymbol{\eta}}_{k+1}=\boldsymbol{\eta}_{k+1}{}^{\mathrm{T}}\boldsymbol{\Theta}^{-1}\boldsymbol{\eta}_{k+1} \tag{8-67}$$

式（8－66）表明对于最优拉格朗日乘数有两种可能的解，为了确定最小化的符号，应该检查二阶条件。通常，二阶条件可以通过对性能指数求二阶导数获得。但是，这样会出现 $m\times n$ 维度的矩阵方程，会显著增加计算的复杂度。将增益$\boldsymbol{K}_{k+1}^d$定义为列向量，测量量会变成标量，但其所得的结果仍适用于向量测量。

极值问题的二阶条件可以通过计算其海森矩阵获得。当性能指数的海森矩阵为负定时，性能指数取得最大值；当性能指数的海森矩阵为正定时，性能指数取得最小值。接下来，将证明在式（8－66）中，符号为正时性能指数$\boldsymbol{J}_{k+1}^d$取得最小值，而在符号选择负号时性能指数$\boldsymbol{J}_{k+1}^d$取得最大值。当增益$\boldsymbol{K}_{k+1}^d$是列向量时，再次对式（8－56）进行微分，进而获得性能指标$\boldsymbol{J}_{k+1}^d$的海森矩阵：

$$\frac{\partial}{\partial\boldsymbol{K}_{k+1}^d}\left(\frac{\partial\boldsymbol{J}_{k+1}^d}{\partial\boldsymbol{K}_{k+1}^d}\right)=\begin{pmatrix}\boldsymbol{\Theta}+\lambda_{k+1}\boldsymbol{\eta}_{k+1}^2 & & 0\\ & \ddots & \\ 0 & & \boldsymbol{\Theta}+\lambda_{k+1}\boldsymbol{\eta}_{k+1}^2\end{pmatrix} \tag{8-68}$$

式（8－68）显示，海森矩阵是对角矩阵，根据式（8－66），有

$$\boldsymbol{\Theta}+\lambda_{k+1}\boldsymbol{\eta}_{k+1}^2=\boldsymbol{\Theta}+\left(\frac{-1}{\bar{\eta}_{k+1}}\pm\frac{\|\hat{\boldsymbol{d}}_{k+1}+\boldsymbol{P}_{k+1,k}\boldsymbol{C}_{k+1}{}^{\mathrm{T}}\boldsymbol{\Theta}_{k+1}^{-1}\boldsymbol{\eta}_{k+1}{}^{\mathrm{T}}\|}{\bar{\eta}_{k+1}\rho}\right)\eta_{k+1}^2 \tag{8-69}$$

根据式（8－67），式（8－69）可以改写为

$$\boldsymbol{\Theta}+\lambda_{k+1}\eta_{k+1}^{2}=\boldsymbol{\Theta}+\left(\frac{-\boldsymbol{\Theta}}{\eta_{k+1}^{2}}\pm\frac{\boldsymbol{\Theta}\parallel\hat{\boldsymbol{d}}_{k+1}+\boldsymbol{P}_{k+1,k}\boldsymbol{C}_{k+1}{}^{\mathrm{T}}\boldsymbol{\Theta}_{k+1}^{-1}\boldsymbol{\eta}_{k+1}{}^{\mathrm{T}}\parallel}{\eta_{k+1}^{2}\rho}\right)\eta_{k+1}^{2}$$

$$=\pm\frac{\boldsymbol{\Theta}\parallel\hat{\boldsymbol{d}}_{k+1}+\boldsymbol{P}_{k+1,k}\boldsymbol{C}_{k+1}{}^{\mathrm{T}}\boldsymbol{\Theta}_{k+1}^{-1}\boldsymbol{\eta}_{k+1}{}^{\mathrm{T}}}{\rho}\tag{8-70}$$

回顾式（8－52），可以得出

$$\begin{aligned}\boldsymbol{\Theta}&=\boldsymbol{C}_{k+1}\hat{\boldsymbol{e}}_{k+1}^{x}(\hat{\boldsymbol{e}}_{k+1}^{x})^{\mathrm{T}}\boldsymbol{C}_{k+1}{}^{\mathrm{T}}+r\\&=(\boldsymbol{C}_{k+1}\hat{\boldsymbol{e}}_{k+1}^{x})^{\mathrm{T}}(\boldsymbol{C}_{k+1}\hat{\boldsymbol{e}}_{k+1}^{x})+r>0\end{aligned}\tag{8-71}$$

式中：$\boldsymbol{r}$ 为标量测量噪声的协方差。

根据式（8－70）和式（8－71），当选择正号时，海森矩阵是正定的，性能指数会出现最小值；当海森矩阵是负定时，性能指数会出现最大值。为了证明在式（8－66）中取正号时，矩阵 $\theta+\lambda_{k+1}\boldsymbol{\eta}_{k+1}\boldsymbol{\eta}_{k+1}^{\mathrm{T}}$ 是正定的，把项 $\theta+\lambda_{k+1}\boldsymbol{\eta}_{k+1}\boldsymbol{\eta}_{k+1}^{\mathrm{T}}$ 改写为

$$\sum=\theta+\lambda_{k+1}\boldsymbol{\eta}_{k+1}\boldsymbol{\eta}_{k+1}^{\mathrm{T}}=\theta+\left(\frac{-1}{\bar{\eta}_{k+1}}+\frac{\parallel\hat{\boldsymbol{d}}_{k+1}+\boldsymbol{P}_{k+1,k}\boldsymbol{C}_{k+1}^{\mathrm{T}}\theta_{k+1}^{-1}\boldsymbol{\eta}_{k+1}^{\mathrm{T}}\parallel}{\bar{\eta}_{k+1}\rho}\right)\boldsymbol{\eta}_{k+1}\boldsymbol{\eta}_{k+1}^{\mathrm{T}}\tag{8-72}$$

将式（8－72）等号两边同时乘 $\boldsymbol{\eta}_{k+1}$，可得

$$\begin{aligned}\boldsymbol{\eta}_{k+1}^{\mathrm{T}}\sum\boldsymbol{\eta}_{k+1}&=\boldsymbol{\eta}_{k+1}^{\mathrm{T}}\left[\theta+\left(\frac{-1}{\bar{\eta}_{k+1}}+\frac{\parallel\hat{\boldsymbol{d}}_{k+1}+\boldsymbol{P}_{k+1,k}\boldsymbol{C}_{k+1}^{\mathrm{T}}\theta_{k+1}^{-1}\boldsymbol{\eta}_{k+1}^{\mathrm{T}}}{\bar{\eta}_{k+1}\rho}\right)\boldsymbol{\eta}_{k+1}\boldsymbol{\eta}_{k+1}^{\mathrm{T}}\right]\boldsymbol{\eta}_{k+1}\\&=\boldsymbol{\eta}_{k+1}^{\mathrm{T}}\theta\boldsymbol{\eta}_{k+1}+\left(\frac{-1}{\bar{\eta}_{k+1}}+\frac{\parallel\hat{\boldsymbol{d}}_{k+1}+\boldsymbol{P}_{k+1,k}\boldsymbol{C}_{k+1}^{\mathrm{T}}\theta_{k+1}^{-1}\boldsymbol{\eta}_{k+1}^{\mathrm{T}}\parallel}{\bar{\eta}_{k+1}\rho}\right)\parallel\boldsymbol{\eta}_{k+1}\parallel^{4}\end{aligned}\tag{8-73}$$

根据式（8－67），在式（8－73）两边同时乘以 $\bar{\eta}_{k+1}$，可得

$$\begin{aligned}\bar{\eta}_{k+1}\boldsymbol{\eta}_{k+1}^{\mathrm{T}}\sum\boldsymbol{\eta}_{k+1}&=\parallel\boldsymbol{\eta}_{k+1}\parallel^{4}+\left(-1+\frac{\parallel\hat{\boldsymbol{d}}_{k+1}+\boldsymbol{P}_{k+1,k}\boldsymbol{C}_{k+1}^{\mathrm{T}}\theta_{k+1}^{-1}\boldsymbol{\eta}_{k+1}^{\mathrm{T}}\parallel}{\rho}\right)\parallel\boldsymbol{\eta}_{k+1}\parallel^{4}\\&=\frac{\parallel\hat{\boldsymbol{d}}_{k+1}+\boldsymbol{P}_{k+1,k}\boldsymbol{C}_{k+1}^{\mathrm{T}}\theta_{k+1}^{-1}\boldsymbol{\eta}_{k+1}^{\mathrm{T}}\parallel}{\rho}\parallel\boldsymbol{\eta}_{k+1}\parallel^{4}\end{aligned}\tag{8-74}$$

由于 θ_{k+1} 是正定的，所以 $\bar{\eta}_{k+1}>0$，于是，由式（8－74）可以得到

$$\boldsymbol{\eta}_{k+1}^{\mathrm{T}}\sum\boldsymbol{\eta}_{k+1}=\frac{\parallel\hat{\boldsymbol{d}}_{k+1}+\boldsymbol{P}_{k+1,k}\boldsymbol{C}_{k+1}^{\mathrm{T}}\theta_{k+1}^{-1}\boldsymbol{\eta}_{k+1}^{\mathrm{T}}\parallel}{\bar{\eta}_{k+1}\rho}\parallel\boldsymbol{\eta}_{k+1}\parallel^{4}>0\tag{8-75}$$

式（8－75）表明 $\theta+\lambda_{k+1}\boldsymbol{\eta}_{k+1}\boldsymbol{\eta}_{k+1}^{\mathrm{T}}$ 是正定的，于是 $\det(\theta+\lambda_{k+1}\boldsymbol{\eta}_{k+1}\boldsymbol{\eta}_{k+1}^{\mathrm{T}})>0$。

8.4.3.2 受约束的卡尔曼增益和协方差矩阵的更新

最小性能指标的最优拉格朗日乘数可以表示为

$$\lambda_{k+1} = \frac{-1}{\bar{\eta}_{k+1}} + \frac{\| \hat{\boldsymbol{d}}_{k+1} + \boldsymbol{P}_{k+1,k} \boldsymbol{C}_{k+1}{}^{\mathrm{T}} \boldsymbol{\Theta}_{k+1}^{-1} \boldsymbol{\eta}_{k+1}{}^{\mathrm{T}}}{\bar{\eta}_{k+1} \rho} \tag{8-76}$$

然后，将式（8－72）代入式（8－62）中，可得

$$\breve{\boldsymbol{K}}_{k+1}^{d} = \boldsymbol{P}_{k+1/k}^{xd} \boldsymbol{C}_{k+1}{}^{\mathrm{T}} \boldsymbol{\Theta}^{-1} + \delta \boldsymbol{K}_{k+1}^{d} \tag{8-77}$$

式中：$\breve{\boldsymbol{K}}_{k+1}^{d}$为与扰动相关的局部卡尔曼增益矩阵，并且

$$\delta \boldsymbol{K}_{k+1}^{d} = \left(\frac{\rho - \| \hat{\boldsymbol{d}}_{k+1} \|}{\| \hat{\boldsymbol{d}}_{k+1} \|} \right) \hat{\boldsymbol{d}}_{k+1} \frac{\boldsymbol{\eta}_{k+1}{}^{\mathrm{T}} \boldsymbol{\Theta}_{k+1}^{-1}}{\bar{\eta}_{k+1}} \tag{8-78}$$

$$\hat{\boldsymbol{d}}_{k+1} = \hat{\boldsymbol{d}}_{k+1/k} + \boldsymbol{P}_{k+1/k}^{dx} \boldsymbol{C}_{k+1}{}^{\mathrm{T}} \boldsymbol{\Theta}^{-1} \boldsymbol{\eta}_{k+1} \tag{8-79}$$

根据卡尔曼滤波算法，约束机动估计可以通过进一步预测校正为如下形式：

$$\begin{aligned}
\breve{\boldsymbol{d}}_{k+1} &= \hat{\boldsymbol{d}}_{k+1/k} + (\boldsymbol{P}_{k+1/k}^{dx} \boldsymbol{C}_{k+1}{}^{\mathrm{T}} \boldsymbol{\Theta}^{-1} + \delta \boldsymbol{K}_{k+1}^{d}) \boldsymbol{\eta}_{k+1} \\
&= \hat{\boldsymbol{d}}_{k+1/k} + \boldsymbol{P}_{k+1/k}^{dx} \boldsymbol{C}_{k+1}{}^{\mathrm{T}} \boldsymbol{\Theta}^{-1} \boldsymbol{\eta}_{k+1} + \left(\frac{\rho - \| \hat{\boldsymbol{d}}_{k+1} \|}{\| \hat{\boldsymbol{d}}_{k+1} \|} \right) \hat{\boldsymbol{d}}_{k+1} \frac{\boldsymbol{\eta}_{k+1}{}^{\mathrm{T}} \boldsymbol{\Theta}_{k+1}^{-1}}{\bar{\eta}_{k+1}} \boldsymbol{\eta}_{k+1} \\
&= \hat{\boldsymbol{d}}_{k+1} + \left(\frac{\rho - \| \hat{\boldsymbol{d}}_{k+1} \|}{\| \hat{\boldsymbol{d}}_{k+1} \|} \right) \hat{\boldsymbol{d}}_{k+1} \frac{\boldsymbol{\eta}_{k+1}{}^{\mathrm{T}} \boldsymbol{\Theta}_{k+1}^{-1}}{\bar{\eta}_{k+1}} \boldsymbol{\eta}_{k+1} \\
&= \hat{\boldsymbol{d}}_{k+1} + \left(\frac{\rho - \| \hat{\boldsymbol{d}}_{k+1} \|}{\| \hat{\boldsymbol{d}}_{k+1} \|} \right) \hat{\boldsymbol{d}}_{k+1} \\
&= \frac{\rho}{\| \hat{\boldsymbol{d}}_{k+1} \|} \hat{\boldsymbol{d}}_{k+1}
\end{aligned} \tag{8-80}$$

式中：$\hat{\boldsymbol{d}}_{k+1}$为无约束估计。

约束估计被归一化以满足约束，并且局部约束卡尔曼增益将估计值投影到由约束条件跨越的 m 维欧几里得表面，而不是无约束条件方向。除此之外，还有

$$\breve{\boldsymbol{P}}_{k+1}^{dd} = \boldsymbol{E}\{ \breve{\boldsymbol{e}}_{k+1}^{d} (\breve{\boldsymbol{e}}_{k+1}^{d})^{\mathrm{T}} \} = \boldsymbol{E}\{ (\breve{\boldsymbol{d}}_{k+1} - \boldsymbol{d}_{k+1})(\breve{\boldsymbol{d}}_{k+1} - \boldsymbol{d}_{k+1})^{\mathrm{T}} \} \tag{8-81}$$

其中

$$\breve{\boldsymbol{d}}_{k+1} = \hat{\boldsymbol{d}}_{k+1} + \breve{\boldsymbol{K}}_{k+1}^{d} \left\{ [\boldsymbol{C}_{k+1} \quad] \begin{bmatrix} \hat{\boldsymbol{x}}_{k+1} \\ \hat{\boldsymbol{d}}_{k+1} \end{bmatrix} - [\boldsymbol{C}_{k+1}{}^{\mathrm{T}} \quad] \begin{bmatrix} \boldsymbol{x}_{k+1} \\ \boldsymbol{d}_{k+1} \end{bmatrix} - \boldsymbol{\eta}_{k+1} \right\}$$

$$=\hat{\boldsymbol{d}}_{k+1}+\breve{\boldsymbol{K}}_{k+1}^{d}\{\boldsymbol{C}_{k+1}{}^{\mathrm{T}}\hat{\boldsymbol{x}}_{k+1}-\boldsymbol{C}_{k+1}{}^{\mathrm{T}}\boldsymbol{x}_{k+1}-\boldsymbol{\eta}_{k+1}\} \tag{8-82}$$
$$=\hat{\boldsymbol{d}}_{k+1}+\breve{\boldsymbol{K}}_{k+1}^{d}\boldsymbol{C}_{k+1}{}^{\mathrm{T}}\hat{\boldsymbol{e}}_{k+1}-\breve{\boldsymbol{K}}_{k+1}^{d}\boldsymbol{\eta}_{k+1}$$

将式（8－82）代入式（8－81）中，可得

$$\breve{\boldsymbol{P}}_{k+1}^{dd}=(\hat{\boldsymbol{e}}_{k+1}^{d}+\breve{\boldsymbol{K}}_{k+1}^{d}\boldsymbol{C}_{k+1}{}^{\mathrm{T}}\breve{\boldsymbol{e}}_{k+1}^{x}-\breve{\boldsymbol{K}}_{k+1}^{d}\boldsymbol{\eta}_{k+1})(\hat{\boldsymbol{e}}_{k+1}^{d}+\breve{\boldsymbol{K}}_{k+1}^{d}\boldsymbol{C}_{k+1}{}^{\mathrm{T}}\hat{\boldsymbol{e}}_{k+1}^{x}-\breve{\boldsymbol{K}}_{k+1}^{d}\boldsymbol{\eta}_{k+1})^{\mathrm{T}} \tag{8-83}$$

因为测量噪声总是与 $\hat{\boldsymbol{e}}_{k+1}^{d}$ 和 $\hat{\boldsymbol{e}}_{k+1}^{x}$ 不相关，因此，式（8－83）可以通过略去与 $\hat{\boldsymbol{e}}_{k+1}^{x}\boldsymbol{\eta}_{k+1}{}^{\mathrm{T}}$ 和 $\hat{\boldsymbol{e}}_{k+1}^{d}\boldsymbol{\eta}_{k+1}{}^{\mathrm{T}}$ 相关项重新表述：

$$\breve{\boldsymbol{P}}_{k+1}^{dd}=\hat{\boldsymbol{e}}_{k+1}^{d}-(\hat{\boldsymbol{e}}_{k+1}^{d})^{\mathrm{T}}+\hat{\boldsymbol{e}}_{k+1}^{d}(\breve{\boldsymbol{K}}_{k+1}^{d}\boldsymbol{C}_{k+1}{}^{\mathrm{T}}\hat{\boldsymbol{e}}_{k+1}^{x})^{\mathrm{T}}+\breve{\boldsymbol{K}}_{k+1}^{d}\boldsymbol{C}_{k+1}{}^{\mathrm{T}}\hat{\boldsymbol{e}}_{k+1}^{x}(\hat{\boldsymbol{e}}_{k+1}^{d})^{\mathrm{T}}+$$
$$\breve{\boldsymbol{K}}_{k+1}^{d}\boldsymbol{C}_{k+1}{}^{\mathrm{T}}\hat{\boldsymbol{e}}_{k+1}^{x}(\breve{\boldsymbol{K}}_{k+1}^{d}\boldsymbol{C}_{k+1}{}^{\mathrm{T}}\hat{\boldsymbol{e}}_{k+1}^{x})^{\mathrm{T}}+\breve{\boldsymbol{K}}_{k+1}^{d}\boldsymbol{R}(\breve{\boldsymbol{K}}_{k+1}^{d})^{\mathrm{T}} \tag{8-84}$$

最终，可以得出

$$\breve{\boldsymbol{P}}_{k+1}^{dd}=\boldsymbol{P}_{k+1/k}^{dd}-\breve{\boldsymbol{K}}_{k+1}^{d}\boldsymbol{C}_{k+1}(\boldsymbol{P}_{k+1/k}^{dx})^{\mathrm{T}}-\boldsymbol{P}_{k+1/k}^{dx}\boldsymbol{C}_{k+1}{}^{\mathrm{T}}(\breve{\boldsymbol{K}}_{k+1}^{d})^{\mathrm{T}}+\breve{\boldsymbol{K}}_{k+1}^{d}\boldsymbol{\Theta}(\breve{\boldsymbol{K}}_{k+1}^{d})^{\mathrm{T}} \tag{8-85}$$

式（8－85）表明，可以根据式（8－54）来更新约束后协方差，仅仅将无约束增益替换为约束增益。

8.5　性能分析

由式（8－85）得相同形式 $\breve{\boldsymbol{P}}_{k+1}^{xd}$，其具体表达式如下：

$$\breve{\boldsymbol{P}}_{k+1}^{xd}=(\breve{\boldsymbol{P}}_{k+1}^{dx})^{\mathrm{T}}=\boldsymbol{P}_{k+1/k}^{xd}-\breve{\boldsymbol{K}}_{k+1}^{d}\boldsymbol{C}_{k+1}(\boldsymbol{P}_{k+1/k}^{xx})^{\mathrm{T}}-\breve{\boldsymbol{P}}_{k+1/k}^{xd}\boldsymbol{C}_{k+1}^{\mathrm{T}}(\boldsymbol{K}_{k+1}^{x})^{\mathrm{T}}+$$
$$\breve{\boldsymbol{K}}_{k+1}^{d}\boldsymbol{\Theta}(\boldsymbol{K}_{k+1}^{x})^{\mathrm{T}} \tag{8-86}$$

根据式（8－80），可以得到

$$\begin{aligned}\|\breve{\boldsymbol{e}}_{k+1}^{d}\|^{2}&=(\breve{\boldsymbol{e}}_{k+1}^{d})^{\mathrm{T}}\breve{\boldsymbol{e}}_{k+1}^{d}\\&=\left(\frac{\rho}{\|\hat{\boldsymbol{d}}_{k+1}\|}\hat{\boldsymbol{d}}_{k+1}-\boldsymbol{d}_{k+1}\right)^{\mathrm{T}}\left(\frac{\rho}{\|\hat{\boldsymbol{d}}_{k+1}\|}\hat{\boldsymbol{d}}_{k+1}-\boldsymbol{d}_{K+1}\right)\\&=2\left(\rho^{2}-\frac{\rho}{\|\hat{\boldsymbol{d}}_{k+1}\|}\hat{\boldsymbol{d}}_{k+1}^{\mathrm{T}}\boldsymbol{d}_{k+1}\right)\end{aligned} \tag{8-87}$$

同时，可以得到

$$\begin{aligned}\|\hat{\boldsymbol{e}}_{k+1}^{d}\|^{2}&=(\hat{\boldsymbol{e}}_{k+1}^{d})^{\mathrm{T}}\hat{\boldsymbol{e}}_{k+1}^{d}=(\hat{\boldsymbol{d}}_{k+1}-\boldsymbol{d}_{k+1})^{\mathrm{T}}(\hat{\boldsymbol{d}}_{k+1}-\boldsymbol{d}_{k+1})\\&=(\hat{\boldsymbol{d}}_{k+1}^{\mathrm{T}}\hat{\boldsymbol{d}}_{k+1}-2\hat{\boldsymbol{d}}_{k+1}\boldsymbol{d}_{k+1}+\rho^{2})\end{aligned} \tag{8-88}$$

从式（8－88）中减去式（8－87），如果 $\|\hat{\boldsymbol{d}}_{k+1}\|>\rho$，则

$$\begin{aligned}\|\breve{\boldsymbol{e}}_{k+1}^{d}\|^{2}-\|\hat{\boldsymbol{e}}_{k+1}^{d}\|^{2}&=2\left(\rho^{2}-\frac{\rho}{\|\hat{\boldsymbol{d}}_{k+1}\|}\hat{\boldsymbol{d}}_{k+1}^{\mathrm{T}}\boldsymbol{d}_{k+1}\right)-(\hat{\boldsymbol{d}}_{k+1}^{\mathrm{T}}\hat{\boldsymbol{d}}_{k+1}-2\hat{\boldsymbol{d}}_{k+1}^{\mathrm{T}}\boldsymbol{d}_{k+1}+\rho^{2})\\&=(\rho^{2}-\|\hat{\boldsymbol{d}}_{k+1}\|^{2})+2(\hat{\boldsymbol{d}}_{k+1}^{\mathrm{T}}\boldsymbol{d}_{k+1}-\rho\|\hat{\boldsymbol{d}}_{k+1}\|)\end{aligned}\tag{8-89}$$

根据柯西－施瓦茨不等式，可得

$$\|\hat{\boldsymbol{d}}_{k+1}^{\mathrm{T}}\boldsymbol{d}_{k+1}\|<\|\hat{\boldsymbol{d}}_{k+1}^{\mathrm{T}}\|\,\|\boldsymbol{d}_{k+1}\|=\rho\|\hat{\boldsymbol{d}}_{k+1}\|\tag{8-90}$$

因为 $\|\breve{\boldsymbol{e}}_{k+1}^{d}\|^{2}-\|\hat{\boldsymbol{e}}_{k+1}^{d}\|^{2}<0$，则

$$\|\breve{\boldsymbol{e}}_{k+1}^{d}\|<\|\hat{\boldsymbol{e}}_{k+1}^{d}\|\tag{8-91}$$

结果表明，如果 $\|\hat{\boldsymbol{d}}_{k+1}\|>\rho$，那么约束预测产生的结果比未施加约束时的精度更高。将式（8－88）改写为

$$\begin{aligned}\|\breve{\boldsymbol{e}}_{k+1}^{d}\|^{2}-\|\hat{\boldsymbol{e}}_{k+1}^{d}\|^{2}&=(\rho^{2}-\|\hat{\boldsymbol{d}}_{k+1}\|^{2})+2[\hat{\boldsymbol{d}}_{k+1}^{\mathrm{T}}(\hat{\boldsymbol{d}}_{k+1}+\hat{\boldsymbol{e}}_{k+1}^{d})-\rho\|\hat{\boldsymbol{d}}_{k+1}\|]\\&=\rho^{2}-2\rho\|\hat{\boldsymbol{d}}_{k+1}\|+\|\hat{\boldsymbol{d}}_{k+1}\|^{2}+2\hat{\boldsymbol{d}}_{k+1}^{\mathrm{T}}\hat{\boldsymbol{e}}_{k+1}^{d}\\&=(\rho-\|\hat{\boldsymbol{d}}_{k+1}\|)^{2}+2\boldsymbol{d}_{k+1}^{\mathrm{T}}\hat{\boldsymbol{e}}_{k+1}^{d}\end{aligned}\tag{8-92}$$

从式（8－92）可知，如果 $\hat{\boldsymbol{d}}_{k+1}^{\mathrm{T}}$ 正交于 $\hat{\boldsymbol{e}}_{k+1}^{d}$，然后 $\boldsymbol{d}_{k+1}^{\mathrm{T}}\hat{\boldsymbol{e}}_{k+1}^{d}=0$，则

$$\|\breve{\boldsymbol{e}}_{k+1}^{d}\|>\|\hat{\boldsymbol{e}}_{k+1}^{d}\|\tag{8-93}$$

当 $\|\hat{\boldsymbol{d}}_{k+1}\|<\rho$ 时，如果无约束估计与无约束估计误差正交，那么受约束估计器的性能不一定优于无约束估计器的性能。为了确保施加约束后，估计器的性能一定提升，定义如下比例因子：

$$\kappa_{k}=\frac{\hat{\boldsymbol{d}}_{k}}{\rho},0\leqslant\kappa_{k}\leqslant 1\tag{8-94}$$

显然，κ_k 也是预测误差，κ_k 的值越小，误差越大。因此，通过选择适当的阈值比例因子 κ_T，使只有在 $\kappa_k>1$ 或 $0\leqslant\kappa_k\leqslant\kappa_T$ 时，受约束的估计器性能会优于无约束估计器的性能，否则无约束估计器的性能将优于受约束估计器的性能。当机动被更好地估计时，受约束估计系统状态偏差会变小，其结果就是，系统状态的估计精确度提高。

8.6　数值仿真与分析

本节利用提出的约束估计方法对非合作航天器的轨道确定进行了仿真。此

外，为了将结果进行比较，还给出了无约束估计滤波器的结果。在轨道上运行的航天器三轴稳定，且安装常值推力发动机。在轨道机动过程中，发动机总是产生沿轨道方向的加速度。为了计算简单，令航天器运动在圆轨道上，轨道加速度未知，并由 Ω 表示，则常值推力加速度可以在地心惯性坐标系中表示为

$$\boldsymbol{d}=\begin{bmatrix} d_x \\ d_y \\ d_z \end{bmatrix}=\frac{T}{M}\begin{bmatrix} \sin(\boldsymbol{\Omega t}+\varphi_0) \\ \cos(\boldsymbol{\Omega t}+\varphi_0) \\ 0 \end{bmatrix} \tag{8-95}$$

式中：T 为推力值；φ_0 为初始相位；M 为航天器的质量。

可以看出，航天器推力加速度的大小为常数，并且方向时刻改变。现在作以下规定：①真实的轨道动力学只有扰动过程噪声；②航天器能正常、准确地进行姿态控制；③地面站可连续稳定地追踪航天器。

用约束后滤波器和无约束滤波器分别追踪该航天器，评价约束后滤波器和无约束滤波器的性能指数为

$$\mu(\boldsymbol{k})=\frac{\sqrt{\sum_{i=1}^{k}\delta_i^U(\delta_i^U)^{\mathrm{T}}}}{\sqrt{\sum_{i=1}^{k}\delta_i^C(\delta_i^C)^{\mathrm{T}}}}\times 100\% \tag{8-96}$$

式中：δ_i^U 为无约束估计误差；δ_i^C 为约束估计误差。

用平均均方根误差的比率表示相对精度。当 $\mu(\boldsymbol{k})>100\%$ 时，其表明约束估计的精确度高，反之无约束估计的精确度高。

8.6.1　动力学方程

运用二体模型来描述航天器轨道运动，当航天器受到未知扰动时，该运动可以用线性摄动加速度表示：

$$\frac{d\dot{\boldsymbol{r}}}{dt}=-\frac{\mu_e}{r^3}\boldsymbol{r}+\boldsymbol{d}+\boldsymbol{w} \tag{8-97}$$

式中：μ_e 为地球引力系数；$\boldsymbol{r}=[\boldsymbol{x},\boldsymbol{y},\boldsymbol{z}]^{\mathrm{T}}$ 为航天器在轨道中的位置向量；$d=[dx,\ dy,\ dz]^{\mathrm{T}}$ 为航天器的常值推力加速度向量；$\boldsymbol{w}$ 为航天器的扰动过程噪声。

式（8－96）中的所有向量均表示在地心惯性坐标系中。用状态向量 $\boldsymbol{x}$ 表示航天器的位置向量和速度向量，则式（8－97）可以写成如下状态方程的形式：

$$\dot{\boldsymbol{x}}=\boldsymbol{f}(\boldsymbol{x})+\boldsymbol{Dd}+\boldsymbol{Fw} \tag{8-98}$$

其中

$$f(x) = \left[\dot{x}, \dot{y}, \dot{z}, -\mu \frac{x}{r^3}, -\mu \frac{y}{r^3}, -\mu \frac{z}{r^3} \right]^{\mathrm{T}} \tag{8-99}$$

式中：$\boldsymbol{D} = \boldsymbol{F} = [0 \quad \boldsymbol{I}]^{\mathrm{T}}$，$\boldsymbol{D}$ 为输入矩阵，$\boldsymbol{F}$ 为噪声矩阵。

将式（8－99）在临近状态进行泰勒展开，有

$$\boldsymbol{f}(\boldsymbol{x}_{k+1}) \approx \boldsymbol{f}(\boldsymbol{x}_k) + \left. \frac{\partial \boldsymbol{f}(\boldsymbol{x})}{\partial \boldsymbol{x}} \right|_{x=x_k} (\boldsymbol{x}_{k+1} - \boldsymbol{x}_k) \tag{8-100}$$

根据式（8－100）和式（8－99）可以对轨道方程进行离散化，则

$$\boldsymbol{x}_{k+1} = \boldsymbol{\Phi}_{k+1,k} \boldsymbol{x}_k + \boldsymbol{B}_k \boldsymbol{d}_k + \boldsymbol{G}_k \boldsymbol{w}_k \tag{8-101}$$

式中：$\boldsymbol{\Phi}_{k+1,k}$为状态转移矩阵，可以表示为

$$\boldsymbol{\Phi}_{k+1,k} = \boldsymbol{I}_{6\times 6} + \Delta t \left. \frac{\partial \boldsymbol{f}(x)}{\partial \boldsymbol{x}} \right|_{x=x_k} \tag{8-102}$$

$$\boldsymbol{\Phi}(\boldsymbol{k}+1,\boldsymbol{k}) \boldsymbol{\Phi}(\boldsymbol{k}+1,\boldsymbol{k})^{\mathrm{T}} = \boldsymbol{I}_{6\times 6} \tag{8-103}$$

式中：Δt 为时间更新的间隔。

8.6.2 目标的观测量

航天器被地基相控阵雷达以时间离散的方式追踪。相控阵雷达固定在地球表面，并随地球一起转动，测量航天器在可测范围内的角度和距离，非线性测量模型可以表示为

$$z_k = \boldsymbol{h}[\boldsymbol{x}_{\mathrm{SEZ}}(\boldsymbol{k})] + v_k \tag{8-104}$$

式中：$z_k = [\rho_k, \dot{\rho}_k, \varphi_k, \gamma_k]^{\mathrm{T}}$ 为测量向量，其包括距离、距离变化率、方位角、高程和测量不确定度；$\boldsymbol{x}_{\mathrm{SEZ}}(\boldsymbol{k})$表示在当地东－南天顶坐标系（SEZ）中的位置向量，即

$$\begin{aligned} \boldsymbol{x}_{\mathrm{SEZ}}(\boldsymbol{k}) &= [x_{\mathrm{SEZ}}(k) \quad y_{\mathrm{SEZ}}(k) \quad z_{\mathrm{SEZ}}(k) \quad \dot{x}_{\mathrm{SEZ}}(k) \quad \dot{y}_{\mathrm{SEZ}}(k) \quad \dot{z}_{\mathrm{SEZ}}(k)]^{\mathrm{T}} \\ &= [\rho \quad \dot{\rho}]^{\mathrm{T}} \end{aligned} \tag{8-105}$$

除此之外，还有

$$\boldsymbol{h}[\boldsymbol{x}_{\mathrm{SEZ}}(\boldsymbol{k})] = \begin{bmatrix} \sqrt{x_{\mathrm{SEZ}}^2 + y_{\mathrm{SEZ}}^2 + z_{\mathrm{SEZ}}^2} \\ \sqrt{\dot{x}_{\mathrm{SEZ}}^2 + \dot{y}_{\mathrm{SEZ}}^2 + \dot{z}_{\mathrm{SEZ}}^2} \\ a\tan\left(\frac{y_{\mathrm{SEZ}}}{\rho}\right) \\ a\tan\left(\frac{z_{\mathrm{SEZ}}}{\rho}\right) \end{bmatrix} \tag{8-106}$$

向量 $\boldsymbol{r}_{\mathrm{SEZ}}(\boldsymbol{k}) = [x_{\mathrm{SEZ}}(\boldsymbol{k}) \quad y_{\mathrm{SEZ}}(\boldsymbol{k}) \quad z_{\mathrm{SEZ}}(\boldsymbol{k})]^{\mathrm{T}}$ 可以通过将向量 $\boldsymbol{r}$ 从地心惯性坐标系（ECI）变换到地心地固坐标系（ECEF）中得到，最后变换到东－

→

南天顶坐标系（SEZ）中，有

$$\rho = \boldsymbol{T}_{\text{ECEF}\to\text{SEZ}}(\boldsymbol{T}_{\text{ECI}\to\text{ECEF}}\boldsymbol{r} - \boldsymbol{p}_{\text{Radar}}^{\text{ECEF}}) \tag{8-107}$$

式中：$\boldsymbol{T}_{\text{ECEF}\to\text{SEZ}}$为从 ECEF 坐标系到 SEZ 坐标系的旋转变换矩阵；$\boldsymbol{T}_{\text{ECI}\to\text{ECEF}}$为从 ECI 坐标系到 ECEF 坐标系的旋转变换矩阵；$\boldsymbol{p}_{\text{Radar}}^{\text{ECEF}}$为雷达在 ECEF 坐标系中的位置。

同样地，速度也能进行类似的坐标变换：

$$\dot{\rho} = \boldsymbol{T}_{\text{ECEF}\to\text{SEZ}}\boldsymbol{T}_{\text{ECI}\to\text{ECEF}}\dot{\boldsymbol{r}} + \boldsymbol{T}_{\text{ECEF}\to\text{SEZ}}\dot{\boldsymbol{T}}_{\text{ECI}\to\text{ECEF}}\boldsymbol{r} \tag{8-108}$$

则

$$\boldsymbol{x}_{\text{SEZ}}(\boldsymbol{k}) = \Pi x(\boldsymbol{k}) + \Lambda\boldsymbol{p}_{\text{Radar}}^{\text{ECEF}} \tag{8-109}$$

其中

$$\Pi = \begin{bmatrix} \boldsymbol{T}_{\text{ECEF}\to\text{SEZ}}\boldsymbol{T}_{\text{ECI}\to\text{ECEF}} & 0 \\ \boldsymbol{T}_{\text{ECEF}\to\text{SEZ}}\dot{\boldsymbol{T}}_{\text{ECI}\to\text{ECEF}} & \boldsymbol{T}_{\text{ECEF}\to\text{SEZ}}\boldsymbol{T}_{\text{ECI}\to\text{ECEF}} \end{bmatrix} \tag{8-110}$$

$$\Lambda = \begin{bmatrix} \boldsymbol{T}_{\text{ECEF}\to\text{SEZ}} \\ 0 \end{bmatrix} \tag{8-111}$$

将式（8－108）代入式（8－105）中，测量值则可用$\boldsymbol{x}(\boldsymbol{k})$表示，把测量值在估计状态附近线性化，有

$$\boldsymbol{z}_{k+1} = \boldsymbol{h}(\tilde{\boldsymbol{x}}_k) + \boldsymbol{H}_{k+1}(\hat{\boldsymbol{x}}_{k+1/k} - \tilde{\boldsymbol{x}}_k) + \boldsymbol{v}_{k+1} \tag{8-112}$$

式中：$\tilde{\boldsymbol{x}}_k$为状态的估计值；$\hat{\boldsymbol{x}}_{k+1/k}$为状态的一步预测；$\boldsymbol{H}_{k+1}$为测量值的雅各比矩阵，有

$$\boldsymbol{H}_k = \left.\frac{\partial\boldsymbol{h}(\boldsymbol{x}_k)}{\partial\boldsymbol{x}_k}\right|_{x=\tilde{x}_k} = \left.\frac{\partial\boldsymbol{h}[\boldsymbol{x}_{\text{SEZ}}(\boldsymbol{k})]}{\partial\boldsymbol{x}_{\text{SEZ}}(\boldsymbol{k})}\right|_{x=\tilde{x}_k} \cdot \left.\frac{\partial\boldsymbol{x}_{\text{SEZ}}(\boldsymbol{k})}{\partial\boldsymbol{x}_k}\right|_{x=\tilde{x}_k} = \Xi \cdot \Pi \tag{8-113}$$

8.6.3　数值结果

首先考虑赤道轨道上的航天器，轨道偏心率和高度分别为 0 和 600 km，航天器质量为 1 000 kg，并且恒定大小 20N 的推进器固定在航天器上。在模拟过程中，推进器始终在 $x-y$ 平面内产生正弦机动加速度。模拟仿真的初始条件规定如下：初始轨道状态 $\boldsymbol{x}_0 = [6\ 978\ 000\ \text{m}\quad 0\quad 0\quad 0\quad 7\ 557.9\ \text{m/s}\quad 0]$，初始机动 $\boldsymbol{d}_0 = [0\quad 0\quad 0]$，初始状态的协方差为 $\boldsymbol{p}_0^{xx} = 10^6 \times \boldsymbol{I}_{6\times 6}$，未知机动加速度的协方差 $\boldsymbol{p}_0^{dd} = 10^6 \times \boldsymbol{I}_{6\times 6}$。过程噪声的协方差设定为 $\boldsymbol{Q} = 10^{-12} \times \boldsymbol{I}_{3\times 3}$，测量噪声为 $\boldsymbol{R} = \text{diag}\ [40\ 000\quad 400\quad 7.62\times 10^{-9}\quad 7.62\times 10^{-9}]$。根据给定的初始条件，即可构建滤波器，滤波器的工作频率为 1 Hz，仿真时长为初始圆轨道的一

个周期，两个方向的无约束机动估计如图 8－1 所示。图中，虚线表示实际的运动，实线表示估计结果。从图 8－1（a）、（c）可以看出，无约束估计器由于初始误差而遭受剧烈振荡，在初始振荡之后，估计的机动跟随真实的机动，并具有显著的时间延迟，这可以通过以下事实来解释：无约束估计器总是假设机动加速度是恒定的，因此无约束估计器不能及时响应机动的变化。图 8－1（b）、（d）显示了机动估计误差，结果表明在整个模拟过程中两个方向的误差都会释放出来，最大误差都大于 0.005 m/s^2。

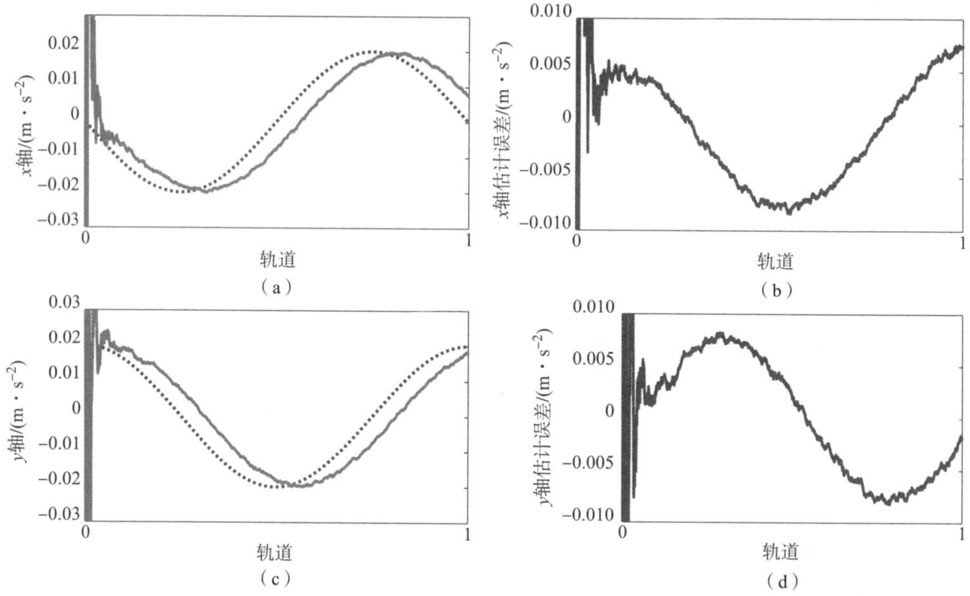

图 8－1　机动的无约束估计结果

（a）x 轴机动估计；（b）x 轴机动估计误差；（c）y 轴机动估计；（d）y 轴机动估计误差

图 8－2 显示了范数约束的机动估计结果，结果值得关注。与图 8－1 中的结果相比，它清楚地表明，一旦将规范约束应用于机动估计，无约束估计被归一化以保持机动的幅度，并且约束估计机动的变化更敏感。结果表明，开始时的剧烈振荡受到了显著的抑制。此外，估计的时间延迟及估计误差都减小了。

图 8－3 显示了估计的机动加速度的大小。在无约束估计的情况下，估计的机动在前 100 s 内剧烈振荡。当估计值达到相对稳定的阶段时，估计的幅度在大多数时间内小于 0.02。但是，对于约束估计，因为选择参数 $\boldsymbol{K}_T = 0.975$，机动加速度的大小被投射到［0.019 5，0.02］的范围内，这使得估计的机动加速度更接近真实的加速度。

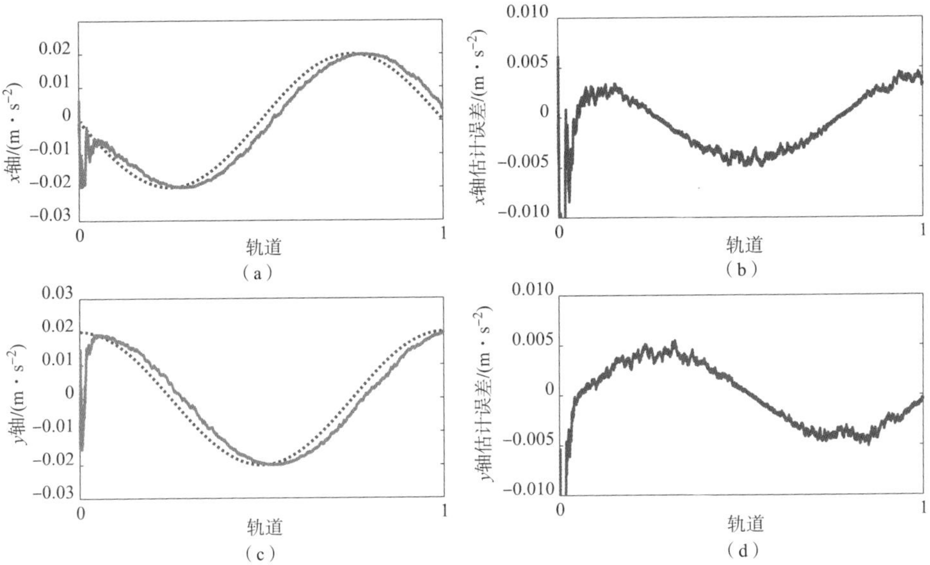

图 8-2　范数约束的机动估计结果

(a) x 轴机动估计；(b) x 轴机动估计误差；(c) y 轴机动估计；(d) y 轴机动估计误差

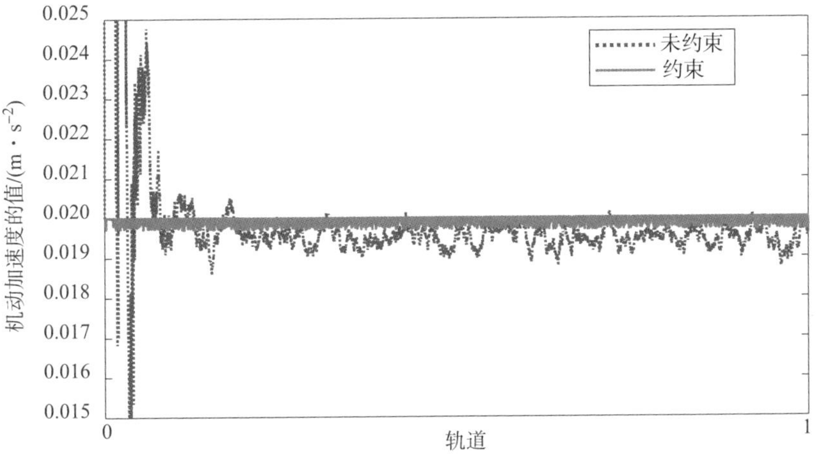

图 8-3　估计机动加速度的范数

轨道位置和速度的估计误差如图 8-4 和图 8-5 所示。图中，实线表示估计误差，虚线表示 σ 边界。由于机动加速度估计的时间延迟，受约束和无约束的情况的估计误差都受到初始振动的影响。在达到相对稳定的阶段后，无约束估计器大致达到沿两个方向的 30 m（σ）精度，而约束估计器的精度达到约 20 m（σ），并且在将约束估计器运用到速度估计后，估计得到的速度的精确度也提高了。对于机动的范数约束，如图 8-4（b）、（d）和图 8-5（b）、

(d) 所示。结果清楚地表明，在将常值范数约束纳入未知机动加速度后，估计精度得到了提高。

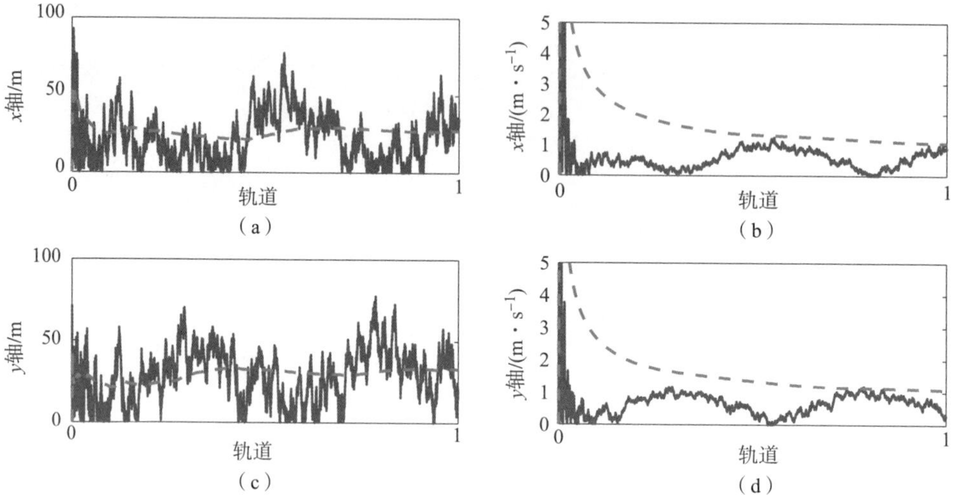

图 8－4　无约束估计的位置和速度误差

(a) x 轴位置估计误差；(b) x 轴速度估计误差；
(c) y 轴位置估计误差；(d) y 轴速度估计误差

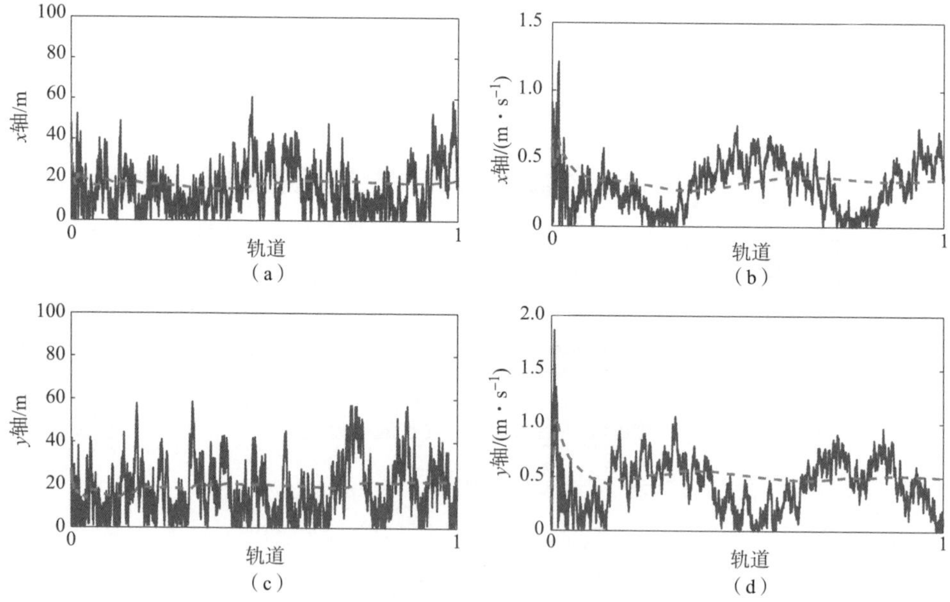

图 8－5　约束估计的位置和速度误差

(a) x 轴位置估计误差；(b) x 轴速度估计误差；
(c) y 轴位置估计误差；(d) y 轴速度估计误差

图 8-6 所示为约束估计量相对于无约束估计量的估计性能。从图中可以看出，在模拟开始时，沿着两个方向的估计性能指数急剧振荡，这主要是由两个估计器的初始收敛引起的。但是，在约 10 s 之后，性能总是大于 1，然后大于 1.2，在约 1 500 s 之后，最终它分别在 x 和 y 方向上达到 1.5 和 1.4 的最大值。基于图 8-5 中的结果可以确认，约束估计器比无约束估计器具有更好的性能。

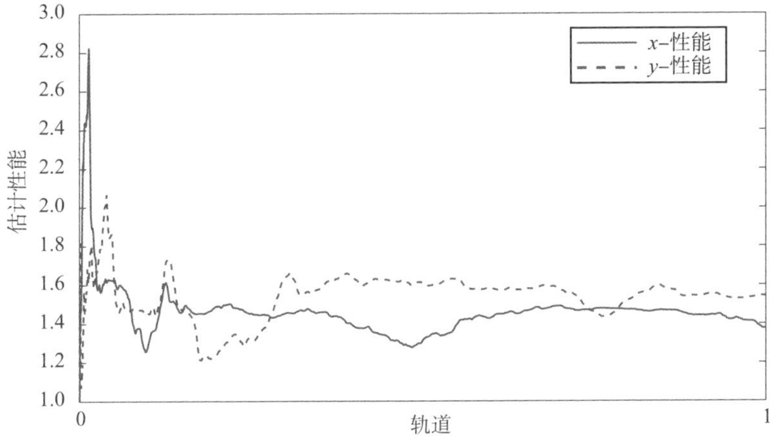

图 8-6　约束估计的估计性能

参 考 文 献

[1] Dahmani M., Meche A., Keche M., et al. An improved fuzzy alpha - beta filter for tracking a highly maneuvering target [J]. Aerospace Scienceand Technology, 2016, 58: 298 - 305.

[2] Hsieh C. S. Robust two - stage Kalman filters for systems with unknown inputs [J]. IEEE Transactions on Automatic Control, 2000, 45: 2374 - 2378.

[3] Darouach M., Zasadzinski M. Unbiased minimum variance estimation for systems with unknown exogenous inputs [J]. Automatica, 1997, 33: 717 - 719.

[4] Gillijns S., de Moor B. Unbiased minimum - variance input and state estimation for linear discrete - time systems with direct feedthrough [J]. Automatica, 1997, 43: 934 - 937.

[5] Cheng Yue, Ye Hao, Wang Yongqiang, et al. Unbiased minimum - variance state estimation for linear systems with unknown input [J]. Automatica, 2009, 45 (2): 485 - 491.

[6] Gillijns S. , de Moor B. Unbiased minimum – variance input and state estimation for linear discrete – time systems [J]. Automatica, 2007, 43: 111 – 116.

[7] Lee S. , Lee J. , Hwang I. Maneuvering spacecraft tracking via state – dependent adaptive estimation [J]. Journal of Guidance, Control, and Dynamics, 2016, 39 (9): 2034 – 2043.

[8] Ko H. C. , Scheeres D. J. Tracking maneuvering satellite using thrust – fourier – coefficient event representation [J]. Journal of Guidance Control Dynamics, 2016, 39 (11): 1 – 9.

[9] Goff G. M. , Black J. T. , Beck J. A. Orbit estimation of a continuously thrusting spacecraft using variable dimension filters [J]. Journal of Guidance, Control, and Dynamics, 2015, 38 (12): 2407 – 2420.

[10] Holzinger M. J. , Scheeres D. J. , Alfriend K. T. Object correlation, maneuver detection and characterization using control – distance metrics [J]. Journal of Guidance, Control, and Dynamics, 2012, 35 (4): 1312 – 1325.

[11] Lee H. , Tahk M. J. Generalized input – estimation technique for tracking maneuvering targets [J]. IEEE Transactions on Aerospace and Electronics System, 1999, 35 (4): 1388 – 1402.

[12] Bar – Shalom Y. , Birmiwal K. Variable dimension filter for maneuvering target tracking [J]. IEEE Transactions on Aerospace and Electronics System, 1982, AES – 18 (5): 621 – 629.

[13] Cloutier J. R. , Lin C. F. , Yang C. Enhanced variable dimension filter for maneuvering target tracking [J]. IEEE Transactions on Aerospace and Electronics System, 1993, 29 (3): 786 – 797.

[14] Hu X. , Hu X. , Huang Y. A nonlinear variable dimension estimator for maneuvering spacecraft tracking via the unscented Kalman filter [C]. IEEE International Conference on Information and Automation, IEEE Publ. , Piscataway, NJ, 2008: 226 – 231.

[15] Julier S. J. , La Viola J. J. On Kalman filtering with nonlinear state equality constraints [J]. IEEE Transactions on Signal Processing, 2007, 55 (6): 2774 – 2784.

[16] Ko S. , Bitmead R. R. State estimation for linear systems with state equality constraints [J]. Automatica, 2007, 43 (8): 1363 – 1368.

[17] Julier S. J. , Laviola J. J. On Kalman filtering with nonlinear equality constraints [J]. IEEE Transactions on Signal Processing, 2007, 55 (6): 2774 –

2784.

[18] Choukroun D., Bar - Itzhack I. Y., Oshman Y. A novel quaternion Kalman filter [J]. IEEE Transactions on Aerospace and Electronic Systems, 2006, 42 (1): 174 - 190.

[19] Crassidis J. L., Markley F. L., Cheng Y. Survey of nonlinear attitude estimation methods [J]. Journal of Guidance, Control and Dynamics, 2007, 30 (1): 12 - 28.

[20] Bishop R. H., Majji M, Zanetti R., et al. Norm - constrained Kalman filtering [J]. Journal of Guidance Control and Dynamics, 2009, 32 (5): 1458 - 1465.

[21] Forbes J. R., Ruiter A. H. J., Zlotnik D. E. Continuous - time norm - constrained Kalman filtering [J]. Autmatica, 2014, 50: 2546 - 2554.

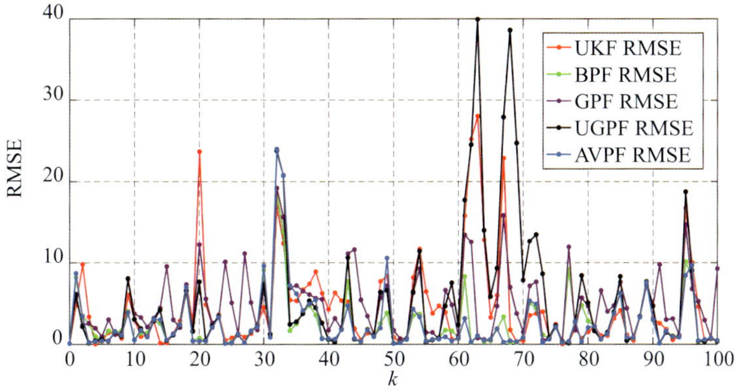

图 3－6　一维算例中各算法的 RMSE 曲线

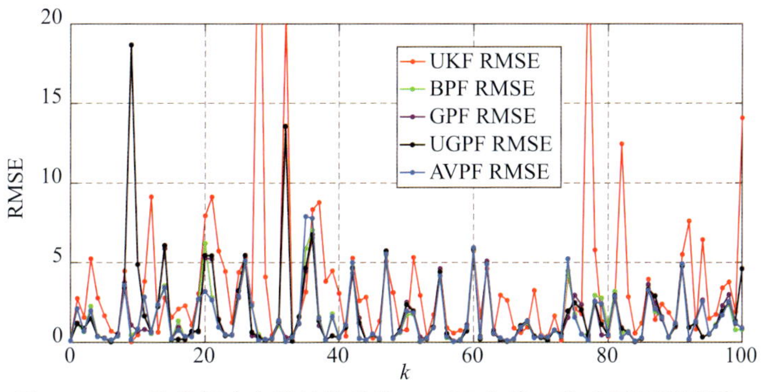

图 3－9　一维算例中各滤波算法的 RMSE 曲线（修改量测模型后）

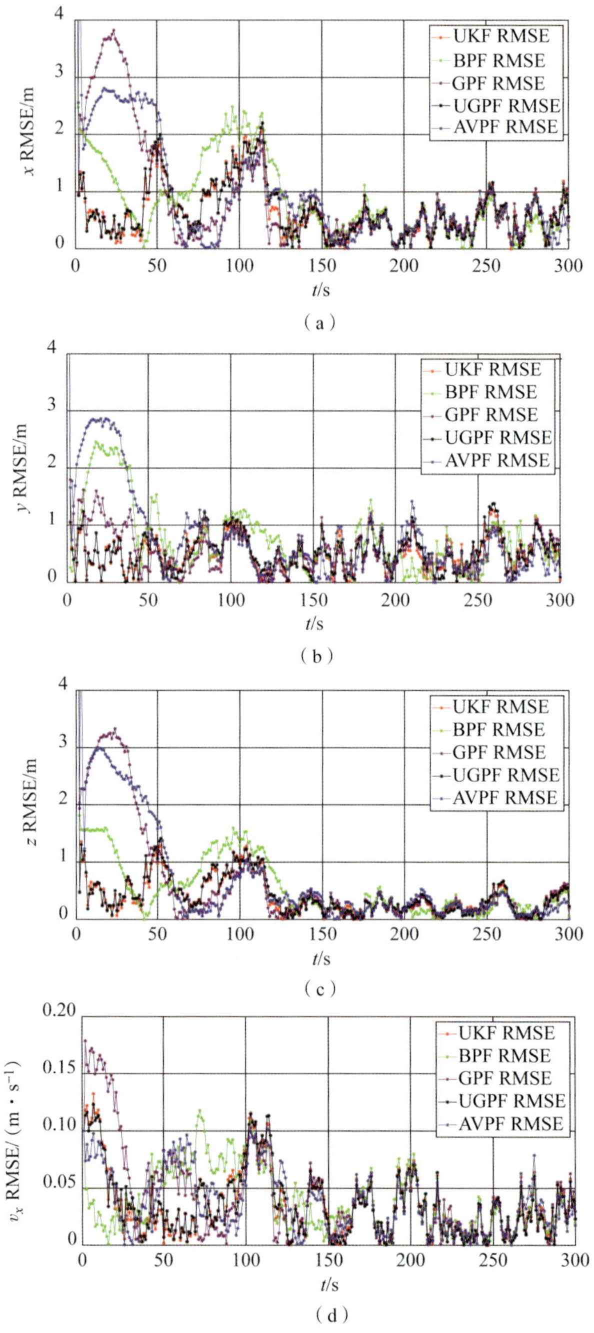

图 3－11　高斯量测噪声下的 RMSE 曲线

(a) x 轴位置的 RMSE 曲线；(b) y 轴位置的 RMSE 曲线；

(c) z 轴位置的 RMSE 曲线；(d) x 轴速度的 RMSE 曲线

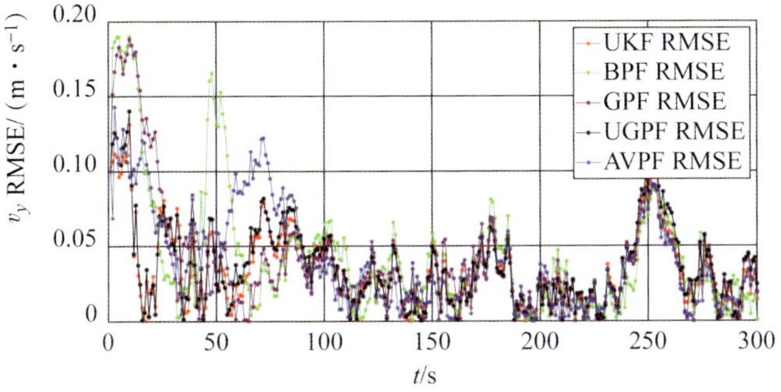

(e)

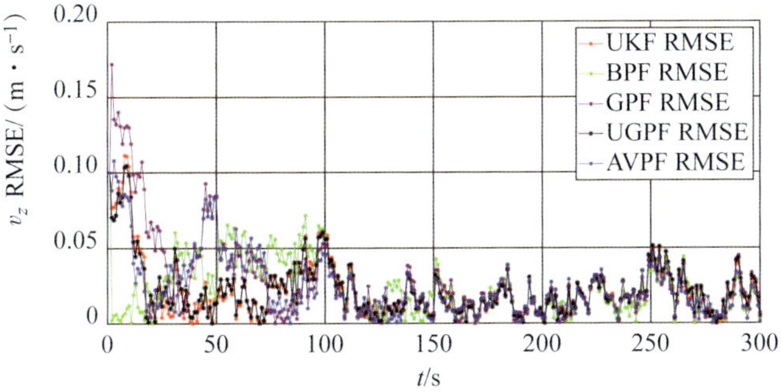

(f)

图 3－11　高斯量测噪声下的 RMSE 曲线（续）

（e）y 轴速度的 RMSE 曲线；（f）z 轴速度的 RMSE 曲线

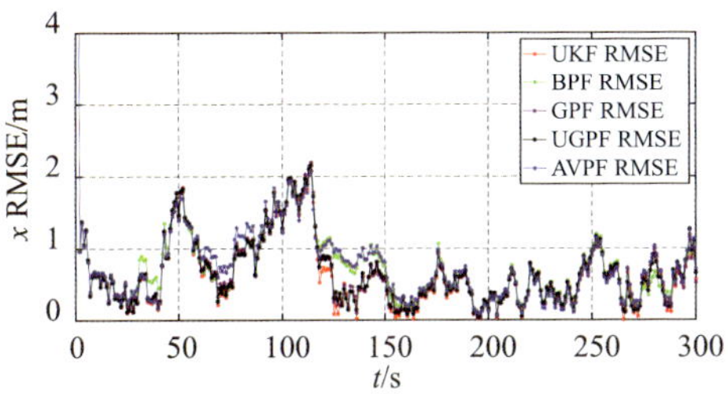

(a)

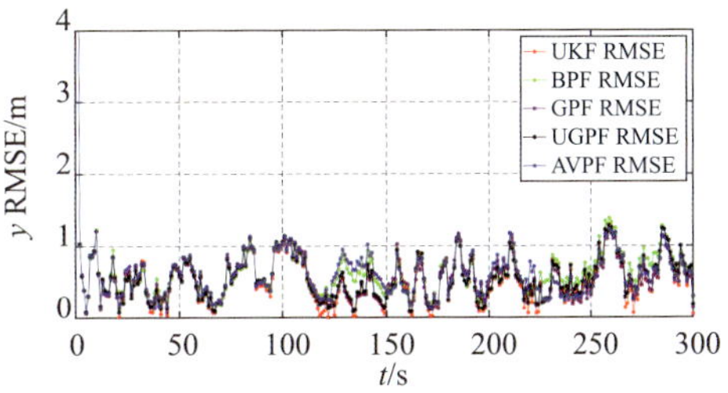

(b)

图 3－14　高斯量测噪声下的 RMSE 曲线（BPF、AVPF 和 GPF 经过 UKF 引导）

（a）x 轴位置的 RMSE 曲线；（b）y 轴位置的 RMSE 曲线

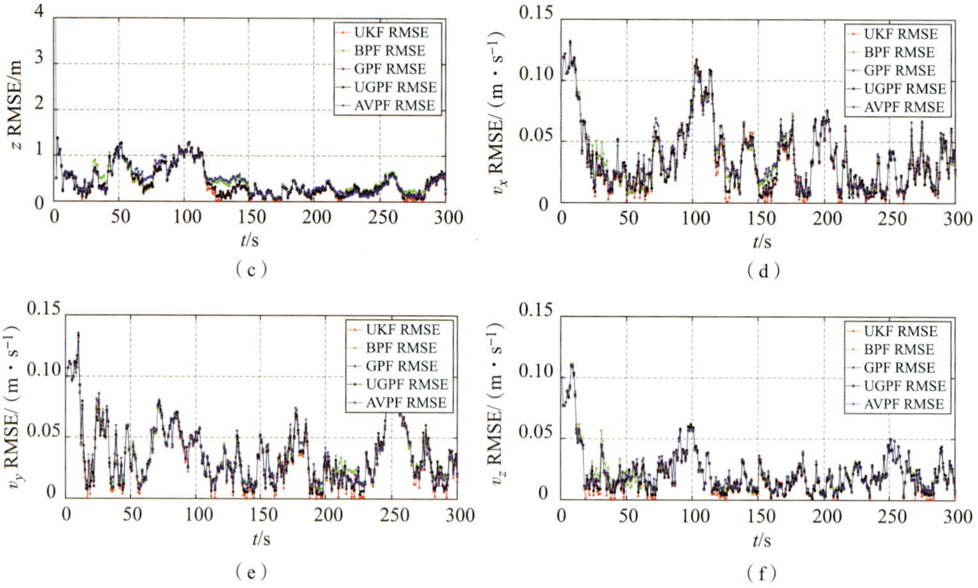

图 3－14　高斯量测噪声下的 RMSE 曲线（BPF、AVPF 和 GPF 经过 UKF 引导）（续）

（c）z 轴位置的 RMSE 曲线；（d）x 轴速度的 RMSE 曲线；

（e）y 轴速度的 RMSE 曲线；（f）z 轴速度的 RMSE 曲线

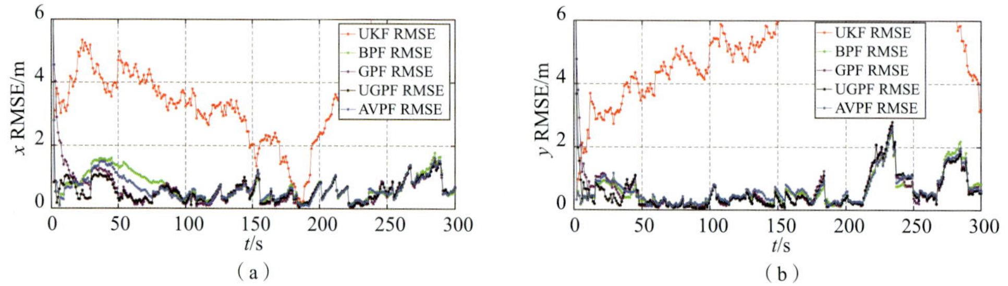

图 3－15　gamma 量测噪声下的 RMSE 曲线

（a）x 轴位置的 RMSE 曲线；（b）y 轴位置的 RMSE 曲线

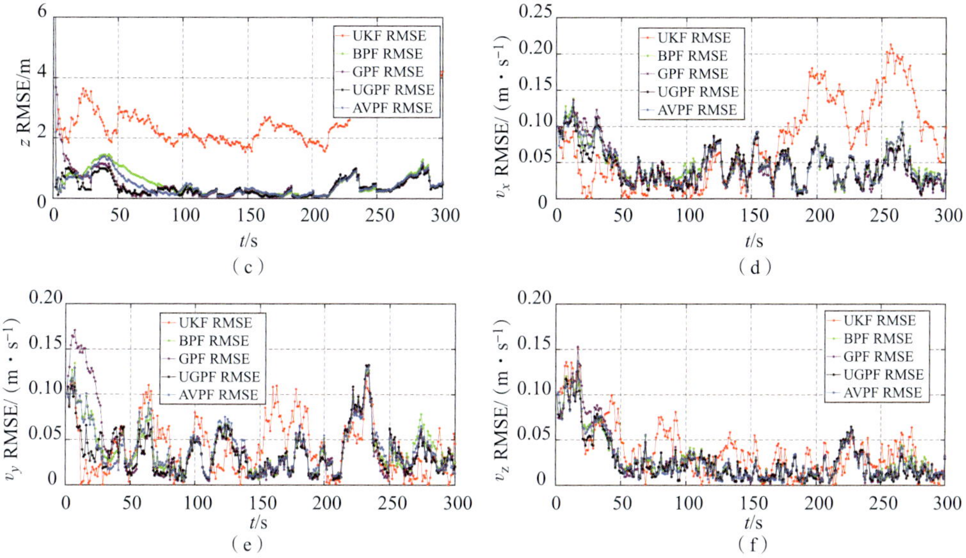

图 3－15　gamma 量测噪声下的 RMSE 曲线（续）

（c）z 轴位置的 RMSE 曲线；（d）x 轴速度的 RMSE 曲线；

（e）y 轴速度的 RMSE 曲线；（f）z 轴速度的 RMSE 曲线

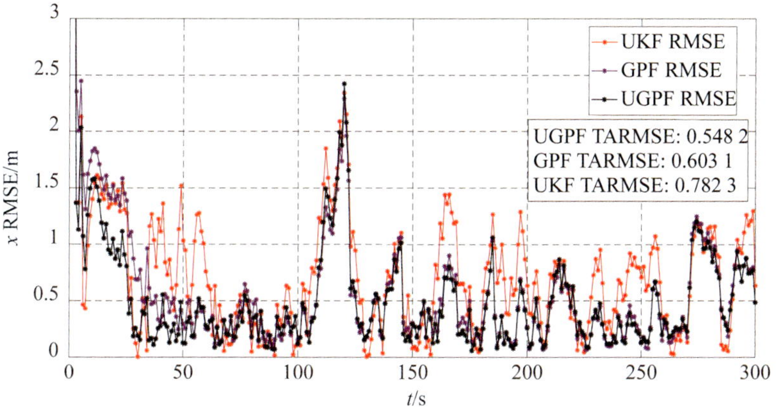

图 3－17　经过对 UKF 进行偏差补偿的 RMSE 曲线

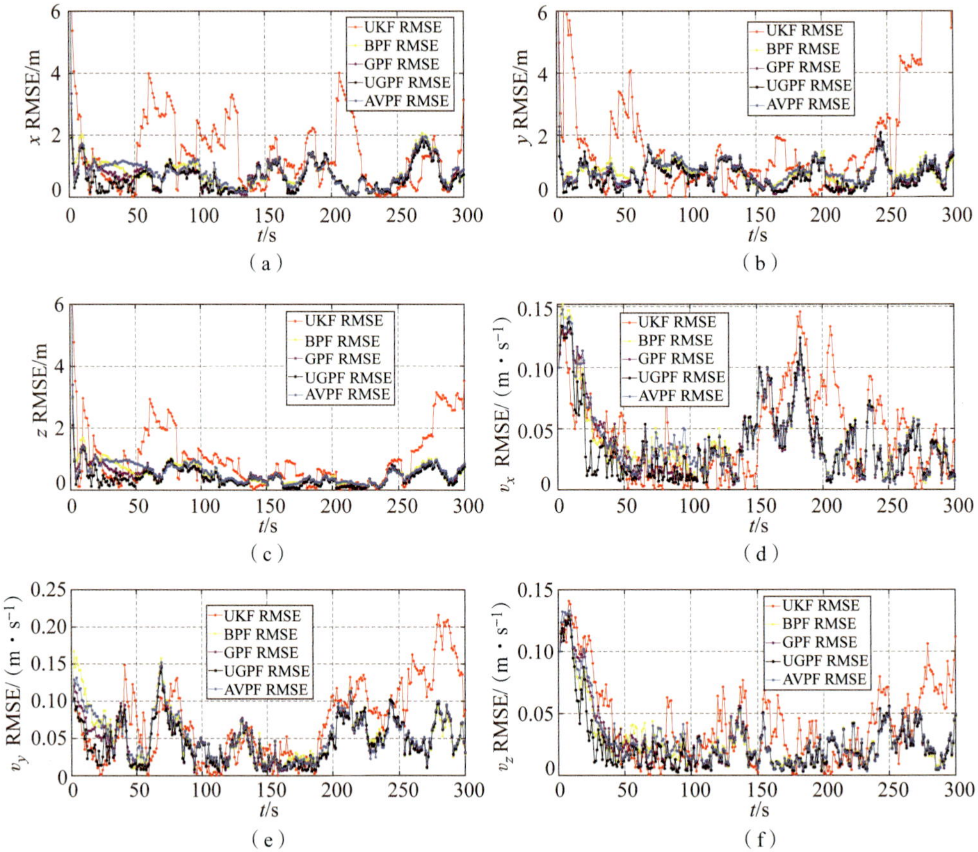

图 3－19　闪烁量测噪声下的 RMSE 曲线

（a）x 轴位置的 RMSE 曲线；（b）y 轴位置的 RMSE 曲线；

（c）z 轴位置的 RMSE 曲线；（d）x 轴速度的 RMSE 曲线；

（e）y 轴速度的 RMSE 曲线；（f）z 轴速度的 RMSE 曲线